高等学校遥感科学与技术系列教材

武汉大学规划教材建设项目资助出版

卫星摄影测量

赵双明　编著

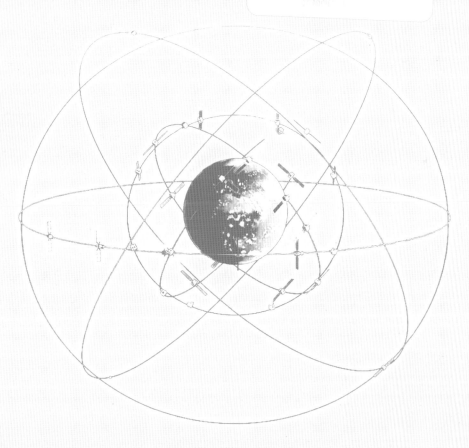

WUHAN UNIVERSITY PRESS

武汉大学出版社

图书在版编目(CIP)数据

卫星摄影测量/赵双明编著.—武汉:武汉大学出版社,2024.1
高等学校遥感科学与技术系列教材
ISBN 978-7-307-23968-5

Ⅰ.卫…　Ⅱ.赵…　Ⅲ.卫星测量法—高等学校—教材　Ⅳ.P236

中国国家版本馆 CIP 数据核字(2023)第 170465 号

责任编辑:王　荣　　　责任校对:汪欣怡　　　版式设计:马　佳

出版发行:**武汉大学出版社**　　(430072　武昌　珞珈山)
　　　　　(电子邮箱:cbs22@whu.edu.cn 网址:www.wdp.com.cn)
印刷:湖北金海印务有限公司
开本:787×1092　1/16　印张:16　字数:329 千字　　插页:1
版次:2024 年 1 月第 1 版　　2024 年 1 月第 1 次印刷
ISBN 978-7-307-23968-5　　　定价:55.00 元

序 一

遥感科学与技术本科专业自 2002 年在武汉大学、长安大学首次开办以来，截至 2022 年底，全国已有 60 多所高校开设了该专业。2018 年，经国务院学位委员会审批，武汉大学自主设置"遥感科学与技术"一级交叉学科博士学位授权点。2022 年 9 月，国务院学位委员会和教育部联合印发《研究生教育学科专业目录(2022 年)》，遥感科学与技术正式成为新的一级学科(学科代码为 1404)，隶属交叉学科门类，可授予理学、工学学位。在 2016—2018 年，武汉大学历经两年多时间，经过多轮讨论修改，重新修订了遥感科学与技术类专业 2018 版本科人才培养方案，形成了包括 8 门平台课程(普通测量学、数据结构与算法、遥感物理基础、数字图像处理、空间数据误差处理、遥感原理与方法、地理信息系统基础、计算机视觉与模式识别)、8 门平台实践课程(计算机原理及编程基础、面向对象的程序设计、数据结构与算法课程实习、数字测图与 GNSS 测量综合实习、数字图像处理课程设计、遥感原理与方法课程设计、地理信息系统基础课程实习、摄影测量学课程实习)，以及 6 个专业模块(遥感信息、摄影测量、地理信息工程、遥感仪器、地理国情监测、空间信息与数字技术)的专业方向核心课程的完整的课程体系。

为了适应武汉大学遥感科学与技术类本科专业新的培养方案，根据《武汉大学关于加强和改进新形势下教材建设的实施办法》，以及武汉大学"双万计划"一流本科专业建设规划要求，武汉大学专门成立了"高等学校遥感科学与技术系列教材编审委员会"，该委员会负责制定遥感科学与技术系列教材的出版规划、对教材出版进行审查等，确保按计划出版一批高水平遥感科学与技术类系列教材，不断提升遥感科学与技术类专业的教学质量和影响力。"高等学校遥感科学与技术系列教材编审委员会"主要由武汉大学的教师组成，后期将逐步吸纳兄弟院校的专家学者加入，逐步邀请兄弟院校的专家学者主持或者参与相关教材的编写。

一流的专业建设需要一流的教材体系支撑，我们希望组织一批高水平的教材编写队伍和编审队伍，出版一批高水平的遥感科学与技术类系列教材，从而为培养遥感科学与技术类专业一流人才贡献力量。

2023 年 2 月

1

序　二

1957年苏联第一颗人造地球卫星成功发射，揭开了人类利用航天器探索外层空间的序幕。经过近70年的发展，卫星遥感特别是光学卫星遥感已成为人类对地观测乃至深空探测获取空间信息的主要手段。在"高分辨率对地观测系统重大专项工程"的引领下，我国高分遥感成像技术不断取得突破和进步，初步形成了相对稳定、完善的高分对地观测系统。我国的卫星遥感从20世纪70年代开始经历近50年的发展，已经实现从无到有、从"好用"到"用好"，正在从"遥感大国"迈向"遥感强国"。

利用航天飞行器从宇宙空间获取地球(或月球、火星等行星)环境成像信息，结合卫星姿轨辅助数据、传感器定标数据，实现成像时刻卫星影像对地观测几何定位、影像分析及解译是卫星摄影测量的主要任务。航天技术、传感器技术、计算机技术的发展必将进一步推动遥感卫星的快速发展，高空间分辨率的精细化观测能力、高敏捷机动的快速影像获取能力，以及高精度的立体空间定位能力都将成为卫星摄影测量的重要发展方向。目前，全球测图、深空探测等国家重大的应用需求对卫星摄影测量人才培养提出了新的更高要求。

赵双明教授从本科到博士的专业均是摄影测量与遥感，多年的本专业教学及科研工作打下了坚实的学术基础。他在我的指导下攻读摄影测量与遥感方向的博士学位，是国内最早开展三线阵传感器摄影测量理论与方法研究的少数学者之一，他对摄影测量与遥感的基本理论、航空航天线阵传感器几何定位的理论及方法均有深刻理解。近年来，他参加国家月球、火星深空探测领域及"高分辨率对地观测系统重大专项工程"等多项科研项目工作，取得了很好的科研成果。

本书系统阐述了卫星摄影测量的基本概念、基本原理及基本方法。全书分成7章：第1章为绪论；第2章线阵传感器严格几何模型，讲述卫星摄影测量涉及的各种坐标系、线阵传感器成像原理、传感器严格模型，以及仿射变换模型；第3章光学卫星有理函数模型(RFM模型)；第4章线阵推扫影像核线几何模型，以框幅式影像核线几何为基础，阐述线阵推扫式影像核曲线的定义、线阵推扫式影像核线几何模型及核线影像重采样的方法；第5章光学卫星影像匹配，主要内容包括影像匹配的若干测度和影像预处理方法、光学卫星影像稀疏匹配和密集匹配的策略及方法；第6章光学卫星在轨几何定标，重点讲述在轨定标几何模型、几何定位误差分析、在轨几何定标基本概念、原理及定标方法；第7章光学卫星产品分级及制作。

　　《卫星摄影测量》是国内面向摄影测量和几何遥感方向本科生的首部教材，逻辑严谨、覆盖内容全面、课程理论体系完整，全面反映了卫星摄影测量的新理论、新技术、新发展，是作者对多年专业课教学实践、探索思考的成果。

　　这本书的出版，改变了长期以来卫星摄影测量课程缺乏专业教材的状况，将对遥感科学与技术学科的教学工作起到积极推动作用。可供遥感科学与技术、测绘科学与技术，以及相关专业的高等院校本科生、研究生学习使用，也特别适合相关专业领域的工程、科技人员学习参考之用。我十分高兴地向广大读者及国内兄弟院校推荐此教材。

李德仁

2023 年 3 月 15 日 于武汉

前　言

光学卫星是获取地球空间信息的重要手段，具有全球性和高时效性。随着航天技术、传感器技术的发展，光学卫星的测绘体制发生了重大变化。光学传感器从早期的框幅式相机发展到现在的单线阵、双线阵和三线阵相机，进一步向结合敏捷卫星平台的侦测一体化高分辨率单线阵相机发展。自"高分辨率对地观测系统重大专项工程"（以下简称"高分专项工程"）实施以来，国家着力打造以卫星遥感为主体的全天候、全天时、全球覆盖的对地观测能力；高分专项工程进一步聚焦应用，促进形成空间信息产业链；"一带一路"倡议催生全球测图的需求；商业卫星公司大量出现，对地观测小卫星技术迅速发展；从月球卫星"嫦娥一号"到火星探测器"天问一号"，卫星摄影测量强力支持深空探测。民用与国防建设对卫星摄影测量的人才培养提出了更高的要求。

2015 年武汉大学首次面向摄影测量方向本科生开设"卫星摄影测量"专业核心课程，至今一直缺少一部适合本科生专业课程教学的专门教材。历经多年的卫星摄影测量教学实践探索、思考及总结，在武汉大学本科教育质量建设综合改革项目（一流本科专业规划教材建设项目）的支持下，作者决定编写一部面向摄影测量方向本科生的《卫星摄影测量》教材。教材重点阐述卫星摄影测量基本概念、基本原理、基本方法，尽可能系统、全面地反映卫星摄影测量的新理论、新技术、新方法、新发展，力求形成比较完整的卫星摄影测量课程教学理论体系。在学习本课程之后，本专业方向的学生能够运用学习到的知识解决工程应用及科学实验中的卫星数据几何处理问题。

卫星摄影测量是一门理论性、工程应用性强的课程。在当前强化通识教育的背景下，专业课程授课时数减少，而新的理论、技术、方法和应用不断涌现，因此，教材的内容选取、组织体系结构设计十分重要。全书共 7 章。第 1 章为绪论，对光学卫星发展现状、卫星摄影测量研究进展进行了综述；第 2 章讲述光学卫星线阵传感器严格成像模型，在分析卫星线阵推扫传感器的成像原理的基础上，重点阐述了以共线方程为基础的传感器严格模型、以平行投影为基础的仿射变换模型；第 3 章讲述基于有理函数模型的通用传感器成像模型的理论和方法；第 4 章为线阵推扫影像的核线理论及算法，分析了线阵推扫式影像的核线几何性质、特点，并给出了线阵推扫式影像核线影像重采样的算法；第 5 章讲述线阵卫星影像立体匹配，主要包括影像匹配测度、线阵推扫式光学卫星影像稀疏连接点，以及密集点影像匹配算法；第 6 章光学卫星在轨几何定标，构建了光学卫星在轨几何定标的严格模型，对几何定位的误差进行了分析，重点介绍利用检校场的光学卫星在轨几何定标策略及方法；第 7 章介绍光学卫星的产品分级体系及制作方法。

　　本书是在作者多年来讲授"卫星摄影测量"课程的基础上编写而成。限于作者的专业水平，书中不当、疏漏之处在所难免，敬请读者批评指正。

　　书中参考了国内外大量文献资料，借鉴、吸收了文献作者公开发表的研究成果，特此致谢。

赵双明

2022 年 10 月

目　　录

第1章 绪 论

20 世纪 50 年代开始的月球与行星探测活动中,美国 TOPOCOM(The U. S. Army Topographic Command)首次利用月球轨道相机图像为"Apollo 登月计划"制作了月球地图。这些"Extraterrestrial Photogrammetry"即为早期的卫星摄影测量。

随着航天技术、卫星技术的发展,光学测绘卫星经历了胶片返回式卫星向传输型卫星的转变,相机载荷从框幅式相机发展到现在的单线阵、双线阵和三线阵相机,进一步向以单线阵相机为主要载荷、军民两用敏捷型高分辨率侦测一体化光学卫星发展。卫星摄影测量在空间信息基础设施建设、全球化战略服务,以及月球与行星测绘等方面正在发挥重要作用。

本章主要介绍光学卫星的发展现状及光学卫星摄影测量的研究进展。

1.1 国外对地观测光学卫星发展

1957 年 10 月 4 日,苏联在拜科努尔发射场将世界上第一颗人造地球卫星 Sputnik-1 成功送入预定轨道,人类进入了利用航天器探索外层空间的新时代。经过近 70 年的发展,人造卫星技术已经在通信、导航、气象、对地观测、深空探测,以及军事侦察等领域获得广泛应用,与此同时,现代航天技术、计算机技术、传感器技术的发展又进一步推动了人造卫星技术的迅速发展。

"二战"之后,以美苏两个超级大国为首,世界进入冷战对抗阶段。苏联 Sputnik-1 的发射成功,引起了西方世界对美国和苏联之间太空技术差距的担忧,促使美国艾森豪威尔总统授权"Corona 计划"。20 世纪 50 年代,美军和中央情报局联合制定"科罗纳"(Corona)太空战略侦察卫星(发现者)计划,其主要目标是开发一种胶片返回式摄影卫星以取代 U-2 间谍侦察机进行空间照相侦察,获取苏联军事情报,其次是进行生物辐照、空间环境探测、导弹预警试验和电子侦察试验,并为美国国防部和其他美国政府提供地图服务。经过多次失败之后,1960 年 8 月 18 日发射的发现者(Discoverer 14)卫星首次成功完成卫星侦察使命,获取了苏联施密特空军基地 7.5m 分辨率的遥感影像。发现者卫星是美国第一代返回式照相侦察卫星,采用可见光照相和胶片舱返回地面的工作方式。Corona 卫星后来被命名为 KH(Key Hole：意为通过窥视门的钥匙孔窥视一个人在房间里的行为)系列卫星。1995 年克林顿政府对美国第一代照相侦察卫星的发展进行了解密。

1969 年，美国贝尔实验室的 Willard S. Boyle(威拉德·斯特林·博伊尔)和 George E. Smith(乔治·艾尔伍德·史密斯)共同发明了 CCD(Charge-coupled Device，电荷耦合器件)图像传感器。CCD 是一种半导体器件，能够把光学影像转化为数字信号。CCD 上植入的微小光敏物质称作像素(pixel)。一块 CCD 上包含的像素数越多，其提供的画面分辨率也就越高。CCD 的作用就像感光胶片一样，但它是把图像像素灰度转换成数字信号。这种通过用电子捕获光线替代胶片成像的技术实现了感光胶片向 CCD 数字成像技术的革命性转变。20 世纪 70 年代，美国成功发射了第一颗数字传输型陆地卫星 Landsat-1，其多光谱空间分辨率达 80m，利用陆地卫星影像，编制了美国全国 1∶100 万影像图。从 1972 年至今相继发射 8 颗陆地资源卫星，遥感影像数据被广泛应用于全球变化的相关研究。

1986 年 2 月，法国发射了第一颗 SPOT 光学卫星。星上载有两台完全相同的高分辨率 CCD 推扫式(push-broom)可见光成像传感器(HRV-High Resolution Visible)，其全色波段分辨率为 10m，多光谱波段分辨率为 20m。SPOT 利用异轨侧视观测(可达 27°)获取立体影像对，具有良好的基高比，适用于进行立体测图，是世界上首颗立体测图卫星。1991 年海湾战争中，美军采用 SPOT 卫星影像进行战场快速地图修测、空袭目标定位以及打击效果评估，展示了遥感技术在现代战争中的巨大作用，推动了卫星影像测图技术走向实用。

SPOT 的成功发射标志着光学卫星发展到一个新阶段，进入高分辨率卫星遥感时代。从 1986 年开始，法国航天局(CNES)共发射 7 颗 SPOT 系列卫星。2002 年 5 月 4 日发射的双线阵测绘卫星 SPOT-5 是 SPOT 系列中的第五颗卫星，其立体成像能力进一步提高。星上搭载有 2 台高分辨率几何成像装置(HRG)、1 台高分辨率立体成像装置(HRS)。HRG 通过侧摆获取异轨立体影像，空间分辨率最高可达 2.5m；HRS 采用前后视模式实时获取同轨立体影像对。此外，在 2010 年 1 月海地大地震、2011 年 3 月 11 日日本地震引发海啸、福岛第一核电站核泄漏、2011 年 1 月澳大利亚昆士兰州等地遭遇严重洪涝灾害等重大灾害事件中，SPOT-5 启动其"SPOT Monitoring"服务，在对灾害事件实时监测中发挥了重大作用。

进入 20 世纪 90 年代，"冷战"结束，高分辨率商业遥感卫星开始发展。国外主要商业高分辨率光学卫星如表 1.1 所示。

1999 年 9 月 24 日，美国 Space Imaging 公司发射了世界上第一颗 1m 高分商业遥感卫星 IKONOS-2。IKONOS 卫星同时收集 1m 全色和 4m 多光谱图像，图像空间分辨率显著提高。IKONOS 采用卫星敏捷平台+单线阵 CCD 相机的测绘新体制，通过沿轨方向前后摆扫获取同轨立体影像，通过侧摆成像获取异轨立体影像，能够在无地面控制的情况下进行 1∶10000 比例尺地图制图。

表 1.1 国外主要商业高分辨率光学卫星

卫星名称	国家	发射日期	轨道高度/km	重访周期/天	传感器主要参数			
					传感器	波段数	分辨率/m	幅宽/km
IKONOS-2	USA	1999-09-24	678/682	3	P/MS	5	0.8/4	11.3
QuickBird-2	USA	2001-10-18	450	2.7	P/MS	5	0.61/2.44	16.5
SPOT-5	France	2002-05-04	822	1~4	HRG*2	5	2.5/10/20	60
					HRS	1	10	
					VGT	4	1000	
IRS-P5	India	2005-05-05	618	5	PF/PA	1	2.5	30
ALOS	Japan	2006-01-24	691	2	PRISM	1	2.5	70/35
WorldView-1	USA	2007-09-18	496	1.7	P/MS	5	0.5/2	17.6
GeoEye-1	USA	2008-09-06	684	2~3	P/MS	5	0.41/1.65	15.2
WorldView-2	USA	2009-10-06	770	1.1	P/MS	9	0.46/1.8	16.4
Pleiades-1A	France	2011-12-17	694	1	P/MS	5	0.5/2	20
Pleiades-1B	France	2012-12-01	694	1	P/MS	5	0.5/2	20
WorldView-3	USA	2014-08-14	617	<1	P/MS	17	0.31/1.24/3.7	13.1
Pleiades NEO 3/4	France	2021-04-28 2021-08-16	620	<1	P/MS	7	0.3/1.2	14

2000 年 12 月，美国政府批准 Space Imaging 及 Digital Globe 公司 0.5m 商业遥感卫星的许可证申请，第二代高分商业遥感卫星的研制全面展开。2008 年发射的 GeoEye-1、2007 年、2009 年、2014 年发射的 WorldView 系列卫星等均采用敏捷平台+单线阵 CCD 相机的测绘体制。

1.2 国内对地观测光学卫星发展

2007 年，我国成功发射中巴地球资源卫星 CBERS-02B。该星首次配置 2.36m 高分辨率相机，在轨运行了 2 年 7 个月，是我国第一代传输型地球资源卫星。

2012 年，中国第一颗民用高分辨率光学传输测绘卫星 ZY-3 发射升空。星上配置三线阵推扫相机(TLC)，中视影像分辨率为 2.1m，前视和后视影像分辨率为 3.5m，ZY-3 立体影像可用于生产 1:5 万比例尺地形图。2016 年，ZY-3 02 卫星发射，并与 ZY-3 01 卫星组网运行，前、后视影像分辨率提高到 2.5m，获取全球高分辨率三线阵卫星影像，为全球地理信息资源建设、新型基础测绘等提供立体影像和地理信息产品。

"高分辨率对地观测系统重大专项工程"（以下简称"高分专项工程"）是《国家中长期科学和技术发展规划纲要（2006—2020 年）》确定的十六个重大专项之一。高分辨率对地观测系统与其他观测手段相结合，形成全天候、全天时、全球覆盖的对地观测能力，服务于国家全球测图、应急响应、资源调查及国情普查。

2013 年，"高分专项工程"首颗卫星"高分一号"GF-1 成功发射。星上搭载 2 台高分和 4 台中分相机，具有高分宽幅（2m/60km | 16m/800km）、侧摆 35°的成像能力。

2014 年，第一颗亚米级民用遥感卫星 GF-2 发射，星上配置优于 2 台 1m 全色和 4m 多光谱相机，能够进行快速姿态侧摆机动。之后，中国第一颗高分辨率地球同步轨道遥感卫星 GF-4、具有陆地和大气综合观测能力的高光谱卫星 GF-5、具有超大成像宽度的精密农业观测卫星 GF-6、亚米分辨率的立体测绘卫星 GF-7 等先后成功发射。

高分系列中，2019 年我国发射了首颗民用亚米级高分光学立体测绘卫星 GF-7。搭载的双线阵立体相机可有效获取 20km 幅宽、优于 0.8m 分辨率的全色立体影像和 3.2m 分辨率的多光谱影像；两波束激光测高仪以 3Hz 的观测频率进行对地观测，地面足印直径小于 30m，并以高于 1GHz 的采样频率获取全波形数据。通过"双线阵立体相机与激光测高仪主被动复合测绘"体制，实现了少控制或无控制点区域的大比例尺立体测绘能力，能够满足 1∶10000 测绘任务的需求。

2018 年，我国第一颗民用高分辨率卫星星座发射升空，由 3 颗性能和状态相同的GF-1 02/03/04 卫星组成。三颗卫星联网后，实现了 15 天全球覆盖和 2 天重访的成像能力。这三颗卫星与 2013 年发射的 GF-1 卫星协同工作，可实现 11 天全球覆盖和 1 天重访的成像能力。

我国主要的高分遥感卫星如表 1.2 所示。

表 1.2　中国主要高分辨率光学卫星

系列	卫星	发射日期	轨道高/km	重访周期/天	主要传感器参数			
					传感器	波段	分辨率/m	幅宽/km
ZY	CBERS-02B	2007-09-19	778	3	HR	1	2.36	27
					CCD	5	20	113
					WFI	2	258	890
	ZY-1 02C	2011-12-22	780	3	HR	1	2.36	54

续表

系列	卫星	发射日期	轨道高/km	重访周期/天	主要传感器参数			
					传感器	波段	分辨率/m	幅宽/km
ZY	CBRES-04	2014-12-07	778		P/MS	4	5/10	60
				3	P/MS	4	5/10	60
				26	Infrared MS	4	40/80	120
				26	MS	4	20	120
				3	WFI	4	73	866
	ZY-1 02D	2019-09-12	778	3	P/MS	9	2.5/10	115
					HS	166	30	60
	ZY-3 01	2012-01-09	505	5	TLC	1	2.1/3.5	52
					MS	4	6.8	52
	ZY-3 02	2016-05-30	505	3-5	TLC	1	2.1/2.5	51
				3	MS	4	5.8	51
GF	GF-1	2013-04-16	645	4	P/MS	5	2/8	60
				2	WFV	4	16	800
	GF-2	2017-08-19	631	5	P/MS	5	0.8/3.2	45
	GF-3	2016-08-10	755	3	SAR	1	1-500	5-650
	GF-4	2015-12-29	36000	20	VNIR	5	50	400
					MWIR	1	400	400
	GFGF-5	2018-05-09	705	5	AHSI	330	30	60
					VIMS	12	20/40	60
	GF-6	2018-06-02	645	4	P/MS	5	2/8	90
				2	WFV	8	16	800
	GF-7	2019-11-03	505	5	DLC	1	0.8/0.65	20
					MS	4	3.2	20
	GF-1 02/03/04	2018-03-31	645	2	P/MS	5	2/8	66

续表

系列	卫星	发射日期	轨道高/km	重访周期/天	主要传感器参数			
					传感器	波段	分辨率/m	幅宽/km
TH	TH-1 01/02/03	2010-08-24	500	1	P/MS	5	2/10	60
		2012-05-06			TLC	1	5	60
		2015-10-26						

注：HR，高分辨率；CCD，电荷耦合元件；WFI，宽视场相机；P，全色相机；MS，多光谱相机；WFV，宽幅相机；SAR，合成孔径雷达；VNIR，可见光和近红外相机；MWIR，中波近红外相机；AHSI，先进高光谱成像仪；VIMS，全谱段光谱成像仪；DLC，双线阵相机。

2015 年，"吉林一号"系列卫星一箭 4 星成功发射，成为中国第一颗真正独立的商用遥感卫星系列。4 颗卫星分别是：1 颗全色 0.72m、多光谱成像能力 2.88m 的光学卫星 GXA，2 颗分辨率为 1.12m 的超清晰视频卫星 SP01 和 SP02，1 颗分辨率为 5m 的智能验证卫星 LQ。此后，6 颗视频卫星 SP03-08，2 颗 26 波段的多光谱卫星 GP01 和 GP02，3 颗全色和多光谱光学卫星 GF-3A、GF-2A 和 GF-2B，1 颗宽测绘带卫星 KF01 被陆续发射。经过 9 次发射，"吉林一号"星座的 16 颗卫星在轨组网运行，每天可重访世界任何地方 5~7 次，为用户提供了数据服务。

SuperView-1 01/02 星和 03/04 星分别于 2016 年 12 月 28 日和 2018 年 1 月 9 日以一箭双星的方式成功发射。4 颗设计参数相同的 SuperView-1 系列卫星组成 SuperView-1 星座在同一轨道网络中运行，分辨率为 0.5m，轨道高度 530km，幅宽 12km，重访周期为 1 天。可设定星下点成像、侧摆成像、拍摄连续条带、多条带拼接、按目标拍摄多种采集模式，还可以进行立体采集。SuperView-1 单次最大可拍摄 60km×70km 影像。SuperView-1 是中国首个能够实现高敏捷性和多模成像的商用卫星星座。

此外，我国首个民营商用微纳卫星星座"珠海一号"，由分布在不同轨道的 34 颗卫星组成，包括视频卫星、高光谱卫星、雷达卫星、高分光学卫星和红外卫星。

1.3　深空探测光学卫星发展

自 1958 年美国和苏联开启探月计划以来，世界主要航天技术大国先后开展了大量的深空探测活动。美国（NASA）、苏联、欧洲航天局（ESA）及日本等国家和机构，先后分别向月球、金星、水星及火星等行星发射了 100 多颗行星探测器。

1959 年 10 月 4 日，苏联在拜科努尔航天发射场成功发射"月球 3 号"（Luna-3）月球航天器，10月7日，当距离月球约65200km时，拍摄了世界上第一张月球背面照片。"月球3号"共拍摄29张月球背面照片，航天器自动对曝光的胶片进行显影、定影和干燥处理后，将图像扫描后传回地球。地面接收天线最终接收到17幅质量可用的图像。1965年7月18日，Zond-3深空探测器在飞越月球期间总共拍摄了25张月球背面图像。1967年在综合处理Zond-3、Luna-3拍摄的月球像片基础上，构建了59个点的月球控制网，测绘了第一幅1∶500万比例尺的月面图。

美国利用1966年8月10日发射的Lunar Orbiter-1月球探测器拍摄的像片，首次采用轨道约束的空中三角测量，为"Apollo登月计划"测绘月形图。1969年7月20日，美国"Apollo 11号"飞船搭载阿姆斯特朗等3位宇航员承载人类飞天梦想，首次完成载人登月及月球样品返回任务，在人类的发展史上具有划时代意义。阿姆斯特朗踏上月球表面的第一步通过电视向全球观众直播，将这一事件描述为"一个人的一小步，人类的一大步"（one small step for［a］man，one giant leap for mankind）。

1971年至1972年，美国（DMA、NOAA、USGS、NASA等机构）利用"Apollo-15、16、17号"飞船上搭载的测图相机、高分辨率全景摄像机、恒星相机及激光高度计获取的数据，通过区域网平差，建立了5324个控制点的月面控制网，制作了1∶25万比例尺的正射影像图，以及1∶5万、1∶2.5万、1∶1万比例尺的月形等高线图。这是摄影测量在人类早期深空探测任务中的成功应用。2012年，美国USGS等机构重新对Apollo 15～17任务量测相机图像进行摄影测量处理，制作了分辨率约为30m/像素的局部区域数字正射影像图（DOM）与数字高程模型（DEM）。

1994年美国NASA将克莱门汀（Clementine）轨道飞行器成功送入月球预定轨道。"克莱门汀号"是美国自"Apollo计划"结束后20多年来发射的第一颗月球探测器。"克莱门汀号"搭载的光学相机等制图载荷包括：紫外/可见光相机（Ultraviolet/Visible Camera，UVVIS）（分辨率200m）；近红外相机（Near-Infrared Camera，NIR）；长波红外相机（Long-Wave Infrared Camera，LWIR）；高分辨率相机（High-Resolution Camera，HIRES）（分辨率7～20m）；激光雷达测高系统（Laser image Detection and Ranging System，LiDAR）（垂直分辨率40m）。"克莱门汀号"的主要任务之一是绘制月球地形图。"克莱门汀号"首次提供了月球表面完整影像覆盖和全月球激光高度计数据。主要成果包括利用43871张UVVIS（750nm）影像，提取了大约265000个匹配点，制作"克莱门汀"月球控制网（The Clementine Lunar Control Network，CLCN）；以CLCN为控制基准，基于43871张UVVIS影像制作了分辨率为100m/像素的全月球数字影像模型；建立2005月球统一控制网（The Unified Lunar Control Network 2005，ULCN2005）。融合ULCN（利用Apollo、Mariner 10和Galileo任务等影像建立的早期控制网）和CLCN月球控制网建立，共包含272931个地面控制点，垂直精度约100m。与CLCN相比，ULCN2005控制点高程精度进一步提升。

2007 年 9 月 14 日，日本发射月亮女神（SELENE，或称 Kaguya）月球轨道器。主要制图载荷包括高性能光学立体地形相机 TC（GSD 10m）、多波段成像仪（MI，GSD 20m）、光谱仪（Spectral Profiler）。2008 年 4 月 9 日，JAXA 宣布 Kaguya 使用其搭载的激光高度计收集了足够的数据来构建全月球表面的地形，数据点比之前的月球表面模型大 10 个数量级（之前的模型是由统一月球控制网络于 2005 年生产的，主要基于美国"克莱门汀号"宇宙飞船）。

2007 年 10 月 24 日，我国的第一个深空任务"嫦娥一号"（CE-1）月球轨道飞行器成功发射。CE-1 携带的主要制图载荷包括 CCD 三线阵立体相机（分辨率 120m）和激光高度计（测距分辨率 1m）。CE-1 的主要科学目标之一是利用立体相机和激光高度计的数据制作月表三维立体模型。

2009 年 6 月 18 日，美国 NASA 发射月球侦察轨道器（Lunar Reconnaissance Orbiter，LRO），作为高分辨率测绘计划的一部分，以识别着陆点和潜在资源，研究辐射环境、并验证未来自动化的新技术和人类登月任务。其主要制图载荷为月球侦察轨道器相机（LROC）（宽角相机分辨率 100m，窄角相机分辨率 0.5 ~ 2m）和月球轨道器激光高度计（Lunar Orbiter Laser Altimeter，LOLA）（测距分辨率 10cm）。其中，LRO 宽角相机影像一个月可覆盖全月球一次，用于制作全月球影像图。利用 LOLA 已经收集的超过 65 亿次地表的高度测量结果（精度约为 1m），凭借如此高精度的全球覆盖，由此产生的地形图已成为月球的参考大地测量框架，并产生了迄今为止最高分辨率和最准确的极地 DEM。此后，月球轨道器激光高度计（LOLA）和 SELenological and Engineering Explorer（SELENE）Kaguya 团队创建了一个 LOLA 激光测高数据与 TC 影像融合的改进月球数字高程模型（DEM），覆盖纬度在 ±60° 以内，水平分辨率为 512 像素/°（赤道处约 59m/pixel）和典型的垂直精度为 3~4m。

2010 年 10 月 1 日，我国探月计划的第二颗绕月人造卫星 CE-2 成功发射。CE-2 的科学目标是利用 CCD 立体相机高分辨率的月球表面影像，结合激光高度计月表地形高程数据，获取月球表面高精度的地形数据，为后续着陆区的选取提供依据，同时为划分月球表面的地貌单元精细结构、断裂和环形构造，提供原始资料。CE-2 共搭载包括 CCD 立体相机、激光高度计等 7 种探测设备。其中，CE-2 激光高度计月面"激光脚印"直径 40m，激光测距精度可达 5m，脉冲频率 5Hz，用于制作高精度月面数字高程模型。

火星（Mars）是太阳系里四颗类地行星之一。火星探测的科学目标概括为四个方面：确定火星上是否存在生命；了解火星气候特征；了解火星地质系统的起源和演化；为人类载人探索火星作准备。

1971 年 11 月第一颗火星轨道卫星 Mariner 9，首次发现与地球相似的火星尘暴、火星水手谷（Valles Marineris）等火星形貌特征，引起了人们对探索红色星球（火星）的广泛兴趣。

下面介绍火星探测任务中与火星制图相关的主要任务。

1975 年至 1976 年 NASA 的 Viking 1/2 火星探测任务，是美国第一个将航天器安全降落在火星表面并返回火星表面图像的任务。Viking 1/2 轨道飞行器在轨获取了超过 52000 张火星照片，提供了火星表面特征的详细信息，并绘制了火星表面 97% 的地图。利用 Viking 火星图像制作 MDIM 2.1 全色、彩色全火星 DOM（256 像素/°，赤道处 232m/像素），火星全球 1∶500 万、1∶200 万地形图，局部区域 1∶200 万~1∶5 万比例尺地形图。

1996 年 NASA 火星全球勘测者（Mars Global Surveyor，MGS）携带 MOC（Mars Orbiter Camera）/MOLA（Mars Orbiter Laser Altimeter）载荷。基于 1999 年至 2001 年间收集的 6 亿多个 MOLA 测量值，并转换为行星半径，制作分辨率为 463m/像素的 MGS MOLA DEM，垂直精度为 ±3m。目前 MOLA DEM 作为火星高程控制的基准数据被广泛应用。

2001 年 4 月发射的奥德赛（Odyssey）火星探测器。搭载的 THEMIS 热辐射成像仪可观察火星表面的可见光（Visible imager：GSD 18m）和红外（IR imager：GSD 100m）反射，以制作地图显示不同矿物浓度的位置及其与各种地貌的关系、确定火星表面矿物的分布，并帮助科学家了解火星的矿物学与地形的关系。2014 年夏季亚利桑那州立大学（Arizona State University）发布了热辐射成像光谱仪（Thermal Emission and Imaging Spectrometer，THEMIS）日间红外（IR）100m/像素的影像图和热发射成像系统（THEMIS）夜间红外（IR）100m/像素的影像图（覆盖纬度范围从 60N 到 60S）。2001 年奥德赛贡献了许多科学成果。它绘制了构成火星表面的化学元素和矿物质的数量与分布图。氢分布图使科学家们在极地地区发现了大量的埋在地表之下的水冰。奥德赛还记录了火星低轨道的辐射环境，以确定未来可能前往火星的任何人类探险者将面临的与辐射相关的风险。奥德赛轨道飞行器是对这颗红色星球进行的一系列探险的一部分，这些探险有助于实现火星探索计划的主要科学目标。

2003 年 6 月 ESA 的火星快车（Mars Express，MEX）任务，携带高分辨率立体多线阵（焦平面上配置 5 条全色 CCD 线阵、4 条多光谱 CCD 线阵）推扫相机（High Resolution Stereo Camera，HRSC），GSD 10m，用于同时对火星表面进行高分辨率立体（三线阵立体成像）、多色和多相位成像（high-resolution stereo, multicolour and multi-phase imaging of the Martian surface）。此外，一个额外的超分辨率通道以 5 倍的分辨率提供了嵌入基本 HRSC 条带中的框幅式影像。HRSC 将以约 10m 的分辨率对全火星进行全彩色 3D 成像，选定区域将以 2m 的分辨率成像。该相机最大的优势之一是通过结合两种不同分辨率的图像实现高指向精度，另一个是 3D 成像，全彩显示火星的地形。

2005 年 NASA 火星侦察轨道器（MRO）任务，携带 HiRISE 高分辨率相机（GSD 0.25m）以及 CTX 纹理相机（GSD）。HiRISE 相机是目前火星环绕器分辨率最高的可见光传感器。利用 HiRISE 影像制作了局部区域分辨率为 25cm/像素的 DOM 与 1m/像素的 DEM，利用

CTX 影像制作了分辨率为5m/像素的全火星DOM。

2020年7月23日，我国首次火星探测任务"天问一号"探测器成功进入预定轨道。火星制图载荷包括环绕器上搭载的中分辨率相机（Moderate Resolution Imaging Camera，MoRIC）、高分辨率相机（High Resolution Imaging Camera，HiRIC）以及火星车导航地形相机（The Navigation and Terrain Cameras）。高分辨率成像相机（HiRIC）用于实现高分辨率（GSD 0.5m@265km）、条带宽度为9km的对火成像。HiRIC 采用离轴三镜像散（TMA）光学系统，焦距为4640mm，视场（FOV）为2°×0.693°，焦平面配置3片时间延迟积分（TDI）电荷耦合器件（CCD），采用线中心投影的推扫方式成像（Multi-TDI CCD）。HiRIC 主要作用是获取兴趣区域的高分辨率图像，进行火星兴趣区域、重点区域局部高精度测图，火星车在位巡视路径规划等。

利用卫星摄影测量进行行星形貌测绘及制图是行星探测的基础。可以为直观了解行星表面的地貌形态，以及行星探测器的着陆选址、精确着陆、着陆器巡视导航等任务提供技术支持。月球与行星测图的理论及方法是卫星摄影测量的重要研究任务。

1.4 光学卫星摄影测量研究进展

卫星摄影测量以人造卫星、航天飞机或轨道空间站等航天飞行器为载体，从宇宙空间在轨获取关于地球、月球、火星等环境的成像信息，通过对获取的光学影像数据、卫星辅助数据（卫星轨道、姿态数据）、传感器定标数据进行摄影测量数据处理，实现光学卫星影像对目标的几何定位及影像的分析解译任务。

卫星摄影测量是获取全球地理空间数据的有效手段，特别是对于困难地区测图（如无人区测图）、全球测图（如境外区域测绘）等具有重要的工程应用价值。光学卫星运行轨道分为低（Low Earth Orbit，LEO）、中（Medium Earth Orbit，MEO）和高（地球同步轨道，Geosynchronous Orbit，GEO）轨道三个层次。在光学相机像元大小及焦距确定的情况下，轨道高度越高，重访能力越强，但会降低光学相机的空间分辨率；为获得较高的空间分辨率，光学卫星通常采用LEO轨道，但在姿态机动能力相同的条件下重访能力较低。具有更高分辨率、更短重访周期、更高敏捷机动成像能力及更高几何定位精度是光学卫星进一步的发展方向。光学卫星摄影测量的研究进展主要体现在如下几个方面。

1. 光学卫星立体成像模式

立体成像模式主要采取同轨立体、异轨立体、敏捷成像方式。光学卫星成像载荷主要有单线阵相机、双线阵相机或三线阵相机。

局部覆盖摄影模式的光学卫星，通常搭载单线阵相机获取影像，具有影像分辨率高、敏捷机动性强及重访周期短等特点。立体影像获取方式包括通过轨道内前后侧摆获取同轨立体影像；垂直轨道向左右侧摆获取异轨立体影像；敏捷成像方式获取任意指向的兴趣目标。如 IKONOS、WorldView 卫星系列、SPOT-6/7 及 Pleidies 卫星等，但覆盖宽度较小，主要用于局部地区地形图的测制、更新及高精度定位等方面。

全球连续覆盖模式的光学卫星，主要特点是采用二线阵或三线阵立体相机载荷获取同轨立体影像，且立体影像地面覆盖宽度较大，如 MOMS-02、SPOT-5、ALOS-1、IRS-P5，以及我国的"天绘一号"卫星、"资源三号"卫星和"高分七号"卫星等，主要用于无地面控制条件下全球范围内地理信息产品的生产及高精度定位。

此外，军民两用、敏捷型单线阵侦测一体化光学卫星也是进一步的发展方向。其高分辨率光学成像载荷的内外方位元素精度高，结合高精度姿态控制卫星平台，具备单轨立体成像、实现 1∶5000 大比例尺立体测绘制图能力；以及基于基础地图进行高精度的地图修测，具备较强的地理空间情报获取能力；卫星平台具备大角度快速姿态机动能力，能灵活地实现同轨、异轨立体观测。

2. 光学卫星无控测图

无地面控制点卫星摄影测量是指直接利用星上获取的姿态和轨道数据进行大、中比例尺的测图，是困难地区以及全球测图的重要手段。光学卫星影像无控定位精度与卫星平台姿态稳定度、星敏姿态和轨道测量数据精度、有效载荷定标参数及卫星影像数据处理的模型、算法等密切相关。

如果光学卫星具有良好的姿态稳定度、较小的卫星姿态变化率，利用高精度星敏感器及陀螺仪(或角位移传感器)等硬件设备提供的定姿数据，可以直接进行立体影像前方交会。敏捷成像卫星对硬件性能要求较高，影像无控定位主要采取该方式。无控定位精度主要取决于以星敏感器为主的定姿系统的测量精度。另外，通过光学卫星在轨几何定标和卫星影像的光束法平差能够提高定位精度，在这种情况下可适当放宽对星敏感器等硬件的性能要求。在有地面控制的卫星摄影测量中，相机几何参数引起的定位误差大部分可以利用地面控制点加以控制；而在无地面控制的卫星摄影测量中，须对相机的几何参数进行在轨几何标定。

此外，传统摄影测量几何定位中，外业控制点的获取(成本高、效率低、困难地区难获取)仍然是制约摄影测量处理效率、定位精度的关键因素。利用"云控制"摄影测量的概念，以带有地理空间信息的数据作为几何控制替代外业控制点，通过自动匹配(或配准)获取大量密集的控制信息，是大数据时代实现摄影测量数据高效、自动与智能化处理的有效手段，具有重要的应用价值。

3. 多源、异构数据联合处理

光学卫星多源异构数据主要是指多星源、多分辨率、多时相的影像数据，以及多类型数据，如全球 DEM 等矢量数据。随着高分辨率光学卫星的不断发展，可以获得大范围的同轨或异轨立体影像数据，以及高精度的卫星姿轨等辅助数据，几何定位精度得到显著提升。但是，在实际工程应用中也产生了一些新问题。在少控制点或无控制点的大范围测区的情况下，如何生产满足测绘行业标准或国标要求的测绘产品；在同轨同源、异轨同源数据无法完整覆盖测区时，如何集成多源数据参与摄影测量数据联合处理、完成符合地图标准要求的地图测绘。

在光学卫星对地观测中，通过提高硬件性能来提升卫星平台的姿态稳定度、星敏感器的测量精度，采用星载双频 GNSS 进行卫星定轨等一系列技术手段，可以获得高精度的卫星定姿定轨数据，尽管如此，进行大比例尺的光学卫星无控测图仍然具有相当大的难度。针对少控制或无地面控制条件下的全球或局部高精度几何定位，国内外学者进行了大量研究工作。为提高无控条件下卫星影像的几何定位精度，全球 DEM（30m 或 90m 的 SRTM DEM）或星载激光高度计数据（ICESat/GLASS for Earth，LRO/LOLA on the Moon，and MGS/MOLA on Mars）及现有的基础地理信息（DEM、DOM 或 DLG，Open Street Map）作为控制信息被广泛应用于卫星摄影测量的数据联合处理中。需要指出，在几乎所有行星探测任务中，由于缺少物方控制的原因，激光测高仪数据均被作为约束条件用于绘制行星体的地图，取得了很好的效果，为后续的着陆任务选址、巡视导航任务路径规划提供了重要技术支持。

此外，大范围光学卫星测图时，由于云层、气象等因素的影响，很难获得完整的测区同源立体影像数据覆盖，因此，必须充分利用多分辨率、多时相、多星源等影像数据进行联合摄影测量处理。联合处理过程会涉及卫星影像自动化云检测、多源影像数据的自动匹配、多源多星数据的大范围联合平差等关键技术问题。

4. 光学卫星在轨几何定标

由于受到卫星发射和在轨运行过程中空间热力学环境等因素变化的影响，导致光学卫星成像系统的实验室检校参数发生变化。因此，光学卫星在轨几何定标成为实现光学卫星无控测图、提高几何定位精度的关键问题。

在轨几何定标，是指利用光学卫星在轨获取的影像数据，通过摄影测量方法对成像系统在轨运行时的内外方位元素状态进行精确标定的技术，为影像几何处理提供精确的几何成像参数，是决定光学卫星影像几何定位精度的重要因素。卫星入轨成功后，在整个运行生命期内会定期进行在轨几何定标、跟踪分析星上光学成像载荷的工作状态，以补偿卫星平台外部系统误差(如相机安装角误差)及光学相机内部系统误差(主点、主距以及物镜光学畸变参数、CCD 排列误差等),保证影像产品的几何质量。

传统的光学卫星在轨几何定标,普遍采用基于地面定标场的高精度参考数据,利用光学卫星在轨获取定标场影像,通过影像匹配产生高精度密集控制点,基于单像空间后方交会方法精确解算定标参数。为实现高精度几何标定,如 SPOT、IKONOS、ALOS 等高分辨率卫星均布设了各自的野外定标场以进行定期或不定期的在轨几何定标。法国 SPOT 卫星在全球建立了 21 个几何定标场,积累了 40 余年在轨定标经验,是较早开展在轨几何定标的光学卫星;美国 GeoEye-1 卫星利用分布于全球的 24 个检校场进行精度检校与评估工作。

在基于地面定标场的光学卫星的几何定标方法中,通常只需少量控制点即可完成光学卫星外定标,内定标则需要利用密集匹配获取的大量控制点信息作为约束条件。但是,基于几何定标场的定标方法有如下问题:① 定标精度受限。定标场参考数据几何分辨率及精度要求高,在轨定标影像的获取受季节变化、成像方式的影响与定标场参考数据影像匹配的难度较大,限制了定标结果的精度。② 成本高。光学卫星影像覆盖地面范围大,定标场建设及定标场参考数据更新与维护成本高。③ 定标场的数量及分布受限。理论上,定标场的分布应覆盖全球范围,且分布均匀数量适中,实际中受国际地缘政治等各种因素的制约难以保证全球定标场的数量及分布的要求。④ 时效性差。由于地面定标场的数量及分布的限制,气象、卫星回归周期等客观条件的影响,卫星在轨运行后可能需要较长时间才能获取有效的定标场影像数据,导致定标参数不能及时获取,无法满足应急需求。

基于几何定标场的定标方法已无法满足光学卫星影像高精度几何定位与实时应用的需求。随着光学卫星向小型化、多角度成像、敏捷机动等方向发展,充分利用卫星成像几何内在约束关系,研究不依赖地面定标场的自主几何定标方法将是光学卫星在轨几何定标的发展方向。与传统的基于定标场的定标方法相比,利用光学卫星的敏捷机动成像能力在轨获取多景"交叉影像",基于同名光线空间相交的几何关系实现成像参数的精确标定,具有低成本、定标时效性好的优点,且其定标精度取决于同名像点的匹配精度,与定标场参考数据无关。

5. 光学卫星影像并行、网格化处理及智能化处理

由于光学卫星传感器的分辨率越来越高,数据源越来越多,数据获取周期越来越短,对空间信息的更新及需求越来越迫切,导致对海量的卫星影像数据的处理时效性提出了空前的要求。光学卫星影像的并行、网格化处理、智能处理与实时服务是必然选择。

法国 PixelFactory 和国内的 DPGrid、PixelGrid 软件是典型的卫星影像并行处理系统。

◎ 思考题

1. 简述卫星摄影测量的概念。
2. 了解国内外对地观测光学卫星的发展现状。
3. 了解光学卫星在深空探测领域的应用。
4. 光学卫星传感器包括哪些类型？工作方式有哪些特点？
5. 了解光学卫星摄影测量的主要研究进展。

第2章 线阵传感器严格几何模型

线阵列光学传感器沿卫星轨道方向推扫成像，可获取连续无缝的条带影像。SPOT卫星、IKONOS卫星、QuickBird卫星、"资源三号""高分一号""高分二号"及"高分七号"等光学卫星均采用线阵列推扫式传感器成像。线阵列推扫式传感器广泛应用于卫星摄影测量，是对地观测十分有效的光学传感器，其严格几何模型是光学卫星长条带影像摄影测量处理、光学卫星定位误差分析及在轨几何定标的基础。

本章主要内容包括卫星摄影测量常用的坐标系及坐标变换、线阵传感器成像原理及严格成像模型的建立，最后介绍传感器仿射变换模型。

2.1 坐标系及坐标变换

卫星摄影测量中，利用传感器成像几何模型进行几何定位时将涉及一系列坐标系的定义及坐标变换。坐标系主要包括图像坐标系、像平面坐标系、传感器坐标系、轨道坐标系、本体坐标系、地心直角坐标系(地心地固坐标系)、大地坐标系、局部切面坐标系、制图坐标系、天球坐标系(地心惯性坐标系)。

2.1.1 图像坐标系

图像坐标系的原点位于影像的左上角点，影像列方向(推扫方向)定义为影像Line轴方向，影像行方向(采样方向)定义为Sample轴方向。如图2.1所示，(Line，Sample)表示像素在图像中的位置。

2.1.2 像平面坐标系

线阵传感器采用线中心投影方式成像，连续推扫获得影像条带。任意扫描行影像均可视为单独的框幅式中心投影的像片，扫描行影像有各自的6个外方位元素。如图2.2(a)所示，以扫描行方向为y轴，飞行方向为x轴，建立瞬时像平面坐标系；图2.2(b)为相机焦平面上建立的像平面坐标系，理想CCD线阵列位于像平面坐标系y轴上。

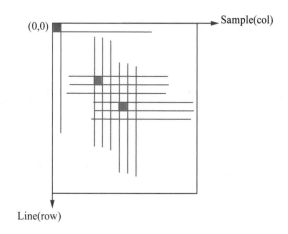

图 2.1 图像坐标系

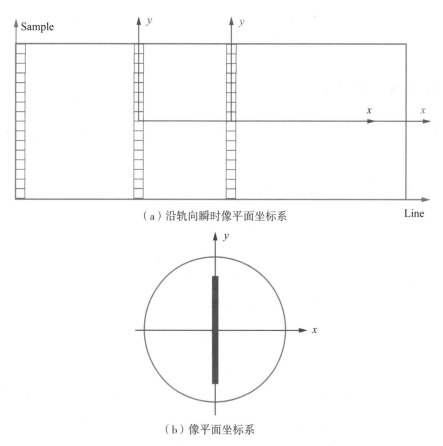

（a）沿轨向瞬时像平面坐标系

（b）像平面坐标系

图 2.2 像平面坐标系

2.1.3 传感器坐标系

定义相机投影中心为传感器坐标系原点，过投影中心作焦平面垂线（相机主光轴），指向焦平面方向为 z_c 轴正向，y_c 轴平行于 CCD 阵列方向，x_c 轴指向卫星运行方向。该坐标系符合右手法则，用于描述相机的空间位置及姿态。

如图 2.3 所示，f 为相机主距；ψ 为 CCD 阵列沿轨向偏场角，col_0 为主光轴（x 轴与 CCD 线阵的交点）对应的像元位置，λ_{ccd} 为像元大小。

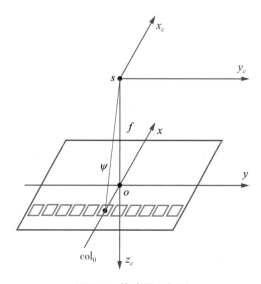

图 2.3 传感器坐标系

根据坐标系定义，若影像坐标为（row，col）（以 row 为影像行，col 为影像列），则其对应的相机坐标 (x_c, y_c, z_c) 可由式（2.1）表示：

$$\begin{pmatrix} x_c \\ y_c \\ z_c \end{pmatrix} = \begin{pmatrix} f\tan\psi \\ (\mathrm{col}_0 - \mathrm{col}) \cdot \lambda_{\mathrm{ccd}} \\ f \end{pmatrix} \tag{2.1}$$

2.1.4 轨道坐标系

卫星是三轴稳定的，其运动方向由三个坐标轴控制。如图 2.4 所示，卫星绕轨运行时的状态矢量由随时间变化的位置矢量 $\boldsymbol{P}$ 和速度矢量 $\boldsymbol{V}$ 组成。轨道坐标系定义如下：

以卫星质心作坐标系原点 O。指向地心方向的矢量定义为 Z 轴（yaw 轴），Z 轴与卫星位置矢量共线；X 轴（pitch 轴）过原点垂直于 Z 轴和卫星速度矢量构成的轨道平面；右手

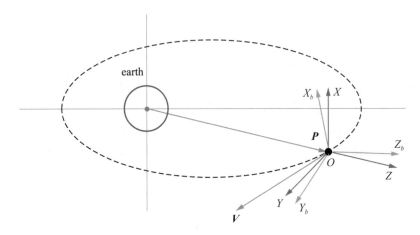

图 2.4　卫星轨道坐标系和本体坐标系

法则确定 Y 轴(roll 轴)。

卫星轨道坐标系与时间相关,原点及坐标轴的方向随时间变化,也称为局部轨道坐标系。卫星轨道坐标系是描述卫星姿态的空间参考坐标系,主要用于卫星状态控制。

根据位置矢量 P 和速度矢量 V 建立轨道坐标系的公式如下:

$$Z = \frac{P(t)}{\|P(t)\|} \tag{2.2}$$

$$X = \frac{V(t) \times Z}{\|V(t) \times Z\|} \tag{2.3}$$

$$Y = Z \times X \tag{2.4}$$

利用方向余弦的概念,轨道坐标系到地心地固坐标系的旋转矩阵 R_o^g 可构造如下:

$$R_o^g = \begin{pmatrix} (X)_X & (Y)_X & (Z)_X \\ (X)_Y & (Y)_Y & (Z)_Y \\ (X)_Z & (Y)_Z & (Z)_Z \end{pmatrix} \tag{2.5}$$

2.1.5　本体坐标系

卫星本体坐标系(Body-fixed Coordinate System)是用于确定卫星姿态的坐标系。本体坐标系以卫星质心为原点,正交坐标系的三个坐标轴分别取卫星三个主惯量轴为 X、Y、Z 轴。其中,Z 轴与卫星轨道坐标系 Z 轴指向一致,Y 轴指向卫星飞行方向,X 轴由右手法则确定。图 2.4 中,$O\text{-}X_bY_bZ_b$ 为卫星本体坐标系。

卫星本体坐标系是与卫星固联的坐标系,是星敏感器、对地观测相机、GPS 天线等卫星有效载荷星上安装基准。

理想状态下，本体坐标系与轨道坐标系应重合或一致。假定 t 时刻卫星本体坐标系相对于轨道坐标系的姿态角分别为 $a_p(t)$、$a_r(t)$ 和 $a_y(t)$，则卫星本体坐标系到轨道坐标系的旋转矩阵可构造如下：

$$R_b^o = M_p \cdot M_r \cdot M_y \tag{2.6}$$

$$M_p = \begin{pmatrix} 1 & 0 & 0 \\ 0 & \cos(a_p(t)) & \sin(a_p(t)) \\ 0 & -\sin(a_p(t)) & \cos(a_p(t)) \end{pmatrix} \tag{2.7}$$

$$M_r = \begin{pmatrix} \cos(a_r(t)) & 0 & -\sin(a_r(t)) \\ 0 & 1 & 0 \\ \sin(a_r(t)) & 0 & \cos(a_r(t)) \end{pmatrix} \tag{2.8}$$

$$M_y = \begin{pmatrix} \cos(a_y(t)) & -\sin(a_y(t)) & 0 \\ \sin(a_y(t)) & \cos(a_y(t)) & 0 \\ 0 & 0 & 1 \end{pmatrix} \tag{2.9}$$

式中，$a_p(t)$ 表示 t 时刻卫星绕 pitch 轴的旋转角；$a_r(t)$ 表示 t 时刻卫星绕 roll 轴的旋转角；$a_y(t)$ 表示 t 时刻卫星绕 yaw 轴的旋转角。

2.1.6 地心地固坐标系

大地测量学中，地心地固坐标系(ECEF)指固定在地球上与地球一起旋转的坐标系，用以描述目标在地球空间的位置，地心地固坐标系也称为地心直角坐标系(图2.5)。原点

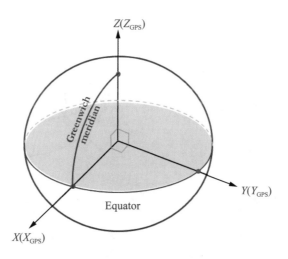

图 2.5 地心地固坐标系(ECEF)

在地球质心，Z 轴指向地球北极，X 轴在地球赤道平面内指向零度子午线，Y 轴垂直 XZ 平面，构成右手坐标系。地球的地极在不断地变化，Z 轴指向的定义，一种是协议地球坐标系，一种是瞬时地球坐标系。GPS 导航定位采用的 WGS-84 坐标系就是一种协议地球坐标系(CTS)。

在卫星摄影测量中，卫星状态矢量(轨道位置/速度)即轨道测量结果，通常是以 WGS-84 坐标系作参考，可由双频 GPS 测量定轨技术获取。

此外，卫星影像覆盖范围大，地球曲率影响明显，高斯投影面与地球表面之间的差异将产生较大的系统误差，因此，卫星摄影测量一般采用地心地固坐标系。

2.1.7　大地坐标系

大地坐标系(Geodetic Coordinate System)是大地测量中以参考椭球面为基准面建立起来的坐标系。地面点的位置用大地经度、大地纬度和大地高表示。大地坐标系的确立包括选择一个椭球、对椭球进行定位和确定大地起算数据。

形状、大小和定位、定向都已确定的地球椭球叫作参考椭球。参考椭球一旦确定，则标志着大地坐标系已经建立。大地坐标系中，纬度坐标定义有两种方式。如图 2.6 所示，过地球表面上 P 点及地心的连线与赤道平面的夹角 φ，定义为地心纬度(Geocentric Latitude)；如图 2.7 所示，过地球表面上 P 点的法线与赤道平面的夹角 φ，定义为大地纬度或地理纬度(Geodetic/Geographic Latitude)。

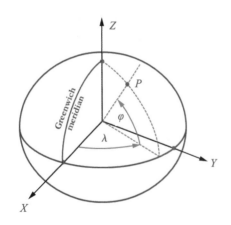
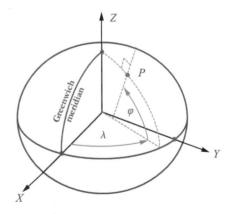

图 2.6　大地坐标系(地心纬度)　　　　　图 2.7　大地坐标系(大地纬度)

大地坐标与地心直角坐标可以相互转换。若地面点 P 的位置用大地经度 λ、大地纬度 φ(法线与赤道面相交)和椭球高 h(即大地高，是指从一地面点沿过此点的地球椭球面的法线到地球椭球面的距离)表示，则 P 点地心直角坐标可用下式计算：

$$\begin{pmatrix} X \\ Y \\ Z \end{pmatrix} = \begin{pmatrix} (N + h)\cos\varphi\cos\lambda \\ (N + h)\cos\varphi\sin\lambda \\ [(1 - e^2)N + h]\sin\varphi \end{pmatrix} \tag{2.10}$$

$$N = \frac{a}{\sqrt{1 - e^2\sin^2\varphi}} \tag{2.11}$$

2.1.8 局部切面坐标系

如图 2.8 所示，局部切面坐标系(Local Space Rectangular System，LSR)原点位于 WGS-84 系中的某已知点 $P(\varphi, \lambda, h = 0)$ ；X 轴指向东，Y 轴指向北，Z 轴为过 P 点的法线 (XY 为过 P 点的切平面)，构成右手坐标系。局部切面坐标系可作为摄影测量数据处理的物方空间坐标系。局部切面坐标系也称站心坐标系。

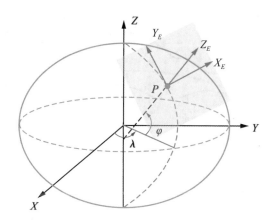

图 2.8　局部切面坐标系

假定局部坐标系的原点在地心坐标系中坐标为 $(\varphi_0, \lambda_0, h = 0)$ 。则局部坐标系到地心地固坐标系的旋转矩阵可构造为：

$$\boldsymbol{R}_E^e = \boldsymbol{R}_z(\lambda_0)\boldsymbol{R}_{y'}(\varphi_0)\boldsymbol{P}_y = \begin{pmatrix} -\sin\varphi_0\cos\lambda_0 & -\sin\lambda_0 & \cos\varphi_0\cos\lambda_0 \\ -\sin\varphi_0\sin\lambda_0 & \cos\lambda_0 & \cos\varphi_0\sin\lambda_0 \\ \cos\varphi_0 & 0 & \sin\varphi_0 \end{pmatrix} \tag{2.12}$$

其中：

$$\boldsymbol{R}_z(\lambda_0) = \begin{pmatrix} \cos(180^0 - \lambda_0) & -\sin(180^0 - \lambda_0) & 0 \\ \sin(180^0 - \lambda_0) & \cos(180^0 - \lambda_0) & 0 \\ 0 & 0 & 1 \end{pmatrix} \tag{2.13}$$

$$\boldsymbol{R}_{y'}(\boldsymbol{\varphi}_0)\boldsymbol{P}_y = \begin{pmatrix} \cos(90^0 - \varphi_0) & 0 & -\sin(90^0 - \varphi_0) \\ 0 & 1 & 0 \\ \sin(90^0 - \varphi_0) & 0 & \cos(90^0 - \varphi_0) \end{pmatrix}\begin{pmatrix} 1 & 0 & 0 \\ 0 & -1 & 0 \\ 0 & 0 & 1 \end{pmatrix} \tag{2.14}$$

卫星摄影测量中，由于地心直角坐标数值大，实际计算时通常将地心直角坐标变换到局部切面坐标系。这涉及制图坐标系、大地坐标系、地心直角坐标系及局部切面坐标系之间的坐标转换问题。

2.1.9　制图坐标系

测制地图时，地面控制坐标系统通常是平高分离的。高程参考系以大地水准面（Geoid）或椭球面（Ellipsoid）为基准，即正高（Geoid）或大地高系统（图 2.9）；平面参考系则采用地球表面到切平面的投影建立，通常选择高斯-克吕格三度带或六度带投影。

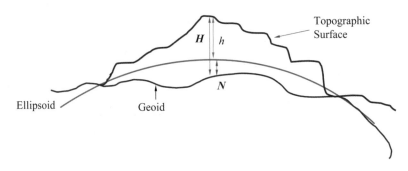

图 2.9　高程参考系

图 2.9 中，H 表示正高，h 表示椭球高，N 表示大地水准面高。$H = h - N$。

制图坐标系中，制图坐标 (E, N, H) 由高斯-克吕格或 UTM 中的二维平面坐标 (E, N) 和正高 H 组成。E 表示切平面上的东坐标（Easting），N 表示切平面上的北坐标（Northing）。

如式（2.15）、式（2.16）所示，利用地图投影可以实现椭球面与投影平面间的坐标相互转换。(λ, φ) 表示大地经度和大地纬度。

$$\begin{cases} E = E(\lambda, \varphi) \\ N = N(\lambda, \varphi) \end{cases} \tag{2.15}$$

$$\begin{cases} \lambda = \lambda(E, N) \\ \varphi = \varphi(E, N) \end{cases} \tag{2.16}$$

2.1.10 天球坐标系

描述地球、行星及人造卫星的运动，需要建立惯性参考系。惯性参考系具有牛顿运动定律的特点：坐标系是静止的或保持匀速直线运动(无旋转)；空间固定的天球坐标系是惯性参考系的近似表示。

为研究天体的位置和运动，以空间任意点(通常以测站、地心或太阳)为中心，无穷大为半径来定义天球坐标系(The International Celestial Reference Frame，ICRF)。黄道天球坐标系统：原点在太阳系的质心，参考面是黄道面(地球绕太阳的轨道平面)。赤道天球坐标系统：原点位于地球质心，以地球赤道作参考平面，即地心惯性坐标系，如图 2.10 所示。

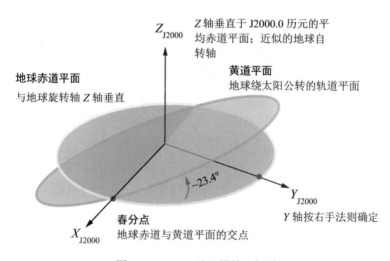

图 2.10 J2000 地心惯性坐标系

地心惯性坐标系以地球质心为原点，Z 轴指向北天极，X 轴指向春分点，Y 轴由右手法则确定。由于太阳、月球对地球的摄动引起的岁差、章动，导致地球自转轴方向不断地随时间在空间运动，因此，基于 J2000.0 历元时的地球赤道和春分点定义地心惯性坐标系，也称为 J2000 地心惯性坐标系。

J2000.0 纪元在天文学上使用，前缀"J"代表儒略纪元法。J2000.0 是指儒略日期TT 时 2451545.0，或是 TT 时 2000 年 1 月 1 日 12 时，即相对于 TAI 的 2000 年 1 月 1 日11：59：27.816 或 UTC 时间 2000 年 1 月 1 日 11：58：55.816。

利用姿态敏感器测量恒星可以确定卫星在 J2000 地心惯性坐标系的姿态。恒星相机通过拍摄恒星图像(除太阳外)可用来恢复成像时刻卫星在天球坐标系(J2000 惯性坐标系)中的姿态，因此，与安装在卫星上的 GPS 和陀螺仪一样，恒星相机也是一种有效的辅助定向装置。

在对地观测和深空探测领域，航天测控工程部门提供的卫星姿轨数据经常是基于 J2000 地心惯性系的，因此，在对地观测及对月球与行星等天体进行遥感应用、形貌测绘时，必须进行参考系的基准转换，将 J2000 地心惯性坐标系转换至地心地固或行星体固坐标系。

如图 2.11 所示，γ 为 J2000 平春分点；$O\text{-}XYZ$ 为行星体固坐标系，$O\text{-}X_{J2000}Y_{J2000}Z_{J2000}$ 为 J2000 地心惯性坐标系。$O\text{-}XYZ$ 坐标系与时间相关。(α_0, δ_0) 为 J2000 历元行星北极在惯性坐标系(J2000 春分点)中的赤道坐标(赤经、赤纬)；W 用于确定行星本初子午线。由于章动、岁差的影响，月球与行星的旋转参数 (α_0, δ_0, W) 均随时间变化。

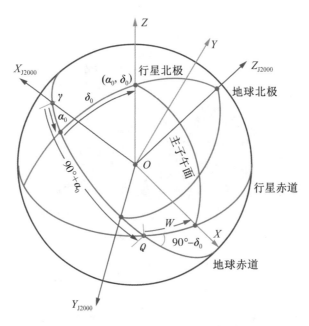

图 2.11　定义行星方位的坐标系

图 2.11 中 J2000 坐标系到行星体固坐标系的旋转可采用 $Z\text{-}X\text{-}Z$ 转角系统，旋转矩阵定义如下：

$$M_{\alpha_0+90°} = \begin{pmatrix} \cos(\alpha_0 + 90°) & \sin(\alpha_0 + 90°) & 0 \\ -\sin(\alpha_0 + 90°) & \cos(\alpha_0 + 90°) & 0 \\ 0 & 0 & 1 \end{pmatrix} \tag{2.17}$$

$$\mathbf{M}_{90°-\delta_0} = \begin{pmatrix} 1 & 0 & 0 \\ 0 & \cos(90°-\delta_0) & \sin(90°-\delta_0) \\ 0 & -\sin(90°-\delta_0) & \cos(90°-\delta_0) \end{pmatrix} \tag{2.18}$$

$$\mathbf{M}_W = \begin{pmatrix} \cos W & \sin W & 0 \\ -\sin W & \cos W & 0 \\ 0 & 0 & 1 \end{pmatrix} \tag{2.19}$$

$$\mathbf{R}_{\text{J2000}}^{\text{body-fixed}} = \mathbf{M}_W \mathbf{M}_{90°-\delta_0} \mathbf{M}_{\alpha_0+90°} \tag{2.20}$$

卫星对地观测时，J2000 坐标系转换地心地固坐标系的旋转参数为：

$$\alpha_0 = 0.00 - 0.641T$$

$$\delta_0 = 90.00 - 0.557T$$

$$W = 190.147 + 360.9856235d$$

式中，T 表示从标准历元开始的儒略世纪（36525 天）间隔；d 表示从标准历元开始的儒略日间隔。

月球、火星及小行星等天体的行星旋转参数（α_0，δ_0，W）可以从 IAU/IAG 行星制图工作组报告查询获取。

2.2 线阵传感器成像原理

摄影测量中，数字相机按照成像方式不同，分为面阵列和线阵列两种不同类型。面阵列 CCD 传感器与传统的光学相机类似，属面中心投影成像；线阵列 CCD 传感器则采取连续推扫的线中心投影方式成像。线阵列 CCD 传感器分为单线阵、双线阵和三线阵等多种成像方式。卫星摄影测量多采取线阵列推扫方式成像。

2.2.1 单线阵传感器成像原理

图 2.12 为单线阵传感器推扫成像原理图。CCD 光探测元件按直线排列形成线阵，线阵方向通常垂直于平台运动方向，在传感器运动的某一瞬间地面景物通过传感器投影中心投影到 CCD 线阵列平面（即相机焦平面），获得一个线阵影像。平台运动过程，传感器按照一定的频率连续推扫成像产生影像条带。

如果 CCD 像元尺寸为 $ps \times ps(\mu m)$，传感器主距为 $f(mm)$，航高为 $H(m)$，则地面采样距离（Ground Sample Distance，GSD）：

$$\text{GSD} = \frac{H}{10 \times f} \times ps\,(\text{cm}) \tag{2.21}$$

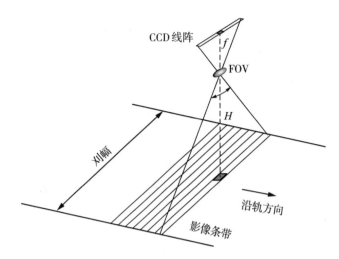

图 2.12　单线阵中心投影推扫成像原理

　　线阵传感器成像特点包括扫描行方向为线中心投影，飞行方向可看作平行投影(图 2.13)；扫描行方向获取 1D 影像；每个扫描行有 6 个外方位元素；飞行方向连续推扫获得影像条带。

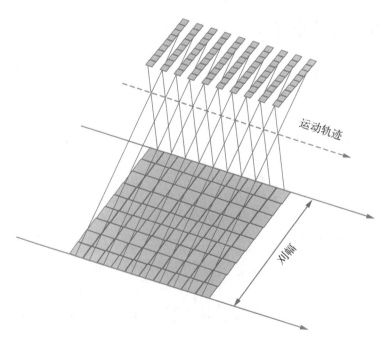

图 2.13　单线阵相机平行投影原理

2.2.2 三线阵传感器成像原理

1984 年，Hofmann 和 Nave 提出产生及处理线阵影像的新的数字摄影测量方案，并给出单镜头三线立体成像技术的原理(图 2.14)。三线阵成像时，每个地面点分别被放置在同一个焦平面上的三个不同线阵捕获，成像在三个不同的影像条带上，即每个地面点都是三度重叠点，任意两个线阵均可构建立体模型。在一个焦平面上分别放置前视、后视两个不同线阵，则构成双线阵相机。此外，将三个单线阵相机分别取前视、中视及后视不同方向固联在一起，则构成多镜头三线阵相机。

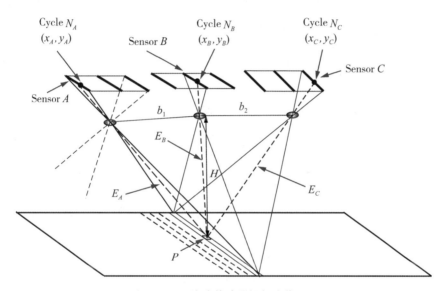

图 2.14　三线阵传感器推扫成像原理

图 2.14 中，线阵 A、B、C 垂直于飞行方向放置在焦平面上，三个线阵彼此分离产生立体基线。飞行过程中三个线阵按线中心投影方式同步推扫地面并同步记录影像数据及外定向参数。图 2.14 中，设有地面点 $P(X, Y, Z)$。前视、中视和后视三个影像条带上三个同名像点 $p_A(x_A, y_A)$、$p_B(x_B, y_B)$、$p_C(x_C, y_C)$ 对应不同的成像时刻 N_A、N_B、N_C，三条光线 E_A、E_B、E_C 交会于地面点 P。

2.2.3 多片 TDI-CCD 成像原理

TDI(Time Delay and Integration)是一种能够增加线阵推扫传感器灵敏度的时间延迟积分成像技术。TDI-CCD 是具有面阵结构、同一目标多重级数延时积分、线阵输出的 CCD 新型传感器。从结构来看，多级线阵平行排列，像元在线阵方向和级数方向呈矩形面阵。

TDI-CCD 基于对同一目标多次曝光,通过延迟积分的方法,增加了光能的收集。TDI-CCD 适用于高速运动目标成像,与一般线阵 CCD 相比,它具有灵敏度高、动态范围大的优点;低照度条件获得高信噪比;采用 TDI-CCD 焦平面探测器可以减小相对孔径,从而减小探测器重量和体积,广泛应用于航天遥感领域。TDI-CCD 与普通线阵 CCD 的工作原理不同,它要求行扫速率与目标的运动速率严格同步,否则就不能正确地提取目标的图像信息。此外,在推扫方式成像时,可以在很大程度上消除像移。

CCD 拼接技术是一种能够有效满足 CCD 相机视场覆盖宽度要求的技术。CCD 成像技术广泛地应用于航空航天光学遥感领域。随着遥感卫星应用技术的发展,宽视场、高分辨率相机已成为发展趋势。当单片 CCD 的像元总长度不能满足相机成像的视场覆盖宽度时,需要将多片 CCD 连接成一个宽视场探测器,称为 CCD 的拼接。CCD 拼接包括机械拼接、光学拼接和视场拼接等多种方式。

1. TDI 工作原理

TDI 时间延迟积分技术被用于相机与目标之间存在相对高速运动时的应用场合。因为积分时间随 TDI 积分级数按比例增加,TDI 技术也被用于需要增加积分时间的低照度条件下的探测成像。

在传统的 CCD 应用中,电荷在曝光(积分)期间累积在电荷耦合元件中。然后,在读出期间,电荷用于表示像素。信号电荷以包的形式从一个势阱转移到另一个势阱,而不与其他势阱中累积的电荷混合。在 TDI 模式下,对同一物体进行多次成像(图 2.15)。当图像从一行 CCD 像素移动到下一行 CCD 像素时,产生的电荷随之移动,与先前产生的电荷无噪声地集成。这提供了一个在低光照水平下比传统相机更高的灵敏度。

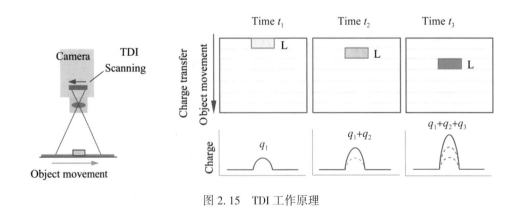

图 2.15　TDI 工作原理

考虑时间点 t_1,将成像对象线 L 的图像聚焦于 CCD 像素的第一行。在该线的扫描期间，在第一行像素中收集与线 L 的光强度相对应的电荷 q_1。在时间点 t_2 处，线 L 的图像将被第二行像素捕获，从而在该行中产生与线 L 的光强度相对应的电荷 q_2。该新产生的电荷与在时间 t_1 处收集的电荷 q_1 积分并从第一行像素偏移，积分电荷等于 $q_1 + q_2$。以此类推。

线 L 的图像强度随着新产生的电荷添加到现有电荷而增加；此操作将继续，直到 TDI 扫描序列完成，并且代表线 L 的集成电荷被计时到水平读出寄存器。然后这个集成的信号在一行的扫描时间内被迅速转移到输出放大器。图 2.16 表示 TDI 系统中的信号积分过程。

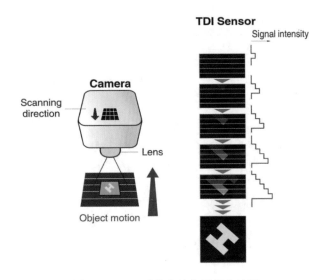

图 2.16　TDI 系统中的信号积分过程

图 2.17 中，Line 和 Sample 坐标是关于 2048×128 大小的单片 TDI-CCD 中心的相对像素位置。图中原始影像的 Sample 坐标的正方向与 frame +Y 方向相反。对于线阵推扫式相机，原始影像中 Line 坐标不随扫描行变化，Line 坐标由卫星沿轨方向上收集的像素的数量确定，这些像素采用时延积分（TDI）模式仅存储一个像素。假定在卫星平台轨道高度 300km，线阵推扫相机分辨率 30cm/pixel，高分辨率情况下，瞬时视场（IFOV）极小（1μrad）（0.2arcsec＝1μrad＝3600/1.14°/20264，1pixel），相对地速极高。为了提高"快速移动"目标的信号强度和增加曝光时间，在相机中采用沿轨道方向 128 条 CCD 线的延时积分（TDI）技术。

卫星平台在轨运行时，TDI 以与图像移动相同的速率将累积的信号转移到 CCD 的下一行，从而在信号通过 CCD 探测器时对信号进行累加处理。每个 TDI 块中的信号与地速同步传输信号至下一行 CCD，通过累积 TDI 块的信号形成单个像素。

图 2.17 中，可以使用 8、32、64 或 128 个 TDI 积分级数（TDI stages）将场景辐射与

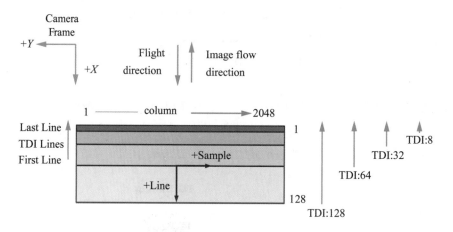

图 2.17　单片 TDI-CCD 时间延迟积分工作原理

CCD 容量相匹配。根据 TDI 积分级数的数量，使用沿轨迹方向的固定数量的像素。从图 2.17 可知，最后一行 CCD 总是位于同一位置。此外，单个像素的观测时间被认为是 TDI 块的中心曝光时的星历时间。

另外，可以通过将 CCD 内相邻线和像素的信号分块(binning the signal)获得低分辨率的图像。正方形像素合并分为 6 种模式：1×1、2×2、3×3、4×4、8×8 和 16×16。当需要减少数据量和增加对观测目标覆盖范围或增加信噪比时，可以使用信号分块模式。

基于图像坐标，每个 CCD 中的像素位置可以用 Sample 和 Line 坐标表示，如下式所示：

$$s = (m - 0.5) \cdot BIN - 1024$$
$$l = \frac{TDI}{2} - 64 - \left(\frac{BIN}{2} - 0.5\right) \tag{2.22}$$

式中，m 是图像在列方向上的合并像素位置；s 是相对于 CCD 中心的采样方向坐标；l 是相对于 CCD 中心的线方向坐标；TDI 是沿轨道方向的 TDI 积分级数(8、32、64 或 128)；BIN 是像素合并模式(1、2、3、4、8 或 16)。

图 2.17 中，如果使用所有 TDI 线(积分级数 TDI = 128)并且不合并像素(BIN = 1)，则 TDI 块的中心是 CCD 的中心，$l = 0$，Sample 坐标范围为 -1023.5 ~ 1023.5(像素单位)，而无需考虑 BIN 或 TDI 模式。

2. 多片 CCD 拼接

航天光学遥感领域，广泛采用将多片 CCD 交错放置于相机焦平面上，通过 CCD 的拼接增大 CCD 相机视场覆盖宽度。图 2.18 为 NASA MRO HiRISE 相机焦平面阵列。焦平面上共放置 14 片 TDI-CCD(2048×128)，相邻 CCD 重叠 48 个像元。其中，10 片红色波段的 CCD(20264pixel)；2 片蓝绿波段的 CCD(4048pixel)；2 片近红外波段的 CCD(4048pixel)。*o-xy* 为像平面坐标系，*o* 为像主点。从图 2.18 中可以看出，它由多个线阵 TDI-CCD 组成，这些 CCD 以一些垂直偏移并排排列。这些偏移意味着 CCD 将以稍微不同的时间和角度观察线阵重叠部分中相同的地形。将 CCD 拼接成一幅图像并不是一个简单的过程，它涉及一系列计算过程。

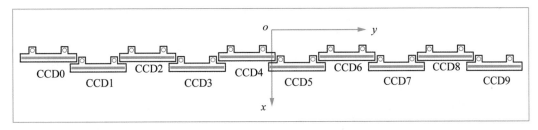

图 2.18　多片 TDI CCD 相机焦平面阵列(仅展示 10 片红色波段 CCD)

卫星摄影测量应用中，通常利用摄影测量严格几何模型将多片 CCD 影像进行拼接生成单一影像，也称为 CCD 视场拼接，即用软件方式实现条带影像的拼接。拼接的基本思想是选取其中一片 CCD 为基准，构造长线阵 CCD 理想相机；利用摄影测量影像纠正的方法，将多个 CCD 的原始影像投影到理想相机焦平面上完成影像拼接。

CCD 拼接需要已知相机的姿轨数据、相机参数，以及数字高程模型等(图 2.19)。拼接的主要过程如下。

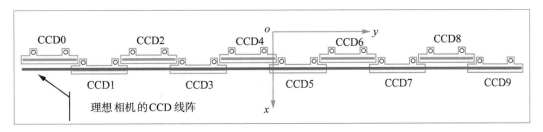

图 2.19　理想相机焦平面阵列(仅展示 10 片红色波段 CCD)

1)影像辐射校正

辐射畸变由于传感器系统、大气散射和吸收等原因产生。辐射校正主要包括漂移校正(drift correction)、利用斜率/截距和温度计算暗校正分量(dark correction component)、行(line)的增益校正(gain correction)及对行的非线性相关增益校正(the line-based non-linearity dependant gain correction)、对帧(sample)的增益校正(the gain component correction for each sample)及对帧平场校正(Computes flat field correction for sample)、温度相关增益校正(to computes the temperature dependant gain correction)。

2)构建理想相机模型

图 2.19 中,以 CCD5 的相机内外参数为基准,生成理想相机模型。将所有单片 CCD 影像坐标转换至理想相机坐标系下,构建理想的虚拟线阵。

理想相机模型特点:无光学畸变;焦距、外方位元素与 CCD5 相同;虚拟线阵的位置取焦平面中间位置,长度由 10 片 CCD 拼接长度决定。

3)利用理想相机模型生成无畸变影像

基本方法:将理想相机影像中的像元影像坐标投影至物方 DEM(MOLA DEM/SRTM DEM)上,得到对应的大地经纬度坐标;依据经纬度坐标计算其在原始的单片 CCD 影像上的位置;采用双三次卷积内插法计算灰度值,并将其赋值到理想相机影像中。以 NASA MRO HiRISE PSP_001777_1650 轨道影像为例,10 片 CCD 的无畸变影像如图 2.20(a)所示。

4)无畸变影像拼接

首先,以理想无畸变单片 CCD5 影像作为拼接的基准影像;其次,对任意两个相邻的理想无畸变单片 CCD 的重叠部分影像进行配准,计算两个影像的相对位移量(可考虑影像的振颤补偿);按 CCD4,3,2,1,0,6,7,8,9 的顺序进行影像拼接。结果如图 2.20(b)所示。

5)拼接影像灰度归一化处理

对拼接后的影像进行匀光处理,得到亮度、反差适中的影像。

2.2.4　线阵立体影像获取方式

在空间不同的视点获取的卫星影像可以产生不同的立体视几何。线阵立体影像可以采取同轨(along-track)、异轨(across-track)及重复轨道(repeat-track)覆盖的方式获取。单线阵、双线阵或三线阵相机可以在一个卫星运行轨道内实现同轨立体影像,特点是减小了立体场景的获取时间间隔,且影像的辐射、几何差异小,有利于立体影像匹配;而异轨立体影像的获取则通过卫星相机绕卫星轨道方向进行左、右侧摆完成,立体场景的获取时间间隔较长,辐射差异可能影响影像匹配;重复轨道覆盖是指单线阵相机在近似相同的两个卫星轨道内,分别在各自的轨道内通过相机摆扫或卫星机动进行两次成像形成立体影像。

图 2.21 为单线阵相机立体获取模式(pitch 模式)。前视影像获取时,单线阵相机在飞行方向向前转动 φ_X;后视影像获取时,单线阵相机在飞行方向向后转动 φ_X。

(a) 理想无畸变单片CCD（0~9）影像（从左至右）

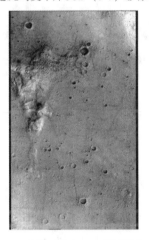

(b) 理想无畸变CCD拼接影像

图 2.20 理想无畸变影像的生成

  SPOT-5 的立体成像采用典型的 pitch 模式。SPOT-5 星上配置两台高分辨率立体成像装置 HRS（High Resolution Stereoscopic），前视、后视相机沿轨向视角 $\pm 20°$，$\Delta T = 90s$，180s 内可实时获取的最大立体覆盖范围为 $120 \times 600 \text{km}^2$。SPOT-5 轨道高 832km，立体影像对基高比（B/H）可达 0.8，沿轨向的分辨率为 10m，线阵扫描行方向分辨率为 5m。

  此外，单线阵相机重复轨道的 pitch 模式也是经常采用的立体成像方式。

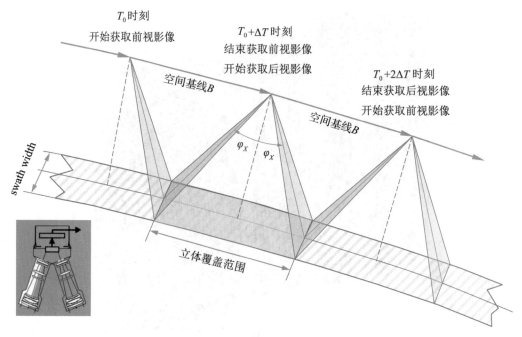

图 2.21　单线阵立体获取模式(pitch 模式)

图 2.22 为三线阵立体获取模式。一次飞行可同时获取同一地面的前视、中视及后视三个影像 100%重叠的条带。中视近似垂直摄影,无航向投影差,有利于正射影像制作;前视、后视影像交会角大,较大的基高比能提高立体测图的高程精度。

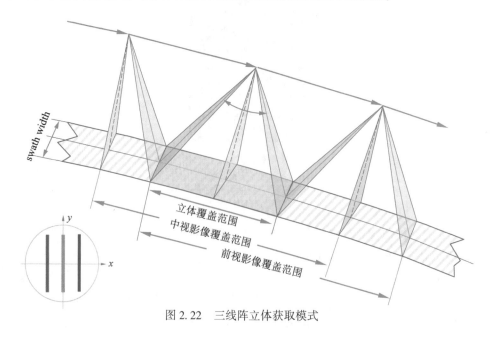

图 2.22　三线阵立体获取模式

图 2.23 为单线阵异轨立体获取模式。在卫星位于 Orbit A 时，相机绕卫星轨道方向向左侧摆，卫星运行一段时间后，当卫星位于 Orbit B 时，相机绕卫星轨道方向向右侧摆，两次侧摆形成立体影像覆盖。

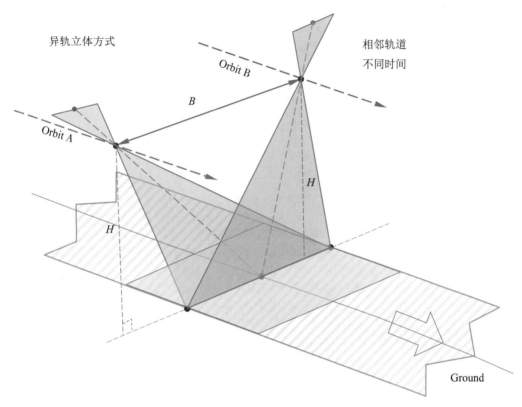

图 2.23　单线阵异轨立体获取模式(roll 模式)

除上述介绍的几种常规的立体获取模式外，随着卫星技术发展及应用需求的出现，卫星敏捷成像(agile-track)方式也得到快速发展。利用卫星机动及相机侧摆可以获得任意感兴趣的目标立体覆盖。

2.3　传感器严格成像模型

传感器模型描述成像时刻地面点与投影中心及像点之间的几何关系。传感器严格成像模型或物理成像几何模型考虑成像时影像形变的物理意义，如地形起伏、相机透视畸变、卫星位置姿态变化等，模型复杂，能够较完整地表达传感器的几何信息，理论严密、定位精度高。线阵传感器每一扫描行影像可视为一张中心投影的像片，因此，共线条件方程仍然为线阵传感器成像模型的基础。

2.3.1　传感器内外方位元素

摄影测量几何定位的首要问题是恢复摄影瞬间的相机投影中心、影像与物方空间三者之间的相互位置关系的参数。

内方位元素描述投影中心与影像之间的相互关系，确定内方位元素的目的是恢复摄影时投影光束的形状。如图 2.24 所示，内方位元素 (f, x_0, y_0) 分别表示相机的主距和像主点坐标。

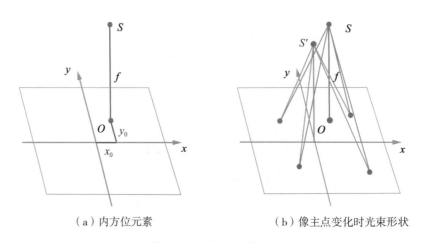

（a）内方位元素　　　　　（b）像主点变化时光束形状

图 2.24　内方位元素定义

外方位元素是确定摄影瞬间影像在地面直角坐标系中的空间位置和姿态的参数。三个外方位直线元素 $(X_S、Y_S、Z_S)$ 描述投影中心的坐标，三个外方位角元素描述影像的姿态。Y 轴为主轴的 φ-ω-κ 转角系统（Y-X-Z）如图 2.25 所示。

2.3.2　欧拉角构造旋转矩阵

摄影测量中，欧拉角(Euler Angles)构造旋转矩阵(几何旋转矩阵)具有几何意义明确的优点。以 Y 轴为主轴的 φ-ω-κ 转角系统，旋转矩阵如式(2.23)所示。

$$\boldsymbol{R}_E = \boldsymbol{R}_\varphi \boldsymbol{R}_\omega \boldsymbol{R}_\kappa = \begin{pmatrix} a_1 & a_2 & a_3 \\ b_1 & b_2 & b_3 \\ c_1 & c_2 & c_3 \end{pmatrix} \tag{2.23}$$

其中：

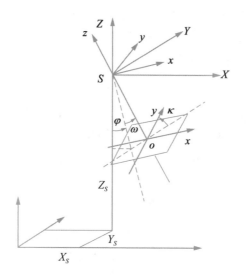

图 2.25　外方位元素定义

$$\boldsymbol{R}_{\varphi} = \begin{pmatrix} \cos\varphi & 0 & -\sin\varphi \\ 0 & 1 & 0 \\ \sin\varphi & 0 & \cos\varphi \end{pmatrix} \tag{2.24}$$

$$\boldsymbol{R}_{\omega} = \begin{pmatrix} 1 & 0 & 0 \\ 0 & \cos\omega & -\sin\omega \\ 0 & \sin\omega & \cos\omega \end{pmatrix} \tag{2.25}$$

$$\boldsymbol{R}_{\kappa} = \begin{pmatrix} \cos\kappa & -\sin\kappa & 0 \\ \sin\kappa & \cos\kappa & 0 \\ 0 & 0 & 1 \end{pmatrix} \tag{2.26}$$

$$
\begin{aligned}
a_1 &= \cos\varphi \times \cos\kappa \\
a_2 &= -\cos\varphi \times \sin\kappa \\
a_3 &= \sin\varphi \\
b_1 &= \sin\omega \times \sin\varphi \times \cos\kappa + \cos\omega \times \sin\kappa \\
b_2 &= -\sin\omega \times \sin\varphi \times \sin\kappa + \cos\omega \times \cos\kappa \\
b_3 &= -\sin\omega \times \cos\varphi \\
c_1 &= -\cos\omega \times \sin\varphi \times \cos\kappa + \sin\omega \times \sin\kappa \\
c_2 &= \cos\omega \times \sin\varphi \times \sin\kappa + \sin\omega \times \cos\kappa \\
c_3 &= \cos\omega \times \cos\varphi
\end{aligned}
\tag{2.27}
$$

同一像片在特定坐标系中，不同的转角系统，方向余弦的表达式不同，但是旋转矩阵 $\boldsymbol{R}_E$ 是唯一，且旋转矩阵 $\boldsymbol{R}_E$ 中有且只有三个独立参数。

2.3.3　四元数构造旋转矩阵

空间任意一个旋转由一个旋转轴和一个转角进行描述(图 2.26)。考虑以角 θ 绕三维空间矢量 $\boldsymbol{OA} = (X_A, \ Y_A, \ Z_A)$ 旋转的所有旋转矩阵。分别定义四个元素：$x = c \cdot X_A$，$y = c \cdot Y_A$，$z = c \cdot Z_A$，$w = s$。其中，$c = \sin(\theta/2)$，$s = \cos(\theta/2)$。则定义 $Q = [x, \ y, \ z, \ w]$ 为四元数(Quaternion)。

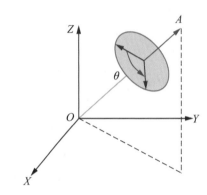

图 2.26　四元数物理含义(以角度 θ 绕轴旋转)

形式表示为：$Q = w + xi + yj + zk$ 或 $Q = [s, \ \boldsymbol{v}]$，标量 $s = w$；矢量 $\boldsymbol{v} = (x \ \ y \ \ z)$。

若 $N(Q) = x^2 + y^2 + z^2 + w^2 = 1$，则 Q 为单位四元数。旋转矩阵构造如下：

$$\boldsymbol{R}_Q = \begin{pmatrix} 1 - 2(y^2 + z^2) & 2(xy - wz) & 2(xz + wy) \\ 2(xy + wz) & 1 - 2(x^2 + z^2) & 2(yz - wx) \\ 2(xz - wy) & 2(yz + wx) & 1 - 2(x^2 + y^2) \end{pmatrix} \tag{2.28}$$

四元数构造旋转矩阵(代数旋转矩阵)具有运算速度快、可避免数值解算的奇异性，数学模型线性化严密的优点。实际应用中，对于空间同一个旋转问题，四元数与欧拉角构造的旋转矩阵表示形式不同，但实质是一样的。四元数与欧拉角之间可以根据需要相互转换。

以 ω-φ-κ 转角系统(即 X 轴为第一旋转轴)为例，欧拉角表示的几何旋转矩阵形式：

$$\boldsymbol{R}_E = \boldsymbol{R}_\omega \boldsymbol{R}_\varphi \boldsymbol{R}_\kappa = \begin{pmatrix} a_1 & a_2 & a_3 \\ b_1 & b_2 & b_3 \\ c_1 & c_2 & c_3 \end{pmatrix} \tag{2.29}$$

四元数转欧拉角。已知四元数 $q = [x, y, z, w]$ 构造旋转矩阵 $\boldsymbol{R}_Q$。根据旋转矩阵 $\boldsymbol{R}_E$ 计算欧拉角 ω、φ、κ：

$$\omega = \arctan\left(-\frac{b_3}{c_3}\right)$$
$$\varphi = \arcsin(a_3) \tag{2.30}$$
$$\kappa = \arctan\left(-\frac{a_2}{a_1}\right)$$

欧拉角转四元数。若已知欧拉角 ω、φ、κ 构造几何旋转矩阵 $\boldsymbol{R}_E$，然后由 $\boldsymbol{R}_Q$ 计算四元数 $q = [x, y, z, w]$。下面分别计算四元数的四个元素。

由 $\boldsymbol{R}_Q$ 得四元数分量之间的关系：

$$\begin{cases} M_{12} + M_{21} = 4xy \\ M_{32} + M_{23} = 4yz \\ M_{13} + M_{31} = 4xz \end{cases} \tag{2.31}$$

$$\begin{cases} M_{32} - M_{23} = 4wx \\ M_{13} - M_{31} = 4wy \\ M_{21} - M_{12} = 4wz \end{cases} \tag{2.32}$$

从式(2.31)、式(2.32)看出，只要知道其中一个元素，就可计算其余三个元素。但是，四个元素中某个元素的值有可能为零，因此必须决定哪个元素的绝对值最大，并据此计算其余元素。现分情况讨论：

由 $\boldsymbol{R}_Q$（式(2.31)、式(2.32)）还可以得出关于四元数分量的另一组关系式：

$$\begin{cases} M_{11} + M_{22} + M_{33} = 4w^2 - 1 = V_1 \\ M_{11} - M_{22} - M_{33} = 4x^2 - 1 = V_2 \\ -M_{11} + M_{22} - M_{33} = 4y^2 - 1 = V_3 \\ -M_{11} - M_{22} + M_{33} = 4z^2 - 1 = V_4 \end{cases} \tag{2.33}$$

比较式(2.33)中四个式子，计算最大值，$\max = \{V_1, V_2, V_3, V_4\}$。

若 $\max = V_1$，令 $s = 2\sqrt{M_{11} + M_{22} + M_{33} + 1}$，则

$$\begin{cases} w = \dfrac{s}{4} \\ x = \dfrac{M_{32} - M_{23}}{s} \\ y = \dfrac{M_{13} - M_{31}}{s} \\ z = \dfrac{M_{21} - M_{12}}{s} \end{cases} \tag{2.34}$$

若 $\max = V_2$，令 $s = 2\sqrt{M_{11} - M_{22} - M_{33} + 1}$，则

$$
\begin{cases}
w = \dfrac{M_{32} - M_{23}}{s} \\[2ex]
x = \dfrac{s}{4} \\[2ex]
y = \dfrac{M_{12} + M_{21}}{s} \\[2ex]
z = \dfrac{M_{13} + M_{31}}{s}
\end{cases}
\tag{2.35}
$$

若 $\max = V_3$，令 $s = 2\sqrt{- M_{11} + M_{22} - M_{33} + 1}$，则

$$
\begin{cases}
w = \dfrac{M_{13} - M_{31}}{s} \\[2ex]
x = \dfrac{M_{12} + M_{21}}{s} \\[2ex]
y = \dfrac{s}{4} \\[2ex]
z = \dfrac{M_{32} + M_{23}}{s}
\end{cases}
\tag{2.36}
$$

若 $\max = V_4$，令 $s = 2\sqrt{- M_{11} - M_{22} + M_{33} + 1}$，则

$$
\begin{cases}
w = \dfrac{M_{21} - M_{12}}{s} \\[2ex]
x = \dfrac{M_{13} + M_{31}}{s} \\[2ex]
y = \dfrac{M_{32} + M_{23}}{s} \\[2ex]
z = \dfrac{s}{4}
\end{cases}
\tag{2.37}
$$

上述计算中，关于平方根正根、负根的取舍问题，取正根即可。证明如下：

令
$$
q = \left[\cos\left(\frac{\theta}{2}\right),\ \sin\left(\frac{\theta}{2}\right)[x,\ y,\ z] \right]
$$

则

$$
\begin{aligned}
-q &= \left[\cos\left(-\frac{\theta}{2}\right),\ \sin\left(-\frac{\theta}{2}\right)[-x,\ -y,\ -z] \right] \\
&= \left[\cos\left(\frac{\theta}{2}\right),\ \sin\left(\frac{\theta}{2}\right)[x,\ y,\ z] \right] \\
&= q
\end{aligned}
$$

因此，q 和 $-q$ 表示同一个空间旋转。

2.3.4 轴角法构造旋转矩阵

空间目标的旋转可用一个旋转轴 $\boldsymbol{n}$ 和一个旋转角 θ 组成的轴角对描述，定义矢量 $\boldsymbol{r} = \theta\boldsymbol{n} = (r_1 \quad r_2 \quad r_3)^{\mathrm{T}}$，$\boldsymbol{r}$ 称为轴角矢量或旋转矢量，r_1、r_2、r_3 为 $\boldsymbol{r}$ 在空间中的三个分量；轴角矢量 $\boldsymbol{r}$ 的方向即旋转轴的方向，它的模等于旋转角，即 $\|\boldsymbol{r}\| = \theta$；轴角矢量的方向与旋转的方向满足右手法则。

旋转矩阵 $\boldsymbol{R}$ 与轴角矢量 $\boldsymbol{r}$ 存在如下关系：

$$\boldsymbol{R} = \boldsymbol{R}(\boldsymbol{n}, \theta) = \boldsymbol{R}(\boldsymbol{r}) = \underset{3 \times 3}{\boldsymbol{I}} + \frac{(1 - \cos\theta)}{\theta^2}\boldsymbol{S}_r^2 + \frac{\sin\theta}{\theta}\boldsymbol{S}_r \tag{2.38}$$

式中，$\underset{3 \times 3}{\boldsymbol{I}}$ 为单位矩阵；$\boldsymbol{S}_r$ 表示由 $\boldsymbol{r}$ 定义的反对称矩阵，

$$\boldsymbol{S}_r = \begin{pmatrix} 0 & -r_3 & r_2 \\ r_3 & 0 & -r_1 \\ -r_2 & r_1 & 0 \end{pmatrix} \tag{2.39}$$

若给定轴角矢量 $\boldsymbol{r}$，则根据式（2.38）可以构造参数化旋转矩阵。式（2.38）证明如下：

利用旋转轴 $\boldsymbol{n}$（单位矢量）和旋转角 θ 组成的轴角对描述空间旋转，等价于绕旋转轴 $\boldsymbol{n}$（单位矢量）连续旋转 k 次，每一次旋转 θ/k。当 $k \to \infty$ 时，可得下式：

$$\boldsymbol{R}(\boldsymbol{n}, \theta) = \lim_{k \to \infty} \left(\underset{3 \times 3}{\boldsymbol{I}} + \frac{1}{k}\boldsymbol{S}_r \right)^k = \mathrm{e}^{\boldsymbol{S}_r} \tag{2.40}$$

其中，$\mathrm{e}^{\boldsymbol{S}_r}$ 按泰勒公式展开为：

$$\begin{aligned} \mathrm{e}^{\boldsymbol{S}_r} &= \underset{3 \times 3}{\boldsymbol{I}} + \frac{1}{1!}\boldsymbol{S}_r + \frac{1}{2!}\boldsymbol{S}_r^2 + \cdots + \frac{1}{n!}\boldsymbol{S}_r^n + \cdots \\ &= \underset{3 \times 3}{\boldsymbol{I}} + \frac{1}{\theta}\left(\theta - \frac{\theta^3}{3!} + \cdots \right)\boldsymbol{S}_r + \frac{1}{\theta^2}\left(\frac{\theta^2}{2!} - \frac{\theta^4}{4!} + \cdots \right)\boldsymbol{S}_r^2 \\ &= \underset{3 \times 3}{\boldsymbol{I}} + \frac{(1 - \cos\theta)}{\theta^2}\boldsymbol{S}_r^2 + \frac{\sin\theta}{\theta}\boldsymbol{S}_r \end{aligned} \tag{2.41}$$

由轴角矢量 $\boldsymbol{r} = (r_1 \quad r_2 \quad r_3)^{\mathrm{T}}$ 定义的反对称矩阵 $\boldsymbol{S}_r$ 可分解为：

$$\boldsymbol{S}_r = r_1\boldsymbol{B}_1 + r_2\boldsymbol{B}_2 + r_3\boldsymbol{B}_3 \tag{2.42}$$

式中，$\boldsymbol{B}_1 = \begin{pmatrix} 0 & 0 & 0 \\ 0 & 0 & -1 \\ 0 & 1 & 0 \end{pmatrix}$，$\boldsymbol{B}_2 = \begin{pmatrix} 0 & 0 & 1 \\ 0 & 0 & 0 \\ -1 & 0 & 0 \end{pmatrix}$，$\boldsymbol{B}_3 = \begin{pmatrix} 0 & -1 & 0 \\ 1 & 0 & 0 \\ 0 & 0 & 0 \end{pmatrix}$。

定义 $\Delta\boldsymbol{r} = (\Delta r_1 \quad \Delta r_2 \quad \Delta r_3)^{\mathrm{T}}$，得到旋转矩阵与轴角矢量的微分关系式：

$$\mathrm{d}\boldsymbol{R} = \frac{\partial \boldsymbol{R}}{\partial \boldsymbol{r}}\Delta\boldsymbol{r} = \frac{\partial \boldsymbol{R}}{\partial r_1}\Delta r_1 + \frac{\partial \boldsymbol{R}}{\partial r_2}\Delta r_2 + \frac{\partial \boldsymbol{R}}{\partial r_3}\Delta r_3 = \boldsymbol{R}(\boldsymbol{B}_1\Delta r_1 + \boldsymbol{B}_2\Delta r_2 + \boldsymbol{B}_3\Delta r_3) \tag{2.43}$$

进一步得到旋转矩阵与轴角矢量的微分关系式：

$$\mathrm{d}\boldsymbol{R} = \boldsymbol{R}\boldsymbol{S}_{\Delta r} \tag{2.44}$$

式(2.44)在基于轴角法的光束法平差误差方程推导过程中具有重要作用。

2.3.5　轨道数据模型

根据离散时刻的卫星状态矢量计算任意时刻的位置数据和速度数据，需要建立轨道数据模型。对地观测卫星的离散状态矢量可以由 GNSS 全球导航卫星系统提供，通常天线相位中心在 WGS-84 坐标系中的位置和速度，在 UTC 时间系统以等时间间隔提供。在数据处理中一般采用多项式轨道拟合方法、拉格朗日(Lagrange)多项式内插(图 2.27)等方法获得任意时刻的卫星参数。

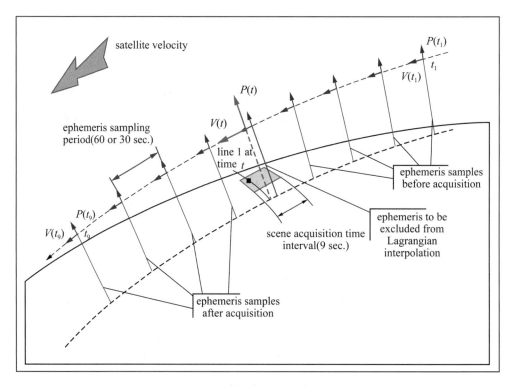

图 2.27　拉格朗日多项式内插

如图 2.27 所示，设 $P(t)$ 和 $V(t)$ 分别表示 t 时刻的卫星位置及速度。t 时刻前，在 t_1、t_2、t_3、t_4 时刻选择 4 个采样；t 时刻后，在 t_5、t_6、t_7、t_8 时刻选择 4 个采样。t 时刻拉格朗日多项式内插公式如下：

$$P(t) = \sum_{j=1}^{8} \frac{P(t_j) \times \prod_{\substack{i=1 \\ i \neq j}}^{8} (t - t_i)}{\prod_{\substack{i=1 \\ i \neq j}}^{8} (t_j - t_i)} \tag{2.45}$$

$$V(t) = \sum_{j=1}^{8} \frac{V(t_j) \times \prod_{\substack{i=1 \\ i \neq j}}^{8} (t - t_i)}{\prod_{\substack{i=1 \\ i \neq j}}^{8} (t_j - t_i)} \tag{2.46}$$

卫星状态矢量随时间变化，且存在很强的相关性。因此，如式(2.47)和式(2.48)所示，也可将离散时刻的卫星状态矢量用关于时间的二次或三次多项式模型进行拟合，获得任意成像时刻的位置矢量、速度矢量数据。多项式系数可根据离散时刻的卫星状态矢量数据采用最小二乘平差的方法计算得到。

$$\begin{cases} X = x_0 + x_1 t + x_2 t^2 + x_3 t^3 + \cdots \\ Y = y_0 + y_1 t + y_2 t^2 + y_3 t^3 + \cdots \\ Z = z_0 + z_1 t + z_2 t^2 + z_3 t^3 + \cdots \end{cases} \tag{2.47}$$

$$\begin{cases} V_x = v_{x_0} + v_{x_1} t + v_{x_2} t^2 + v_{x_3} t^3 + \cdots \\ V_y = v_{y_0} + v_{y_1} t + v_{y_2} t^2 + v_{y_3} t^3 + \cdots \\ V_z = v_{z_0} + v_{z_1} t + v_{z_2} t^2 + v_{z_3} t^3 + \cdots \end{cases} \tag{2.48}$$

2.3.6 姿态数据模型

与轨道数据模型一样，根据离散时刻的星敏感器测得的卫星姿态数据，计算任意时刻的卫星姿态，需要建立姿态数据模型。姿态数据通常表示卫星在 J2000 坐标系的姿态，可以用欧拉角或单位四元数描述。姿态数据模型实际就是姿态数据的内插模型。

为了能够获得任意时刻的卫星姿态，可以采用两种方法对卫星姿态进行内插。① 与轨道数据模型类似，采用类似式(2.47)的方法建立欧拉角与时间的多项式拟合模型，如式(2.49)所示；② 四元数球面线性内插模型(图2.28)。

$$\begin{aligned} \omega(t) &= \omega_0 + \omega_1 \cdot t + \omega_2 \cdot t^2 + \cdots \\ \varphi(t) &= \varphi_0 + \varphi_1 \cdot t + \varphi_2 \cdot t^2 + \cdots \\ \kappa(t) &= \kappa_0 + \kappa_1 \cdot t + \kappa_2 \cdot t^2 + \cdots \end{aligned} \tag{2.49}$$

如图2.28示，如同三维单位矢量定义了一个球面上的点，单位四元数则定义了一个四维超球面上的点。沿着超球面上两点之间的大弧进行插值就可得到平滑轨迹。

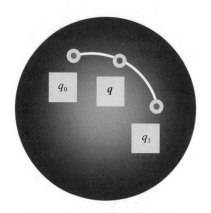

图 2.28　四元数球面线性内插

四元数 $q_0 = [x_0 \quad y_0 \quad z_0 \quad w_0]$，$q_1 = [x_1 \quad y_1 \quad z_1 \quad w_1]$ 为四维超球状上的两个点，时刻 t 的插值四元数为 $q = [x \quad y \quad z \quad w]$。

插值公式为：

$$(q_0 \cdot q_1) = x_0 x_1 + y_0 y_1 + z_0 z_1 + w_0 w_1 = \cos\theta \tag{2.50}$$

式 (2.50) 中，$\theta = \arccos(q_0 \cdot q_1)$。

$$\mathrm{slerp}(t; q_0, q_1) = q_0 \cdot \frac{\sin[\theta(1-t)]}{\sin\theta} + q_1 \cdot \frac{\sin(\theta t)}{\sin\theta} \quad (0 \leqslant t \leqslant 1) \tag{2.51}$$

此外，插值计算时应考虑下述两种情况：

(1) 若 $q_0 \cdot q_1 < 0$，则 $\theta > \pi/2$，此时将 q_0 或 q_1 取反，使得插值的角距离最小化；

(2) 若 $|q_0 \cdot q_1| \to 1$，则 $\sin(\theta) \to 0$，此时球面线性插值退化为线性插值：

$$\mathrm{lerp}(t; q_0, q_1) = (1-t) \cdot q_0 + t \cdot q_1 \quad (0 \leqslant t \leqslant 1) \tag{2.52}$$

设 q_0 和 q_1 分别表示 t_0 和 t_1 相邻的离散时刻卫星姿态四元数，则在 $t(t_0 < t < t_1)$ 时刻，卫星姿态为 $\mathrm{slerp}(\bar{t}; q_0, q_1)$。其中，$\bar{t}$ 为归一化时间，$\bar{t} = \dfrac{t - t_1}{t_2 - t_1}$。

此外，根据需要四元数与欧拉角之间可以相互转换。

2.3.7　光学卫星振颤检测与补偿

光学卫星高分辨率成像主要采取多线阵 CCD 拼接的推扫方式实现，推扫成像的显著优势是利用时间延迟和积分 (TDI) 成像获得高信噪比的影像，且线积分时间很短，不会造成影像过度模糊。但是，高分辨率相机瞬时视场角 (IFOV) 极小，在轨成像尤其是 TDI 成像时，对成像过程中的平台稳定性提出了更高的要求。

航天器上的机械振动，也称为指向抖动或振颤。振颤频率与相机积分时间相当或短于积分时间(包括 TDI)会导致影像变形,因此,在短时间尺度(如 MRO/HiRISE 为 10ms)航天器必须具有可接受的稳定性。低频率且振幅与像元 IFOV 相当或大于像元 IFOV 的运动可引起影像的几何变形。航天器的振颤被定义为高频周期运动,这种运动难以进行姿态建模。

振颤问题需要在卫星工程设计阶段及后续数据处理中加以考虑并解决。尽管在一定的频率范围,振颤引起的几何变形在影像中可能不明显,但是立体影像匹配、DEM 生产、变化检测、高分辨率多光谱成像或多传感器数据融合,这些工作对影像的细微变化敏感,此时由振颤引起的几何变形会产生较为严重的问题。在单 CCD 和多 CCD 的在轨推扫成像系统中,特别是对于高分辨率传感器系统,航天器振颤的存在被广泛承认。即使是亚像素失真也会有问题,因此,随着高分辨率推扫图像的数量不断增加,对航天器的振颤检测和补偿的算法进行研究是十分必要的。

振颤检测的方法主要包括多时相的影像相关(Ayub et al.,2008;Kirk et al.,2008;Teshima,Iwasaki,2008)、CCD 线阵到 CCD 线阵或波段到波段的相关(Hochman et al.,2004;Teshima,Iwasaki,2008;Theiler et al.,1997),以及通过对比参考图像(Ayoub et al.,2008;Teshima,Iwasaki,2008)进行相关的方法。尽管多时相影像相关或与参考影像进行比较的方法是稳定的,但并不总是可行的。在对地观测领域,由于大量的重复成像和建立的地面控制,上述方法是有用的;在深空探测及行星遥感领域,由于影像上缺少控制信息、难以找到参考影像、数据集的空间分辨率不同等原因,适合对地观测领域的方法对行星遥感影像则有可能失效。

高分辨率多 CCD 线阵拼接相机,瞬时视场角(IFOV)极小,像素 IFOV 达 1μrad。需要指出,线阵拼接相机的高空间分辨率特性使得其对振颤既非常敏感,同时也是一个优秀的振颤记录器。由于无法直接获取振颤的真值,因此必须通过图像配准分析 CCD 片间相对偏离值计算振颤的估值。

本节以 MRO HiRISE 相机为例,介绍一种使用傅里叶分析解决卫星绝对指向运动问题的方法。

如图 2.29 所示,MRO HiRISE 相机的焦平面上分布有 14 片 TDI-CCD,其中 10 片红波段 CCD,2 片红外波段 CCD,2 片蓝绿波段 CCD。单片 TDI-CCD 大小 2048×128 像元,相邻 CCD 之间重叠约 48 个像元。例如,RED4 与 RED5 两片 CCD 在扫描行之间重叠 48 个像元。可以充分利用 cross-track 向的像元重叠和 down-track 向的 CCDs 成像的时间差收集航天器的运动信息。

1. 振颤检测(信息量测)

仅测量沿轨(影像中的扫描行)和叉轨(影像中的采样)方向的抖动,第三个方向(偏航)的抖动影响较小,可以忽略。为了解决绝对意义上的抖动问题,在考虑像素偏移时,

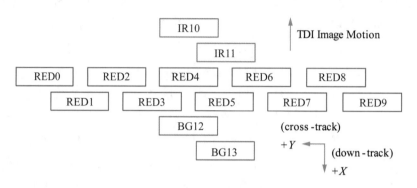

图 2.29 MRO HiRISE 相机多片 TDI-CCD 焦平面阵列分布

需要考虑焦平面上 CCD 之间的沿轨向空间间隔(时间差)。选取一组 CCD 影像条带数据进行分析,这些影像条带应有公共 CCD 重叠(例如,RED3-4、RED4-5 和 BG12-RED4,或 RED4-5、RED5-6 和 IR11-RED5)。

在理想情况下,卫星在轨稳定成像时,在一个探测器中成像的表面特征应位于相邻探测器的重叠区域中可预测的相应位置。实际中,卫星的振颤使得表面特征的实际位置与重叠区域 CCD 影像条带上预期的目标位置之间存在偏差。在相邻 CCD 对的重叠区域上,选取其中一幅影像的重叠区域划分格网,在另一幅影像的重叠区域上完成格网点配准,即可计算偏差。

图 2.30 表示利用 ESP_019988_1750 RED4-RED5 数据计算的原始的像素偏移及双三次多项式拟合曲线。

2. 傅里叶分析

设 $j(t)$ 表示相机振颤函数,是随时间变化的函数,观测值 $F(t)$ 为同一特征在不同 CCDs 上的观测值之间的相对偏移值,同一特征在相邻 CCD 上的成像时间间隔为 Δt,即沿轨向重叠 CCD 像元之间的时间间隔。

$$F(t) = j(t + \Delta t) - j(t) \tag{2.53}$$

将观测值 $F(t)$ 和振颤函数 $j(t)$ 分别用傅里叶级数展开,得到式(2.54)和式(2.55):

$$F(t) = \frac{1}{N} \sum_{i=0}^{N-1} a_i \sin\left(\frac{2\pi i}{L}t\right) + b_i \cos\left(\frac{2\pi i}{L}t\right) \tag{2.54}$$

$$j(t) = \frac{1}{N} \sum_{i=0}^{N-1} A_i \sin\left(\frac{2\pi i}{L}t\right) + B_i \cos\left(\frac{2\pi i}{L}t\right) \tag{2.55}$$

式中,L 表示偏移观测值测量持续的时间,即周期;N 表示采样数。

进行傅里叶分析时,需先对观测值 $F(t)$ 进行预处理。具体过程包括三个方面:利用

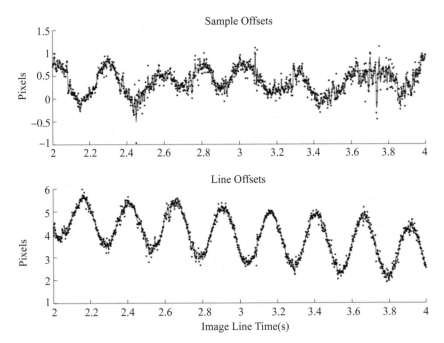

图 2.30　原始像素偏移和光滑数据曲线（ESP_019988_1750 RED4-RED5）

（Sutton et al.，2017）

窗口大小为 11 的中值滤波器，将平滑值 ±2 以外的值视作粗差剔除；利用高斯平滑滤波去除噪声；利用三次 Hermite 多项式（或双三次多项式）插值将观测值 $F(t)$ 重采样到均匀时间间隔为 $t_k = \dfrac{kL}{N}$，N 为 2 的幂。

对于离散的空间域采样，系数 a_i，b_i 可以利用快速离散傅里叶变换计算得到。将式（2.54）和式（2.55）代入式（2.53），可得 a_i，b_i，A_i，B_i 之间的代数关系，如式（2.56）和式（2.57）：

$$a_i = A_i(\cos(\alpha_i) - 1) + B_i \sin(\alpha_i) \tag{2.56}$$

$$b_i = B_i(\cos(\alpha_i) - 1) - A_i \sin(\alpha_i) \tag{2.57}$$

其中，$\alpha_i = \dfrac{2\pi i \Delta t}{L}$，由式（2.56）和式（2.57）计算 A_i，B_i：

$$A_i = -\frac{1}{2}\left(\frac{a_i \sin(\alpha_i) + b_i \cos(\alpha_i) + b_i}{\sin(\alpha_i)}\right) \tag{2.58}$$

$$B_i = \frac{1}{2}\left(\frac{a_i \cos(\alpha_i) - b_i \sin(\alpha_i) + a_i}{\sin(\alpha_i)}\right) \tag{2.59}$$

对式（2.55）进行逆傅里叶变换可得到振颤的时间序列；对式（2.54）进行逆傅里叶变

换，计算离散时刻 t_k 时的相对位移值 $F(t)$，将其与观测值比较可以评价振颤重建的效果。

利用上述方法可以分别估计 X 轴方向和 Y 轴方向的相机振颤，如图 2.31 所示。

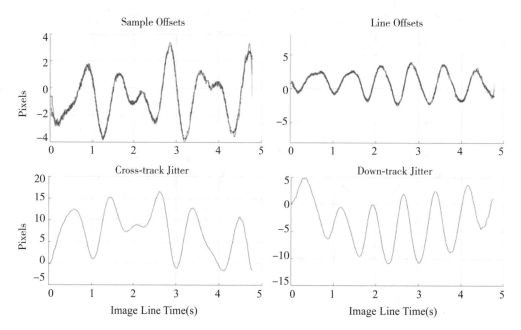

图 2.31　偏移量和振颤函数（PSP_007556_2010）（Sutton et al. , 2017）

图中上一行：红色曲线表示 RED4-5 像素偏移，黑色曲线表示预测值；

图中下一行：表示振颤函数模型

3. 影像振颤改正

卫星摄影测量中，描述相机指向信息的角元素通常由固定部分和随时间变化部分组成，前者指航天器内部相机与星敏感器之间的恒定旋转，后者为星敏感器坐标系在 J2000 坐标系中的旋转，两个旋转相乘，可得相机坐标系到 J2000 坐标系的旋转矩阵。因此，仅针对随时间变化的姿态角进行振颤补偿，通过振颤补偿得到更接近真实振颤状态下的每一扫描行的姿态数据。

影像振颤改正包括以下三个主要过程。

（1）将振颤函数的离散时间序列偏移值（在影像采样及行方向的像素偏移）转换为旋转角。卫星平台的振颤主要是指高频成分，因此，需要对振颤角度利用最小二乘拟合进行高通滤波。

（2）对原相机姿态角进行振颤补偿。将高通滤波后计算的振颤旋转矩阵与原始相机指向信息组合并更新相机指向信息。首先，将原姿态角的随时间变化部分转换到轨道坐标系；利用低通滤波对轨道坐标系下的姿态角进行平滑去噪；其次，将振颤补偿角度与平滑后的随时间变化的姿态角旋转矩阵相乘，得到补偿后的随时间变化的姿态角，并将此姿态角转换为 J2000 坐标系下的随时间变化的姿态角；最后，补偿后的随时间变化姿态角与常量姿态角一起作为振颤补偿后的新的姿态参数。

（3）利用更新后的相机指向信息对影像进行振颤改正。

2.3.8　传感器严格成像模型

传感器严格成像模型反映影像投影中心、像点与相应的地面点之间的实际几何关系，该模型要求已知相机的内方位元素和影像的外方位元素，如式（2.60）所示。式中，x_{ij}，y_{ij} 表示影像像点坐标；X_i，Y_i，Z_i 表示地面坐标；x_0，y_0，f 表示相机主点坐标及相机主距；X_{Sj}，Y_{Sj}，Z_{Sj}，ω_j，φ_j，κ_j 表示影像外方位元素；i 表示地面点 ID，j 是影像 ID。共线条件方程是传感器严格成像模型的数学基础，如图 2.32 所示，投影中心 S、影像像点及相应的地面点满足三点共线关系，如式（2.61a）所示。

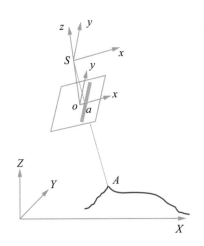

图 2.32　共线条件方程

$$x_{ij} = f_x(X_i,\ Y_i,\ Z_i,\ X_{Sj},\ Y_{Sj},\ Z_{Sj},\ \omega_j,\ \varphi_j,\ \kappa_j,\ x_0,\ y_0,\ f)$$
$$y_{ij} = f_y(X_i,\ Y_i,\ Z_i,\ X_{Sj},\ Y_{Sj},\ Z_{Sj},\ \omega_j,\ \varphi_j,\ \kappa_j,\ x_0,\ y_0,\ f)$$

(2.60)

$$\begin{pmatrix} x \\ y \\ -f \end{pmatrix} = \frac{1}{\lambda} \cdot \boldsymbol{R}^{\mathrm{T}} \begin{pmatrix} X - X_S \\ Y - Y_S \\ Z - Z_S \end{pmatrix}$$

(2.61a)

或

$$x = -f \frac{a_1(X - X_S) + b_1(Y - Y_S) + c_1(Z - Z_S)}{a_3(X - X_S) + b_3(Y - Y_S) + c_3(Z - Z_S)}$$

$$y = -f \frac{a_2(X - X_S) + b_2(Y - Y_S) + c_2(Z - Z_S)}{a_3(X - X_S) + b_3(Y - Y_S) + c_3(Z - Z_S)} \tag{2.61b}$$

线阵 CCD 推扫相机成像过程中，每一个扫描行影像可视为一张像片，扫描行影像与物方空间被摄目标之间满足严格的中心投影关系。如图 2.33(a) 所示，理想的线阵推扫相机焦平面上，线阵 CCD 平行于 y 轴，设第 j 个扫描行的外方位元素为 X_{Sj}，Y_{Sj}，Z_{Sj}，ω_j，φ_j，κ_j，则瞬时成像模型如式(2.62a) 所示。式中，X_i，Y_i，Z_i 表示第 i 个地面点坐标；λ_i 表示比例系数；$\boldsymbol{R}_j$ 表示第 j 个扫描行的外方位角元素构成的旋转矩阵；c 表示线阵列到 y 轴的距离，即像点的 x 坐标；y_{ij} 表示第 j 个扫描行上第 i 个地面点对应的像点 y 坐标；f 为相机主距。

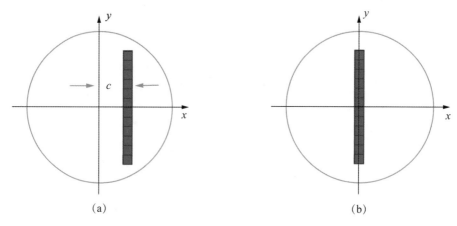

图 2.33　线阵相机焦平面

如图 2.33(b) 所示，对于单线阵推扫相机，在焦平面上，理想的 CCD 线阵通常应位于 y 轴上，则瞬时构像方程如式(2.63a) 所示。

$$\begin{pmatrix} c \\ y_{ij} \\ -f \end{pmatrix} = \frac{1}{\lambda_i} \cdot \boldsymbol{R}_j^{\mathrm{T}} \begin{pmatrix} X_i - X_{Sj} \\ Y_i - Y_{Sj} \\ Z_i - Z_{Sj} \end{pmatrix} \tag{2.62a}$$

或

$$c = -f \frac{a_1(X_i - X_{Sj}) + b_1(Y_i - Y_{Sj}) + c_1(Z_i - Z_{Sj})}{a_3(X_i - X_{Sj}) + b_3(Y_i - Y_{Sj}) + c_3(Z_i - Z_{Sj})}$$

$$y_{ij} = -f \frac{a_2(X_i - X_{Sj}) + b_2(Y_i - Y_{Sj}) + c_2(Z_i - Z_{Sj})}{a_3(X_i - X_{Sj}) + b_3(Y_i - Y_{Sj}) + c_3(Z_i - Z_{Sj})} \tag{2.62b}$$

$$\begin{pmatrix} 0 \\ y_{ij} \\ -f \end{pmatrix} = \frac{1}{\lambda_i} \cdot \boldsymbol{R}_j^{\mathrm{T}} \begin{pmatrix} X_i - X_{Sj} \\ Y_i - Y_{Sj} \\ Z_i - Z_{Sj} \end{pmatrix} \tag{2.63a}$$

或

$$0 = -f \frac{a_1(X_i - X_{Sj}) + b_1(Y_i - Y_{Sj}) + c_1(Z_i - Z_{Sj})}{a_3(X_i - X_{Sj}) + b_3(Y_i - Y_{Sj}) + c_3(Z_i - Z_{Sj})}$$

$$y_{ij} = -f \frac{a_2(X_i - X_{Sj}) + b_2(Y_i - Y_{Sj}) + c_2(Z_i - Z_{Sj})}{a_3(X_i - X_{Sj}) + b_3(Y_i - Y_{Sj}) + c_3(Z_i - Z_{Sj})} \tag{2.63b}$$

星载环境下,卫星绕轨运行状态平稳,场景中连续的扫描行影像之间的外方位元素被认为是随时间变化的。式(2.63a)、式(2.63b)中,外方位元素可以按 2.3.5、2.3.6 小节方法获取。

传感器成像模型反映影像与物方空间目标点之间的映射关系。成像模型实际包括像方空间到物方空间的坐标变换、物方空间到像方空间的坐标变换两个方面。在摄影测量中,已知影像的外方位元素、相应地面的 DEM 或 DSM,可以利用共线条件方程直接实现像方空间到物方空间的坐标变换。对框幅式影像而言,物方空间到像方空间的坐标变换也可由共线条件方程方便地实现;但是,由于推扫式影像条带中,每一个扫描行的外方位元素是随时间变化的,实现物方空间到像方空间投影的关键是必须首先找到最佳扫描行,然后根据扫描行 ID 及传感器姿轨模型,计算扫描行影像的外方位元素,最后利用共线条件方程计算物方点对应的影像像点坐标。

物方空间到像方空间的坐标变换,习惯上称之为物方空间到像方空间的反投影。

线阵影像反投影的基本思想是:扫描线搜索是一个迭代过程;迭代过程中根据选取的扫描行 ID,获取相应的 6 个外方位元素,然后计算像点坐标;比较计算的像点坐标值与焦平面上像元标定坐标的差值,判断是否一致,若差值小于规定的阈值,则反投影过程结束,否则,进行下一次迭代。不同的反投影算法的复杂度、效率、精度不同。

下面根据反投影的基本思想,介绍线阵影像反投影算法。如图 2.34 所示,将线阵影像条带中每一个扫描行影像视作一张像片。

搜索的具体算法为:

(1)确定原始影像搜索的初始扫描线行 i;

(2)根据扫描行序号 i,利用姿轨模型内插扫描行的外方位元素;

(3)按共线条件方程(式(2.61b)),计算 $P(X, Y, Z)$ 对应的焦平面坐标 $p(x_i, y_i)$;

(4)计算影像上搜索扫描行增量 $\mathrm{d}x = (x_i' - x_i)/\text{pixelsize}$;

(5)$i = i + \mathrm{d}x$。若 $\mathrm{d}x < \sigma$(阈值通常设定为 0.2~0.5 像素),则最佳扫描行 i 找到,搜索结束,转至步骤(6),否则,返回第(2)步重新搜索;

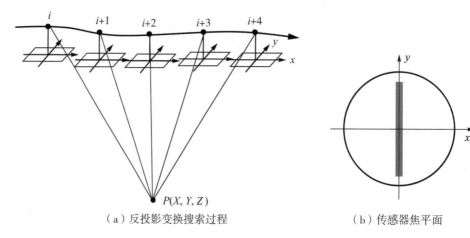

（a）反投影变换搜索过程　　　　　　（b）传感器焦平面

图 2.34　反投影算法

（6）根据最佳扫描行序号 i，按式（2.61b），计算 $P(X，Y，Z)$ 对应的焦平面坐标 $p(x，y)$，搜索结束。

上述基本搜索算法，通常循环 3~5 次可完成反投影变换。

实际工作中，利用影像条带窗口与地面上 footprint 之间的仿射变换关系可以快速确定初始扫描行。此外，还可以采用窗口二分法加快搜索效率。

下面介绍一种基于递推公式的最佳扫描线迭代搜索算法。

传感器姿轨模型采用二次多项式拟合模型，姿轨模型如式（2.64）所示。

$$
\begin{aligned}
X_S(\bar{x}) &= a_0 + a_1\bar{x} + a_2\bar{x}^2 \\
Y_S(\bar{x}) &= b_0 + b_1\bar{x} + b_2\bar{x}^2 \\
Z_S(\bar{x}) &= c_0 + c_1\bar{x} + c_2\bar{x}^2 \\
\omega(\bar{x}) &= d_0 + d_1\bar{x} + d_2\bar{x}^2 \\
\varphi(\bar{x}) &= e_0 + e_1\bar{x} + e_2\bar{x}^2 \\
\kappa(\bar{x}) &= f_0 + f_1\bar{x} + f_2\bar{x}^2
\end{aligned}
\qquad (2.64)
$$

式中，a_i，b_i，c_i，d_i，e_i，$f_i(i = 0，1，2)$ 表示模型系数，根据离散时刻的姿轨数据，利用最小二乘平差计算得到；$\bar{x}$ 表示线阵影像的扫描行 ID。

将式（2.64）代入式（2.63b）第一式。当扫描行外方位元素正确时，第一式分子为 0，下列关系式成立：

$$
(m_{11}a_1 + m_{12}b_1 + m_{13}c_1)\bar{x} = m_{11}(X - a_0 - a_2\bar{x}^2) + m_{12}(Y - b_0 - b_2\bar{x}^2) +
$$

$$m_{13}(Z - c_0 - c_2\bar{x}^2) \qquad (2.65)$$

式中，X，Y，Z 表示物方点坐标；$m_{ij}(i=1，j=1，2，3)$ 为根据式(2.64)计算得到的旋转矩阵的方向余弦。

进一步得到如下递推公式：

$$\bar{x}_{i+1} = \frac{m_{11}(X - a_0 - a_2\bar{x}_i^2) + m_{12}(Y - b_0 - b_2\bar{x}_i^2) + m_{13}(Z - c_0 - c_2\bar{x}_i^2)}{m_{11}a_1 + m_{12}b_1 + m_{13}c_1} \qquad (2.66)$$

迭代搜索算法的主要过程概括如下：

(1)给定 $\bar{x}_i(i=0)$，根据传感器姿轨模型(式(2.64))计算外方位元素；

(2)按照式(2.66)计算新的扫描行 $\bar{x}_{i+1}$；

(3)判断 $|\bar{x}_{i+1} - \bar{x}_i| < \sigma(?)$，$\sigma$ 为迭代阈值；

(4)若第(3)步成立，迭代终止，并根据共线条件方程(式(2.63b))计算 y 坐标；否则，令 $i = i + 1$，循环第(1)~(3)步。

2.3.9 传感器严格影像平差模型

共线条件方程是传感器严格影像平差模型的基础方程。基于共线条件方程的光束法平差的目的是精化影像外方位元素，消除立体影像观测值之间的几何不一致性，提高几何定位精度。

传统的框幅式相机属面中心投影成像，而线阵传感器则是推扫式的线中心投影，每个扫描行影像的外方位元素都不同，几何处理复杂，光束法平差不可能解算每个扫描行影像的外方位元素。CCD 传感器成像过程中，线阵 CCD 影像各扫描行的外方位元素随时间变化而变化，且存在很强的相关性。可将扫描行外方位元素描述为关于时间的多项式，如式(2.67)所示，光束法平差的未知数主要是解算多项式的系数。由于卫星运行轨道平稳、姿态变化率小，因此在短时间范围内，可以近似认为 CCD 线阵传感器的外方位元素随时间线性变化，如式(2.68)所示。

$$\begin{aligned}
X_S(t) &= a_0 + a_1 \cdot t + a_2 \cdot t^2 + \cdots \\
Y_S(t) &= b_0 + b_1 \cdot t + b_2 \cdot t^2 + \cdots \\
Z_S(t) &= c_0 + c_1 \cdot t + c_2 \cdot t^2 + \cdots \\
\omega(t) &= d_0 + d_1 \cdot t + d_2 \cdot t^2 + \cdots \\
\varphi(t) &= e_0 + e_1 \cdot t + e_2 \cdot t^2 + \cdots \\
\kappa(t) &= f_0 + f_1 \cdot t + f_2 \cdot t^2 + \cdots
\end{aligned} \qquad (2.67)$$

$$X_S = X_0 + \dot{X} \cdot \bar{x}$$

$$Y_S = Y_0 + \dot{Y} \cdot \bar{x}$$

$$Z_S = Z_0 + \dot{Z} \cdot \bar{x}$$

$$\omega = \omega_0 + \dot{\omega} \cdot \bar{x}$$ （2.68）

$$\varphi = \varphi_0 + \dot{\varphi} \cdot \bar{x}$$

$$\kappa = \kappa_0 + \dot{\kappa} \cdot \bar{x}$$

式中,

$(X_0, Y_0, Z_0, \omega_0, \varphi_0, \kappa_0)$ 表示影像条带中央扫描行的外方位元素;

$(\dot{X}, \dot{Y}, \dot{Z}, \dot{\omega}, \dot{\varphi}, \dot{\kappa})$ 表示影像条带中每个扫描行影像外方位元素随时间的变化率,如图 2.35 所示。

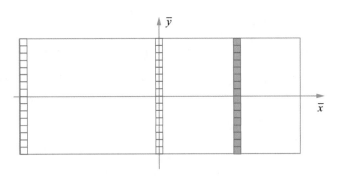

图 2.35　12 参数线性姿轨模型

此外,卫星摄影测量中,光束法平差模型还经常采用定向片的方法。在卫星条带影像上,按照一定的时间或空间间隔抽取若干扫描行影像作为定向影像(OI),用 Lagrange 多项式拟合的方法建立相机姿轨模型,平差的未知数主要是每个定向片的 6 个外方位元素,该方法特别适合长条带影像的光束法平差计算。

设 $n-1$ 阶的 Lagrange 多项式通过曲线 $y = f(x)$ 上的 n 个点。$y_1 = f(x_1)$,$y_2 = f(x_2)$,$\cdots$,$y_n = f(x_n)$。则 $n-1$ 阶的 Lagrange 多项式可表示为:

$$P_j = y_j \prod_{\substack{k=1 \\ k \neq j}}^{n} \frac{x - x_k}{x_j - x_k}$$ （2.69）

$$P(x) = \sum_{j=1}^{n} P_j(x)$$ （2.70）

以 3 阶 Lagrange 多项式为例。地面点 P 的三条投影光线如图 2.36 所示。p 点对应的线阵外方位元素 X_p, Y_p, Z_p, ω_p, φ_p, κ_p 可用 4 个定向片影像的外方位元素描述。其中 p 点对应时刻 t, $t_k(k \in [1, 4])$ 表示 4 个定向影像对应的时刻, X_j, Y_j, Z_j, ω_j, φ_j, $\kappa_j(j \in [1, 4])$ 表示 4 个定向影像的外方位元素。Lagrange 多项式模型表示如下:

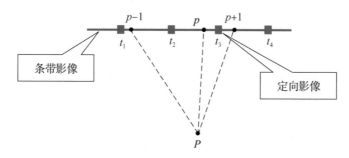

图 2.36 点投影与定向影像关系

$$X_p = \sum_{j=1}^{4} X_j \prod_{\substack{k=1 \\ k \neq j}}^{4} \frac{t - t_k}{t_j - t_k}$$

$$Y_p = \sum_{j=1}^{4} Y_j \prod_{\substack{k=1 \\ k \neq j}}^{4} \frac{t - t_k}{t_j - t_k} \qquad (2.71)$$

$$Z_p = \sum_{j=1}^{4} Z_j \prod_{\substack{k=1 \\ k \neq j}}^{4} \frac{t - t_k}{t_j - t_k}$$

$$\omega_p = \sum_{j=1}^{4} \omega_j \prod_{\substack{k=1 \\ k \neq j}}^{4} \frac{t - t_k}{t_j - t_k}$$

$$\varphi_p = \sum_{j=1}^{4} \varphi_j \prod_{\substack{k=1 \\ k \neq j}}^{4} \frac{t - t_k}{t_j - t_k} \qquad (2.72)$$

$$\kappa_p = \sum_{j=1}^{4} \kappa_j \prod_{\substack{k=1 \\ k \neq j}}^{4} \frac{t - t_k}{t_j - t_k}$$

线阵推扫式相机任意扫描行影像的瞬时构像方程为:

$$0 = -f \frac{a_1(X - X_S) + b_1(Y - Y_S) + c_1(Z - Z_S)}{a_3(X - X_S) + b_3(Y - Y_S) + c_3(Z - Z_S)}$$

$$y = -f \frac{a_2(X - X_S) + b_2(Y - Y_S) + c_2(Z - Z_S)}{a_3(X - X_S) + b_3(Y - Y_S) + c_3(Z - Z_S)} \qquad (2.73)$$

式中，X_S，Y_S，Z_S，ω，φ，κ 表示扫描行影像的外方位元素；X、Y、Z 表示地面点坐标；a_i，b_i，$c_i(i = 1,\ 2,\ 3)$ 表示旋转矩阵 $\boldsymbol{R}$ 的 9 个方向余弦；$(0,\ y)$ 表示像点坐标；f 为相机主距。

分别将式(2.67)、式(2.68) 或式(2.71) 和式(2.72)，代入式(2.73)，按照泰勒级数展开至未知数一次项，即可得到相应的平差误差方程。

以 12 参数线性姿轨模型为例，将式(2.68) 代入式(2.73)，按照泰勒级数展开至未知数一次项，得到如下误差方程的一般形式：

$$
\begin{aligned}
v_x =\ & a_{11}\Delta X_S + a_{12}\Delta Y_S + a_{13}\Delta Z_S + a_{14}\Delta\omega + a_{15}\Delta\varphi + a_{16}\Delta\kappa + \\
& a_{11}\bar{x}\Delta\dot{X}_S + a_{12}\bar{x}\Delta\dot{Y}_S + a_{13}\bar{x}\Delta\dot{Z}_S + a_{14}\bar{x}\Delta\dot{\omega} + a_{15}\bar{x}\Delta\dot{\varphi} + a_{16}\bar{x}\Delta\dot{\kappa} - \\
& a_{11}\Delta X - a_{12}\Delta Y - a_{13}\Delta Z - l_x \\
v_y =\ & a_{21}\Delta X_S + a_{22}\Delta Y_S + a_{23}\Delta Z_S + a_{24}\Delta\omega + a_{25}\Delta\varphi + a_{26}\Delta\kappa + \\
& a_{21}\bar{x}\Delta\dot{X}_S + a_{22}\bar{x}\Delta\dot{Y}_S + a_{23}\bar{x}\Delta\dot{Z}_S + a_{24}\bar{x}\Delta\dot{\omega} + a_{25}\bar{x}\Delta\dot{\varphi} + a_{26}\bar{x}\Delta\dot{\kappa} - \\
& a_{21}\Delta X - a_{22}\Delta Y - a_{23}\Delta Z - l_y
\end{aligned}
\tag{2.74}
$$

式(2.74) 的矩阵形式为：

$$
\boldsymbol{V} = \boldsymbol{A} \cdot \dot{\boldsymbol{\Delta}} + \boldsymbol{B} \cdot \ddot{\boldsymbol{\Delta}} - \boldsymbol{L}
\tag{2.75}
$$

式中，各符号含义如下：

$$
\boldsymbol{V} = \begin{pmatrix} v_x \\ v_y \end{pmatrix},\quad \boldsymbol{L} = \begin{pmatrix} l_x \\ l_y \end{pmatrix}
$$

$$
\boldsymbol{A} = \begin{pmatrix}
a_{11} & a_{12} & a_{13} & a_{14} & a_{15} & a_{16} & a_{11}\bar{x} & a_{12}\bar{x} & a_{13}\bar{x} & a_{14}\bar{x} & a_{15}\bar{x} & a_{16}\bar{x} \\
a_{21} & a_{22} & a_{23} & a_{24} & a_{25} & a_{26} & a_{21}\bar{x} & a_{22}\bar{x} & a_{23}\bar{x} & a_{24}\bar{x} & a_{25}\bar{x} & a_{26}\bar{x}
\end{pmatrix}
$$

$$
\boldsymbol{B} = \begin{pmatrix}
-a_{11} & -a_{12} & -a_{13} \\
-a_{21} & -a_{22} & -a_{23}
\end{pmatrix}
$$

$$
\dot{\boldsymbol{\Delta}}^{\mathrm{T}} = \begin{pmatrix} \Delta X_S & \Delta Y_S & \Delta Z_S & \Delta\omega & \Delta\varphi & \Delta\kappa & \Delta\dot{X}_S & \Delta\dot{Y}_S & \Delta\dot{Z}_S & \Delta\dot{\omega} & \Delta\dot{\varphi} & \Delta\dot{\kappa} \end{pmatrix}
$$

$$
\ddot{\boldsymbol{\Delta}}^{\mathrm{T}} = \begin{pmatrix} \Delta X & \Delta Y & \Delta Z \end{pmatrix}
$$

式(2.74)、式(2.75) 可以用于单像空间后方交会、多片前方交会、光束法影像平差等。

利用式(2.75) 进行单像空间后方交会时，地面控制点坐标已知，平差未知数为 12 个参数，解算所有扫描行影像外方位元素的任务转化为解算 12 个定向参数。空间后方交会至少需要 6 个分布均匀的地面控制点。此外，星载传感器高度高、小视场的特点，容易造成 12 个定向参数之间的强相关，因此，为克服参数之间的强相关，可考虑：根据卫星轨道星历数据、姿态参数的实际精度，增加虚拟观测方程，提高法方程解算的稳定性；利用岭估计解算定向参数。

利用式 (2.75) 进行影像光束法平差时，平差未知数包括定向参数、地面点坐标，平差的观测值主要是像点坐标观测值和少量的卫星姿轨参数观测值。如式 (2.76) 所示，姿轨模型采用随时间线性变化的模型。

$$
\begin{aligned}
X_S &= X_0 + \dot{X} \cdot \bar{x} \\
Y_S &= Y_0 + \dot{Y} \cdot \bar{x} \\
Z_S &= Z_0 + \dot{Z} \cdot \bar{x} \\
\omega &= \omega_0 + \dot{\omega} \cdot \bar{x} \\
\varphi &= \varphi_0 + \dot{\varphi} \cdot \bar{x} \\
\kappa &= \kappa_0 + \dot{\kappa} \cdot \bar{x}
\end{aligned}
\tag{2.76}
$$

星载 CCD 传感器影像光束法平差观测值类型包括像点坐标、控制点坐标及姿轨参数三个类型，相应的平差误差方程式如下所示。

1) 像点坐标观测值方程

像点坐标观测值误差方程同式 (2.75)：

$$
V_{xy} = A \cdot \dot{\Delta} + B \cdot \ddot{\Delta} - L_{xy} \qquad P_{xy}
\tag{2.77}
$$

式中，$\dot{\Delta}$ 表示姿轨模型多项式的系数未知数；$\ddot{\Delta}$ 表示地面点坐标未知数。

2) 控制点观测值方程

将控制点视为带权观测值处理，即控制点既是观测值又是未知数。

$$
\begin{pmatrix} \hat{X}_C \\ \hat{Y}_C \\ \hat{Z}_C \end{pmatrix} = \begin{pmatrix} X_C^0 \\ Y_C^0 \\ Z_C^0 \end{pmatrix} + \begin{pmatrix} V_{X_C} \\ V_{Y_C} \\ V_{Z_C} \end{pmatrix} = \begin{pmatrix} X_C \\ Y_C \\ Z_C \end{pmatrix} + \begin{pmatrix} \Delta X_C \\ \Delta Y_C \\ \Delta Z_C \end{pmatrix}
\tag{2.78}
$$

控制点误差方程式为：

$$\begin{pmatrix} V_{X_C} \\ V_{Y_C} \\ V_{Z_C} \end{pmatrix} = \begin{pmatrix} \Delta X_C \\ \Delta Y_C \\ \Delta Z_C \end{pmatrix} - \left(\begin{pmatrix} X_C^0 \\ Y_C^0 \\ Z_C^0 \end{pmatrix} - \begin{pmatrix} X_C \\ Y_C \\ Z_C \end{pmatrix} \right) \qquad \boldsymbol{P}_C \tag{2.79}$$

式中，$\hat{X}_C$、$\hat{Y}_C$、$\hat{Z}_C$ 表示控制点坐标未知数估值；X_C^0、Y_C^0、Z_C^0 表示控制点坐标量测值(观测值)；V_{X_C}、V_{Y_C}、V_{Z_C} 表示控制点观测值改正数；X_C、Y_C、Z_C 表示控制点坐标近似值(初始值加改正)；ΔX_C、ΔY_C、ΔZ_C 表示控制点坐标未知数改正数。

控制点误差方程式矩阵形式为：

$$\boldsymbol{V}_C = 0 \cdot \dot{\boldsymbol{\Delta}} + \boldsymbol{E} \cdot \ddot{\boldsymbol{\Delta}}_1 + 0 \cdot \ddot{\boldsymbol{\Delta}}_2 - \boldsymbol{L}_C \qquad \boldsymbol{P}_C \tag{2.80}$$

式中，$\dot{\boldsymbol{\Delta}}_1$ 表示控制点坐标未知数；$\ddot{\boldsymbol{\Delta}}_2$ 表示未知的地面点坐标未知数。

3)"定向影像"观测值方程

$$\begin{pmatrix} \hat{X}_S \\ \hat{Y}_S \\ \hat{Z}_S \\ \hat{\omega} \\ \hat{\varphi} \\ \hat{\kappa} \end{pmatrix}^{\bar{x}} = \begin{pmatrix} X_S^0 \\ Y_S^0 \\ Z_S^0 \\ \omega^0 \\ \varphi^0 \\ \kappa^0 \end{pmatrix}^{\bar{x}} + \begin{pmatrix} V_{X_S} \\ V_{Y_S} \\ V_{Z_S} \\ V_\omega \\ V_\varphi \\ V_\kappa \end{pmatrix}^{\bar{x}} = \begin{pmatrix} X_S \\ Y_S \\ Z_S \\ \omega \\ \varphi \\ \kappa \end{pmatrix}^{\bar{x}} + \begin{pmatrix} \Delta X_S \\ \Delta Y_S \\ \Delta Z_S \\ \Delta \omega \\ \Delta \varphi \\ \Delta \kappa \end{pmatrix}^{\bar{x}} \tag{2.81}$$

"定向影像"观测值误差方程为：

$$\begin{pmatrix} V_{X_S} \\ V_{Y_S} \\ V_{Z_S} \\ V_\omega \\ V_\varphi \\ V_\kappa \end{pmatrix}^{\bar{x}} = \begin{pmatrix} \Delta X_S \\ \Delta Y_S \\ \Delta Z_S \\ \Delta \omega \\ \Delta \varphi \\ \Delta \kappa \end{pmatrix}^{\bar{x}} - \left(\begin{pmatrix} X_S^0 \\ Y_S^0 \\ Z_S^0 \\ \omega^0 \\ \varphi^0 \\ \kappa^0 \end{pmatrix}^{\bar{x}} - \begin{pmatrix} X_S \\ Y_S \\ Z_S \\ \omega \\ \varphi \\ \kappa \end{pmatrix}^{\bar{x}} \right) \qquad \boldsymbol{P}_{EO} \tag{2.82}$$

对式(2.76)两边取微分，式(2.82)中外方位元素的平差改正数表示如下：

$$
\begin{pmatrix} \Delta X_S \\ \Delta Y_S \\ \Delta Z_S \\ \Delta \omega \\ \Delta \varphi \\ \Delta \kappa \end{pmatrix} = \begin{pmatrix} 1 & 0 & 0 & 0 & 0 & 0 & \bar{x} & 0 & 0 & 0 & 0 & 0 \\ 0 & 1 & 0 & 0 & 0 & 0 & 0 & \bar{x} & 0 & 0 & 0 & 0 \\ 0 & 0 & 1 & 0 & 0 & 0 & 0 & 0 & \bar{x} & 0 & 0 & 0 \\ 0 & 0 & 0 & 1 & 0 & 0 & 0 & 0 & 0 & \bar{x} & 0 & 0 \\ 0 & 0 & 0 & 0 & 1 & 0 & 0 & 0 & 0 & 0 & \bar{x} & 0 \\ 0 & 0 & 0 & 0 & 0 & 1 & 0 & 0 & 0 & 0 & 0 & \bar{x} \end{pmatrix} \begin{pmatrix} \Delta X_0 \\ \Delta Y_0 \\ \Delta Z_0 \\ \Delta \omega_0 \\ \Delta \varphi_0 \\ \Delta \kappa_0 \\ \Delta \dot{X} \\ \Delta \dot{Y} \\ \Delta \dot{Z} \\ \Delta \dot{\omega} \\ \Delta \dot{\varphi} \\ \Delta \dot{\kappa} \end{pmatrix} \tag{2.83}
$$

根据式(2.81)、式(2.82)，"定向影像"观测值误差方程矩阵形式为：

$$
V_{EO} = C \cdot \dot{\boldsymbol{\Delta}} + 0 \cdot \ddot{\boldsymbol{\Delta}}_1 + 0 \cdot \ddot{\boldsymbol{\Delta}}_2 - L_C \qquad P_{EO} \tag{2.84}
$$

综合式(2.77)、式(2.80)和式(2.84)，可得到总体误差方程如下：

$$
\begin{pmatrix} \boldsymbol{V}_{xy} \\ \boldsymbol{V}_C \\ \boldsymbol{V}_{EO} \end{pmatrix} = \begin{pmatrix} A & B_1 & B_2 \\ 0 & E & 0 \\ C & 0 & 0 \end{pmatrix} \begin{pmatrix} \dot{\boldsymbol{\Delta}} \\ \ddot{\boldsymbol{\Delta}}_1 \\ \ddot{\boldsymbol{\Delta}}_2 \end{pmatrix} - \begin{pmatrix} L_{xy} \\ L_C \\ L_{EO} \end{pmatrix} \quad \begin{pmatrix} \boldsymbol{P}_{xy} \\ & \boldsymbol{P}_C \\ & & \boldsymbol{P}_{EO} \end{pmatrix} \tag{2.85}
$$

$$
V = M \cdot \boldsymbol{\Delta} - L \tag{2.86}
$$

间接法最小二乘解算式(2.86)：

$$
\boldsymbol{\Delta} = (M^{\mathrm{T}} P M)^{-1} M^{\mathrm{T}} P L \tag{2.87}
$$

2.4 传感器仿射变换模型

高分辨率卫星成像传感器具有长焦距、窄视场角的特点，利用共线条件方程的严格模型进行解算时，定向参数之间强相关，影响立体影像的定位精度及平差解算的稳定性。针对线阵 CCD 推扫影像严格模型的不足，日本东京大学 Okamoto 等(1998)提出一种利用仿射投影变换处理高分辨率卫星线阵推扫影像的方法。该方法的实现基于以下分析：①星载传感器视场角(AFOV)窄。如 IKONOS 的 AFOV 小于 1°，透视光线接近平行光，可视为等效的平行投影。②空间场景获取时间短。如 IKONOS 获取一景影像仅需 1s。因此，可以认为在影像获取期间，卫星姿态不变，线中心投影剖面相互平行。③由于场景获取时间短，因此卫星运动速度被视为常速，线中心投影剖面不仅相互平行，且等距。为此，Okamoto等(1998)提出以一维仿射投影影像为基础，将行中心投影影像转化为仿射投影影像，利用仿射影像进行几何定位。基于平行投影的仿射变换模型近似代替严格模型，可以提高高分卫星成像传感器影像解算的稳定性。

2.4.1　中心投影与平行投影几何

高分辨率卫星成像传感器如 IKONOS 等具有高轨道、窄视场角的特点，使得在线阵CCD 影像扫描行方向几乎是平行投影。如图 2.37(a)所示，扫描行方向反映实际的透视几何，扫描行方向是中心投影；图 2.37(b)表示相应区域的平行投影几何。卫星成像传感器在高轨道、窄视场角的情况下，中心投影几何与平行投影几何可以认为是等价的，因为"位于同一平面上的一组平行线收敛于共线消失点"，即平行线在无穷远处相交于一点。从图 2.37 中看出，AFOV 视场角越小，两种投影方式的成像差异越不显著。

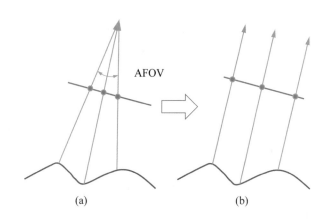

图 2.37　中心投影与平行投影(Morgan et al.，2004)

线阵 CCD 推扫成像过程中，场景获取时间短，在影像获取期间，可以认为卫星运动速度为常速、传感器姿态不变，因此，线中心投影剖面不仅相互平行，而且是等距的。如图 2.38 所示。

2.4.2　线性 2D 仿射变换模型

利用平行投影建立仿射变换模型的基本步骤为：首先，将三维空间经过相似变换缩

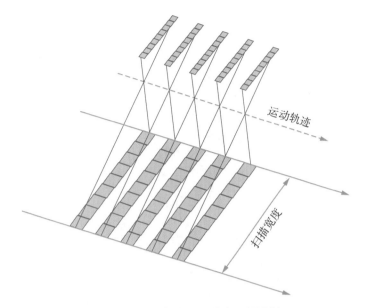

图 2.38　线阵推扫式相机线中心投影剖面

小至影像空间；其次，沿相机主光轴方向，利用平行投影将物方空间场景投影至原始倾斜影像平面上；然后，根据平行投影的像点坐标与物方空间目标之间的关系建立仿射变换。

1. 平行投影成像几何

如图 2.39 所示，影像上 $a(x, y)$ 点为地面点 $A(X, Y, Z)$ 的中心投影构像。严格成像模型为：

$$\begin{pmatrix} x \\ y \\ -f \end{pmatrix} = \lambda \cdot \boldsymbol{R} \cdot \begin{pmatrix} X - X_S \\ Y - Y_S \\ Z - Z_S \end{pmatrix} \tag{2.88}$$

式中，X_S，Y_S，Z_S 表示影像投影中心坐标；$\boldsymbol{R}$ 表示物方到像方坐标系的旋转矩阵；λ 表示地面点 A 的比例系数(不同地面点，λ 值不同)。

物方点 A 在像空间坐标系 $S\text{-}xyz$ 中坐标为 $A(x, y, z)$，如式(2.89)所示：

$$\begin{pmatrix} x \\ y \\ z \end{pmatrix} = \boldsymbol{R} \cdot \begin{pmatrix} X - X_S \\ Y - Y_S \\ Z - Z_S \end{pmatrix} \tag{2.89}$$

将物方空间按相似变换缩小 m 倍至影像空间，此时，模型点 A' 在 $S\text{-}xyz$ 中的坐标为

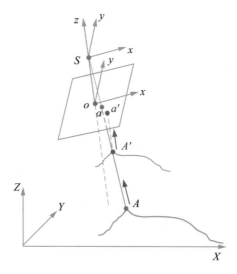

图 2.39　平行投影几何

$A'(x,\ y,\ z)$，如式(2.90)所示：

$$\begin{pmatrix} x \\ y \\ z \end{pmatrix} = \frac{1}{m} \cdot \boldsymbol{R} \cdot \begin{pmatrix} X - X_S \\ Y - Y_S \\ Z - Z_S \end{pmatrix} \qquad (2.90)$$

图 2.39 中，沿相机主光轴方向，过模型点 A' 作主光轴的平行线，利用平行投影将物方空间场景投影到像平面(3D 到 2D 的变换)，与影像平面的交点 a' 的影像坐标为 $a'(x,\ y)$。式(2.91)即为平行投影的构像方程。

$$\begin{pmatrix} x \\ y \end{pmatrix} = \frac{1}{m} \cdot \begin{pmatrix} a_1 & b_1 & c_1 \\ a_2 & b_2 & c_2 \end{pmatrix} \cdot \begin{pmatrix} X - X_S \\ Y - Y_S \\ Z - Z_S \end{pmatrix} \qquad (2.91)$$

2. 线性 2D 仿射变换模型

线阵推扫影像中每条扫描线为一维的线中心投影。影像条带中第 i 个扫描行的构像方程为：

$$\begin{pmatrix} 0 \\ y \\ -f \end{pmatrix} = \lambda \cdot \boldsymbol{R}_i \cdot \begin{pmatrix} X - X_{Si} \\ Y - Y_{Si} \\ Z - Z_{Si} \end{pmatrix} \qquad (2.92)$$

式中，X_{Si}，Y_{Si}，Z_{Si} 表示第 i 个扫描行影像投影中心坐标；$\boldsymbol{R}_i$ 表示第 i 个扫描行物方到像方坐标系的旋转矩阵;λ 表示地面点 A 的比例系数(不同地面点,λ 值不同)。与式(2.91)类似,同理,可得到线阵推扫影像平行投影的构像方程。

$$\begin{pmatrix} 0 \\ y \end{pmatrix} = \frac{1}{m} \cdot \begin{pmatrix} a_1 & b_1 & c_1 \\ a_2 & b_2 & c_2 \end{pmatrix}^i \cdot \begin{pmatrix} X - X_{Si} \\ Y - Y_{Si} \\ Z - Z_{Si} \end{pmatrix} \tag{2.93}$$

用 a_{11},$\cdots$,a_{23} 分别表示 $1/m$ 与 $\boldsymbol{R}_i$ 的方向余弦的乘积,式(2.93)可进一步表示如下:

$$0 = a_{11}(X - X_{Si}) + a_{12}(Y - Y_{Si}) + a_{13}(Z - Z_{Si})$$
$$y = a_{21}(X - X_{Si}) + a_{22}(Y - Y_{Si}) + a_{23}(Z - Z_{Si}) \tag{2.94}$$

对于线阵推扫成像的局部场景,可认为传感器做空间线性运动,姿态不发生变化,此时:

$$X_S^i = X_0 + \dot{X} \cdot i$$

$$Y_S^i = Y_0 + \dot{Y} \cdot i \tag{2.95}$$

$$Z_S^i = Z_0 + \dot{Z} \cdot i$$

将式(2.95)代入式(2.94)的第一式,得到式(2.96):

$$i = \frac{a_{11}(X - X_0) + a_{12}(Y - Y_0) + a_{13}(Z - Z_0)}{a_{11} \cdot \dot{X} + a_{12} \cdot \dot{Y} + a_{13} \cdot \dot{Z}} \tag{2.96}$$

式(2.95)中,X_0,Y_0,Z_0,$\dot{X}$,$\dot{Y}$,$\dot{Z}$ 为常量;式(2.94)中,假设姿态不发生变化,a_{11},$\cdots$,a_{23} 可认为是常量。式(2.96)中,影像行 i 用图像坐标 x 代替,则有如下关系式:

$$x = A_1 X + A_2 Y + A_3 Z + A_4$$
$$y = A_5 X + A_6 Y + A_7 Z + A_8 \tag{2.97}$$

式(2.97)反映 2D 影像坐标(x,y) 与 3D 地面点坐标(X,Y,Z) 之间的映射关系,称为线性 2D 仿射变换模型,其中,A_1,$\cdots$,A_8 为仿射变换模型参数。因此,对于窄视场、常速、常姿态的线阵推扫式相机,场景与目标之间的坐标关系可以用 2D 仿射变换近似表示。

实际中,卫星平台高轨道、传感器小视场,成像方式更接近平行光投影,采用严格模型解算时,会导致模型参数之间强相关、模型几何定位精度降低;线阵 CCD 推扫影像在扫描行方向是严格的中心投影成像,在相机推扫方向或卫星运动方向并非严格平行投影;卫星影像场景覆盖范围较小时,基于传感器运动速度常速、姿态不变的合理假设,利用仿射变换代替中心投影的透视变换可以有效地描述高分辨率卫星的成像几何关系。Fraser 等(2001)利用 2D 仿射变换模型实现了 IKONOS 场景的子像素定位精度。

3. 中心投影与平行投影投影转换

仿射变换对应平行投影，透视变换对应中心投影。投影方式不同，物点在像方成像位置也将不同。将透视变换转换为仿射变换，利用仿射变换描述线阵列 CCD 推扫成像时影像与物方空间的几何关系，必须进行扫描行方向上图像性质转换。

如图 2.40 所示，影像覆盖区域地形平坦。CCD 传感器绕飞行方向侧视角为 ω，成像瞬间中心投影的扫描行影像与缩小后的地面模型相交于主点 O。S 表示投影中心，P 表示地面点，$p(y)$ 表示中心投影像点，$p_a(y_a)$ 表示平行投影后的仿射投影像点。

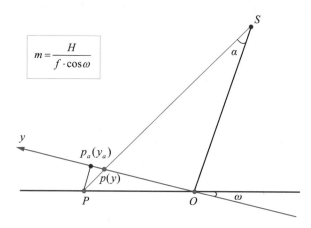

图 2.40　透视变换转换仿射变换（地形平坦）

图 2.40 中，$Pp_a = Op_a\tan\omega = y_a\tan\omega$，$pp_a = Pp_a\tan\alpha$，$\tan\alpha = \dfrac{y}{f}$。

$$y = Op = y_a - pp_a$$

$$y = y_a - y_a\tan\omega \cdot \tan\alpha = y_a(1 - \tan\omega \cdot \tan\alpha)$$

将上式进一步表示为：

$$y_a = \frac{y}{1 - \tan\omega \cdot \dfrac{y}{f}} \tag{2.98}$$

式（2.98）即为地形平坦时中心投影与仿射投影的坐标变换公式。利用式（2.98）可以将中心投影的影像转换为仿射投影影像。线阵传感器平行投影仿射变换模型如下：

$$x = A_1X + A_2Y + A_3Z + A_4$$

$$\frac{y}{1 - \tan\omega \cdot \dfrac{y}{f}} = A_5X + A_6Y + A_7Z + A_8 \tag{2.99}$$

如图 2.41 所示, 影像覆盖区域地形起伏时, 必须考虑进行地形高差改正。设某地面点与地形平均高程面的高差为 ΔZ, 传感器视场角为 2α。由图 2.41 中几何关系可知, 考虑地形起伏时, 像点转化误差为:

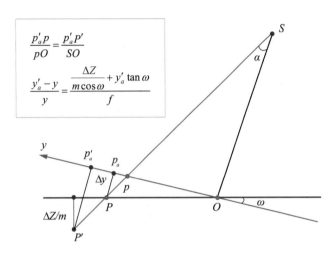

$$\frac{p'_a p}{pO} = \frac{p'_a P'}{SO}$$

$$\frac{y'_a - y}{y} = \frac{\dfrac{\Delta Z}{m\cos\omega} + y'_a \tan\omega}{f}$$

图 2.41 透视变换转换仿射变换(地形起伏)

$$p'_a p_a = \Delta y = \frac{\Delta Z}{m}[\tan(\omega + \alpha) - \tan\omega]\cos\omega \qquad (2.100)$$

考虑地形起伏引起的转换误差改正后, 可得到地形起伏时中心投影与仿射投影的坐标变换公式, 见式(2.101)。

$$y'_a = y_a + \Delta y = \frac{f + \dfrac{\Delta Z}{m\cos\omega}}{f - y\tan\omega} y \qquad (2.101)$$

4. 线性 2D 仿射变换模型解算

假定 CCD 线阵推扫式传感器成像过程常速、常姿态, 且仿射影像与原始中心投影影像比例尺一致, 则仿射影像与原始中心投影影像像点之间的坐标变换关系为:

$$y'_a = \frac{f + \dfrac{\Delta Z}{m\cos\omega}}{f - y\tan\omega} y \qquad (2.102)$$

$$x'_a = x$$

综合线性 2D 仿射变换几何模型(式(2.97) 和式(2.102)), 可得到基于仿射变换的线阵传感器模型:

$$x = A_1 X + A_2 Y + A_3 Z + A_4$$

$$\dfrac{f + \dfrac{\Delta Z}{m\cos\omega}}{f - y\tan\omega}\, y = A_5 X + A_6 Y + A_7 Z + A_8 \tag{2.103}$$

由式（2.103）可知，一个线阵 CCD 推扫场景包含 $A_i(i = 1，2，\cdots，8)$、ω 共 9 个传感器成像模型参数；由于仿射变换的线阵传感器模型是非线性方程，因此，模型解算时同样需要对模型进行线性化处理，提供至少 5 个地面控制点可完成该模型的单片空间后方交会。此外，单片空间后方交会完成后，将扫描行影像的中心投影转换为沿扫描行的平行投影，中心投影影像即可纠正为仿射影像；利用仿射变换的线阵传感器模型同样可以进行立体测图。

仿射变换的线阵传感器模型理论上较严密，与传感器严格模型相比，外定向参数由 12 个减少为 9 个，降低了定向参数的相关性，并且模型解算时不需要已知卫星位置、姿态信息。对于长焦距、小视场、高轨道的高分辨率星载 CCD 传感器成像而言，基于平行投影的仿射变换模型不失为一种理想的替代模型。

2.4.3　非线性平行投影模型

1. 非线性平行投影数学模型

如图 2.42 所示，$O\text{-}XYZ$ 为物方空间坐标系，O 为坐标系原点。以 O 为坐标原点定义场景坐标系 $O\text{-}uvw$。利用平行投影将物方空间点 $P(X，Y，Z)$ 映射到场景坐标系中的点 $p(u，v，0)$。

物方空间坐标系中：单位方向矢量为 $(L，M，N)^{\mathrm{T}}$，其中，

$$N = \sqrt{(1 - M^2 - N^2)} \tag{2.104}$$

$\boldsymbol{v}_1 = \begin{pmatrix} u \\ v \\ 0 \end{pmatrix}$，表示场景点在场景坐标系中的坐标；$\boldsymbol{v}_2 = \begin{pmatrix} X \\ Y \\ Z \end{pmatrix}$，表示地面点在物方坐标系中

的坐标；$\boldsymbol{v}_3 = \lambda \begin{pmatrix} L \\ M \\ N \end{pmatrix}$，表示物方坐标系下连接地面点到场景点的矢量；$\lambda$ 表示地面点到场景点的距离，不同点距离不同。

图 2.42 中，$o\text{-}xyz$ 表示平行投影场景坐标系，三矢量 $\boldsymbol{v}_1$、$\boldsymbol{v}_2$、$\boldsymbol{v}_3$ 满足如下关系：

$$\boldsymbol{v}_1 = \boldsymbol{R}^{\mathrm{T}}\boldsymbol{v}_2 + \boldsymbol{R}^{\mathrm{T}}\boldsymbol{v}_3 \tag{2.105}$$

$\boldsymbol{R}$ 表示场景坐标系到物方坐标系的旋转矩阵，将三矢量 $\boldsymbol{v}_1$、$\boldsymbol{v}_2$、$\boldsymbol{v}_3$ 坐标代入式

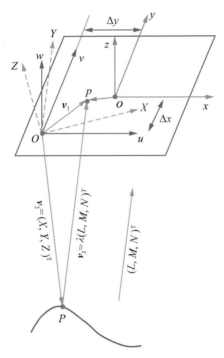

图 2.42　平行投影数学模型

(2.105)，得到如下式子：

$$\begin{pmatrix} u \\ v \\ 0 \end{pmatrix} = \boldsymbol{R}^{\mathrm{T}} \begin{pmatrix} X \\ Y \\ Z \end{pmatrix} + \lambda \boldsymbol{R}^{\mathrm{T}} \begin{pmatrix} L \\ M \\ N \end{pmatrix} \qquad (2.106)$$

将尺度因子 s 及坐标平移量 Δx、Δy 应用于式(2.106)，得到平面场景与物方空间(非平面)之间非线性平行投影数学模型：

$$\begin{pmatrix} x \\ y \\ 0 \end{pmatrix} = s \cdot \lambda \cdot \boldsymbol{R}^{\mathrm{T}} \cdot \begin{pmatrix} L \\ M \\ N \end{pmatrix} + s \cdot \boldsymbol{R}^{\mathrm{T}} \cdot \begin{pmatrix} X \\ Y \\ Z \end{pmatrix} + \begin{pmatrix} \Delta x \\ \Delta y \\ 0 \end{pmatrix} \qquad (2.107)$$

由式(2.107)可知，8 个参数用于描述平面场景与物方空间之间平行投影的数学关系，包括方向矢量分量(L, M)，场景平面旋转角$(\omega, \varphi, \kappa)$，坐标平移$(\Delta x, \Delta y)$，尺度参数$(s)$。

2. 场景平行投影参数转换 2D 仿射变换参数

将式(2.107)改写为式(2.108)。λ 可由式(2.108)中的第三式计算得到：

$$x = s \cdot \lambda \left(r_{11}L + r_{21}M + r_{31}N \right) + s \left(r_{11}X + r_{21}Y + r_{31}Z \right) + \Delta x$$
$$y = s \cdot \lambda \left(r_{12}L + r_{22}M + r_{32}N \right) + s \left(r_{12}X + r_{22}Y + r_{32}Z \right) + \Delta y \tag{2.108}$$
$$0 = s \cdot \lambda \left(r_{13}L + r_{23}M + r_{33}N \right) + s \left(r_{13}X + r_{23}Y + r_{33}Z \right) + 0$$

$$\lambda = - \frac{r_{13}X + r_{23}Y + r_{33}Z}{r_{13}L + r_{23}M + r_{33}N} \tag{2.109}$$

引入变量 U、V，

$$U = \frac{r_{11}L + r_{21}M + r_{31}N}{r_{13}L + r_{23}M + r_{33}N}$$
$$V = \frac{r_{12}L + r_{22}M + r_{32}N}{r_{13}L + r_{23}M + r_{33}N} \tag{2.110}$$

式(2.108) 的第一式和第二式可改写为：

$$x = s \cdot \left(r_{11} - r_{13}U \right) X + s \cdot \left(r_{21} - r_{23}U \right) Y + s \cdot \left(r_{31} - r_{33}U \right) Z + \Delta x$$
$$y = s \cdot \left(r_{12} - r_{13}V \right) X + s \cdot \left(r_{22} - r_{23}V \right) Y + s \cdot \left(r_{32} - r_{33}V \right) Z + \Delta y \tag{2.111}$$

由式(2.111) 得 2D 仿射变换模型：

$$x = A_1 X + A_2 Y + A_3 Z + A_4$$
$$y = A_5 X + A_6 Y + A_7 Z + A_8 \tag{2.112}$$

式(2.112) 中，

$$A_1 = s \cdot \left(r_{11} - r_{13}U \right)$$
$$A_2 = s \cdot \left(r_{21} - r_{23}U \right)$$
$$A_3 = s \cdot \left(r_{31} - r_{33}U \right)$$
$$A_4 = \Delta x$$
$$A_5 = s \cdot \left(r_{12} - r_{13}V \right)$$
$$A_6 = s \cdot \left(r_{22} - r_{23}V \right)$$
$$A_7 = s \cdot \left(r_{32} - r_{33}V \right)$$
$$A_8 = \Delta y$$

式(2.112) 反映场景平面坐标与物方空间三维坐标之间的线性函数关系，即 2D 仿射变换模型，涉及 2 个方程、8 个参数，本质上与式(2.107) 非线性平行投影模型(3 个方程、8 个参数) 是一致的。

比较式(2.112) 与式(2.107) 可以看出，式(2.112) 更适用于控制点已知的情况，2D 仿射变换模型参数可以用最小二乘法进行解算，当存在控制点时，可优先采用 2D 仿射变换模型。当卫星导航数据有效时，导航数据可以与非线性平行投影模型进行集成，因为导航数据与平行投影参数之间的数学关系可以方便地推导建立。

3. 2D 仿射变换参数转换场景平行投影参数

由式(2.112)的 2D 仿射变换参数转为式(2.107)场景平行投影参数，计算如下：

(1) 计算平行投影矢量参数。

$$L' = \cfrac{A_3}{\sqrt{\left(\cfrac{A_1A_7 - A_3A_5}{A_3A_6 - A_2A_7}\right)^2 (A_2^2 + A_3^2) + \left(\cfrac{A_1A_7 - A_3A_5}{A_3A_6 - A_2A_7}\right) \times 2A_1A_2 + A_1^2 + A_3^2}} \tag{2.113}$$

$$M' = L' \frac{A_1A_7 - A_3A_5}{A_3A_6 - A_2A_7} \tag{2.114}$$

$$N' = \frac{-L'A_1 - M'A_2}{A_3} \tag{2.115}$$

$$L = L' \frac{N'}{|N'|}, \quad M = M' \frac{N'}{|N'|}, \quad N = |N'| \tag{2.116}$$

(2) 尺度因子计算(中间变量 T_1, T_2, T_3, A, B, C, U, V 计算)。

$$T_1 = A_1^2 + A_2^2 + A_3^2$$
$$T_2 = A_5^2 + A_6^2 + A_7^2 \tag{2.117}$$
$$T_3 = A_1A_5 + A_2A_6 + A_3A_7$$

$$A = T_3^2 - T_1T_2$$
$$B = 2T_3^2 + T_1^2 - T_1T_2 \tag{2.118}$$
$$C = T_3^2$$

$$U = \sqrt{\frac{-B - \sqrt{B^2 - 4AC}}{2A}} \frac{L}{|L|} \tag{2.119}$$

$$V = \frac{T_3}{T_1} \frac{(1 + U^2)}{U} \tag{2.120}$$

$$s = \sqrt{\frac{T_1}{1 + U^2}} \tag{2.121}$$

(3) 平行投影场景方向角计算(中间变量 D, E, F 计算)。

$$D = U^2 + V^2 + 1$$

$$E = 2U\frac{A_1}{s} + 2V\frac{A_5}{s} \tag{2.122}$$

$$F = \frac{A_1^2}{s^2} + \frac{A_5^2}{s^2} - 1$$

$$\varphi = \arcsin\left(\frac{-E + \dfrac{L}{|L|}\sqrt{E^2 - 4DF}}{2D}\right) \qquad (2.123)$$

$$\kappa = \arctan\left(\frac{\dfrac{-V\sin\varphi + \dfrac{A_5}{s}}{\cos\varphi}}{\dfrac{U\sin\varphi + \dfrac{A_1}{s}}{\cos\varphi}}\right) \qquad (2.124)$$

$$\omega = \arcsin\left(\frac{\dfrac{A_2}{s}\sin\varphi\cos\kappa + \dfrac{A_2}{s}U\cos\varphi + \dfrac{A_3}{s}\sin\kappa}{\sin^2\kappa + (\sin\varphi\cos\kappa + U\cos\varphi)^2}\right) \qquad (2.125)$$

4. 卫星导航数据(EOP)与场景平行投影参数关系

本小节根据卫星导航数据即 CCD 推扫相机的外方位元素，推导场景平行投影参数 $(L, M, \omega, \varphi, \kappa, \Delta x, \Delta y, s)$。如图 2.43 所示，单位矢量 $\boldsymbol{x}_i$，$\boldsymbol{y}_i$，$\boldsymbol{z}_i$ 分别表示物方坐标系下沿 CCD 线阵推扫式相机坐标轴 x_i，y_i，z_i 的指向向量。

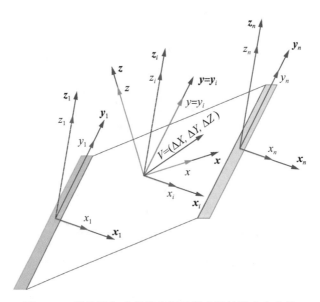

图 2.43　线阵推扫式相机和场景的坐标轴及方向向量

$$x_i = \begin{pmatrix} r_{i11} \\ r_{i21} \\ r_{i31} \end{pmatrix} \quad y_i = \begin{pmatrix} r_{i12} \\ r_{i22} \\ r_{i32} \end{pmatrix} \quad z_i = \begin{pmatrix} r_{i13} \\ r_{i23} \\ r_{i33} \end{pmatrix} \tag{2.126}$$

式中，r_{i11}、r_{i12}，$\cdots$，r_{i33} 是第 i 个扫描线的旋转矩阵的 9 个元素。假定 CCD 线阵推扫相机运动姿态 $(\omega_i,\ \varphi_i,\ \kappa_i)$ 不变，且匀速运动 $V(\Delta X,\ \Delta Y,\ \Delta Z)$，则在场景范围内这些单位矢量的值保持不变。

1）平行投影矢量

对于整个场景，假定 CCD 线阵推扫相机姿态角不变，整个场景中每个扫描线的投影矢量将保持不变。第 i 个扫描线的光轴指向向下，即指向 z_i 的反方向，可表示为：

$$\begin{pmatrix} - r_{i13} & - r_{i23} & - r_{i33} \end{pmatrix}^{\mathrm{T}} \tag{2.127}$$

因此，单位平行投影矢量（相机光轴方向）可表示为：

$$\begin{pmatrix} L \\ M \\ N \end{pmatrix} = z_i = \begin{pmatrix} r_{i13} \\ r_{i23} \\ r_{i33} \end{pmatrix} \tag{2.128}$$

2）场景旋转角 $(\omega,\ \varphi,\ \kappa)$

第 i 个扫描线的 x_i，y_i，z_i 坐标轴（方向向量为 x_i，y_i，z_i）不同于场景的坐标轴 x，y，z。CCD 线阵推扫相机的运动速度 V 也不一定位于第 i 个扫描线的 x_i，y_i 坐标轴构成的平面内，由于场景与推扫相机的坐标轴不同，场景平面的旋转角 $(\omega,\ \varphi,\ \kappa)$ 与推扫式相机第 i 个扫描线的旋转角 $(\omega_i,\ \varphi_i,\ \kappa_i)$ 不同，因此相应的旋转矩阵也不同。

场景平面可以通过相机的速度矢量和沿相机坐标轴 y_i 的单位方向矢量 y_i 表示。

通过定义场景平面的坐标系及其与地面坐标系的关系，计算场景平面旋转角 $(\omega,\ \varphi,\ \kappa)$ 与对应的旋转矩阵 R。

场景平面与地面坐标系之间的旋转矩阵可用三个沿坐标轴方向的单位矢量描述：

$$R = (x \quad y \quad z) \tag{2.129}$$

$$y = y_i = \begin{pmatrix} r_{i12} \\ r_{i22} \\ r_{i32} \end{pmatrix} \tag{2.130}$$

z 与场景平面正交，单位矢量 z 由下式确定：

$$\begin{aligned} z_1 &= r_{i32}\Delta Y - r_{i22}\Delta Z \\ z_2 &= r_{i12}\Delta Z - r_{i32}\Delta X \\ z_3 &= r_{i22}\Delta X - r_{i12}\Delta Y \end{aligned} \tag{2.131}$$

$$z = \frac{V \times y_i}{|V \times y_i|} = \frac{1}{\sqrt{z_1^2 + z_2^2 + z_3^2}} \begin{pmatrix} z_1 \\ z_2 \\ z_3 \end{pmatrix} \tag{2.132}$$

x，y，z 坐标系满足右手法则，x 由 y 和 z 的矢量积确定：

$$x = y \times z$$

$$= \frac{1}{\sqrt{z_1^2 + z_2^2 + z_3^2}} \begin{pmatrix} r_{i22}^2 \Delta X + r_{i32}^2 \Delta X - r_{i12} r_{i22} \Delta Y - r_{i12} r_{i32} \Delta Z \\ r_{i12}^2 \Delta Y + r_{i32}^2 \Delta Y - r_{i12} r_{i22} \Delta X - r_{i22} r_{i32} \Delta Z \\ r_{i12}^2 \Delta Z + r_{i22}^2 \Delta Z - r_{i12} r_{i32} \Delta X - r_{i22} r_{i32} \Delta Y \end{pmatrix} \tag{2.133}$$

3）场景尺度（s）

沿扫描线方向的尺度参数 s 可以通过推扫相机的光轴与平均高程面相交，根据共线条件方程计算得到：

$$\begin{pmatrix} X - X_{0i} \\ Y - Y_{0i} \\ \bar{Z} - Z_{0i} \end{pmatrix} = \frac{1}{s} \boldsymbol{R}_i \begin{pmatrix} 0 \\ 0 \\ -f \end{pmatrix} \tag{2.134}$$

由式（2.134）中第三式可计算得到尺度参数 s：

$$s = r_{i33} \frac{f}{Z_{0i} - \bar{Z}} \tag{2.135}$$

式中，$\bar{Z}$ 表示平均高程；场景中第 i 个扫描线的摄站坐标为 $(X_{0i}，Y_{0i}，Z_{0i})$，Z_{0i} 表示第 i 个扫描线摄站 Z 坐标；$Z_{0i} - \bar{Z}$ 表示平均高程面上的航高；f 表示相机主距。

需要指出，场景坐标系的原点位于场景的中央，因此扫描线 i 表示中央扫描线的 ID。

4）场景平移量（Δx，Δy）

利用式（2.107）计算场景坐标系的平移量。具体方法是将场景中央的扫描线坐标系原点设置为场景坐标系的原点，即将场景中央扫描线的摄站坐标 $(X_{0i}，Y_{0i}，Z_{0i})$ 代入式（2.107）替换 $(X，Y，Z)$，并设场景坐标 x 和 y 为零。式（2.107）被改写如下：

$$\begin{pmatrix} 0 \\ 0 \\ 0 \end{pmatrix} = s \cdot \lambda \cdot \boldsymbol{R}^{\mathrm{T}} \cdot \begin{pmatrix} L \\ M \\ N \end{pmatrix} + s \cdot \boldsymbol{R}^{\mathrm{T}} \cdot \begin{pmatrix} X_{0i} \\ Y_{0i} \\ Z_{0i} \end{pmatrix} + \begin{pmatrix} \Delta x \\ \Delta y \\ 0 \end{pmatrix} \tag{2.136}$$

将式（2.136）展开：

$$0 = s \cdot \lambda (r_{11} L + r_{21} M + r_{31} N) + s(r_{11} X_{0i} + r_{21} Y_{0i} + r_{31} Z_{0i}) + \Delta x$$

$$0 = s \cdot \lambda (r_{12} L + r_{22} M + r_{32} N) + s(r_{12} X_{0i} + r_{22} Y_{0i} + r_{32} Z_{0i}) + \Delta y \tag{2.137}$$

$$0 = s \cdot \lambda (r_{13} L + r_{23} M + r_{33} N) + s(r_{13} X_{0i} + r_{23} Y_{0i} + r_{33} Z_{0i}) + 0$$

式(2.137)中，Δx，Δy，λ 为未知数，由第三式计算 λ：

$$\lambda = -\frac{r_{13}X_{0i} + r_{23}Y_{0i} + r_{33}Z_{0i}}{r_{13}L + r_{23}M + r_{33}N} \tag{2.138}$$

将 λ 代入式(2.137)前两个式子，计算 Δx，Δy：

$$\Delta x = s(r_{13}U - r_{11})X_{0i} + s(r_{23}U - r_{21})Y_{0i} + s(r_{33}U - r_{31})Z_{0i}$$
$$\Delta y = s(r_{13}V - r_{12})X_{0i} + s(r_{23}V - r_{22})Y_{0i} + s(r_{33}V - r_{32})Z_{0i} \tag{2.139}$$

式(2.139)中，U、V 同式(2.110)。

◎ 思考题

1. 什么是瞬时像平面坐标系？

2. 如何定义卫星轨道坐标系？轨道坐标系的作用是什么？

3. 如何定义卫星本体坐标系？本体坐标系的作用是什么？

4. 写出卫星本体坐标系到地心直角坐标系的坐标变换的主要过程。

5. 如何定义天球坐标系？天球坐标系的作用是什么？了解天球坐标系的两种形式。

6. 行星旋转参数定义及作用是什么？写出行星体固坐标系与 J2000 惯性坐标系的转换关系式。

7. 理解 CCD 线阵推扫相机成像原理。卫星 CCD 线阵推扫相机成像特点有哪些？

8. 卫星线阵相机立体影像获取的方式是什么？各有什么特点？

9. 如何建立卫星 CCD 传感器姿态数据模型和轨道数据模型？

10. 写出 CCD 传感器线性姿轨模型(12 参数)。

11. 基于共线方程的严格成像模型有什么优缺点？

12. 理解线阵影像反投影原理。反投影变换的主要方法有哪些？

13. 理解卫星 CCD 线阵推扫传感器影像光束法平差的基本原理。

14. 如何理解中心投影与平行投影的关系？

15. 为什么平行投影的仿射变换模型可以等效替代严格成像模型？其数学依据是什么？

16. 简述建立高分辨率光学卫星仿射变换成像模型的原理。仿射变换成像模型有什么特点？

17. 如何实现中心投影向平行投影的转换？（平坦地区、地形起伏地区）

18. 仿射变换模型参数有哪些？如何计算仿射变换模型参数？需要哪些已知条件？

19. 理解非线性平行投影模型的建立过程。了解非线性平行投影模型的作用。

20. 非线性平行投影模型参数有哪些？如何计算非线性平行投影模型参数？

第3章 光学卫星有理函数模型

传感器成像几何模型是摄影测量立体影像几何定位的基础，反映像方空间的像点与物方空间的目标点坐标之间的关系，包括像方到物方、物方到像方两个基本的坐标变换。传统摄影测量中，考虑影像变形的物理因素，地形起伏、大气折光、光学畸变、卫星位置姿态参数等，传感器模型与传感器物理、几何特性紧密相关，反映真实的物理成像关系，定向参数有严格的物理意义。

通用传感器模型不考虑传感器成像的物理意义，直接采用一般的数学函数式如多项式、直接线性变换，及有理多项式等形式描述地面点与相应像点之间的几何关系。选择通用传感器模型基于如下几个理由：①传感器的成像几何不同。主要有单线阵 CCD 绕卫星运动方向侧摆成像（SPOT）；单镜头三线阵 CCD 传感器（CE-1）或多镜头三线阵 CCD 相机（ZY-3、MOMS）获取立体影像；相机绕任意轴转动，获取感兴趣区域影像的敏捷成像方式（IKONOS）。②高分辨率 CCD 传感器具有高轨道、长焦距、窄视场角的特点，传感器严格模型会导致解算是模型参数的强相关。③高分辨率商业遥感卫星，传感器成像参数、轨道参数等信息保密、不公开。通用传感器模型与具体的传感器物理成像几何无关，能够满足传感器成像方式的多样性的需求。

1999 年，Space Imaging 公司的 IKONOS-2 卫星由"雅典娜 2 号"运载火箭在范德堡空军基地发射成功，成为世界上首颗分辨率优于 1m 的商业遥感卫星。Space Imaging 公司最早将 RFM 模型应用于 IKONOS 卫星取代 IKONOS 传感器物理模型，将 RPCs（The Rational Polynomial Coefficients）参数（系数）作为影像元数据的一部分提供给用户，用户无须知道传感器的物理信息即可进行摄影测量数据的处理，推动了有理函数模型的广泛研究与应用。

本章的主要内容包括有理函数模型的定义、单张影像的 RFM 解算、RFM 控制方案、RFM 立体定位算法、PRC 模型的区域网平差等。

3.1 有理函数模型

通用传感器模型中，像方与物方空间的映射关系采用一般的数学函数进行描述，无须提供传感器成像的物理模型信息。有理函数模型作为通用传感器模型已被广泛应用于现代卫星摄影测量。

3.1.1 有理函数模型定义

有理函数模型(Rational Function Model，RFM，一般指通用的有理函数模型；或 Rational Polynomial Camera model，RPC，一般指三阶的有理函数模型)将像素坐标(r, c)表示为以相应的地面点坐标(X, Y, Z)为自变量的多项式比值，如式(3.1)所示。

$$r_n = \frac{p_1(X_n, Y_n, Z_n)}{p_2(X_n, Y_n, Z_n)}$$

$$c_n = \frac{p_3(X_n, Y_n, Z_n)}{p_4(X_n, Y_n, Z_n)}$$

(3.1)

式中，(r_n, c_n)、(X_n, Y_n, Z_n)分别表示像素坐标(r, c)和地面点坐标(X, Y, Z)经坐标平移和缩放后的归一化坐标，取值范围为$(-1.0, +1.0)$，如式(3.2)、式(3.3)所示。

$$r_n = \frac{r - r_0}{r_S}$$

$$c_n = \frac{c - c_0}{c_S}$$

(3.2)

$$X_n = \frac{X - X_0}{X_S}$$

$$Y_n = \frac{Y - Y_0}{Y_S}$$

$$Z_n = \frac{Z - Z_0}{Z_S}$$

(3.3)

由式(3.1)可得到式(3.4)：

$$r = r_S \cdot \frac{p_1(X_n, Y_n, Z_n)}{p_2(X_n, Y_n, Z_n)} + r_0$$

$$c = c_n \cdot \frac{p_3(X_n, Y_n, Z_n)}{p_4(X_n, Y_n, Z_n)} + c_0$$

(3.4)

式中，$(X_0, Y_0, Z_0, r_0, c_0)$表示标准化平移参数；$(X_S, Y_S, Z_S, r_S, c_S)$表示标准化比例参数。设影像覆盖范围有$m$个对应点，则标准化参数计算如下：

$$X_0 = \frac{\sum X}{m}$$

$$Y_0 = \frac{\sum Y}{m} \tag{3.5}$$

$$Z_0 = \frac{\sum Z}{m}$$

$$X_S = \max(\,|\,X_{\max} - X_0\,|,\ \ |\,X_{\min} - X_0\,|\,)$$

$$Y_S = \max(\,|\,Y_{\max} - Y_0\,|,\ \ |\,Y_{\min} - Y_0\,|\,) \tag{3.6}$$

$$Z_S = \max(\,|\,Z_{\max} - Z_0\,|,\ \ |\,Z_{\min} - Z_0\,|\,)$$

$$r_0 = \frac{\sum r}{m}$$

$$c_0 = \frac{\sum c}{m} \tag{3.7}$$

$$r_S = \max(\,|\,r_{\max} - r_0\,|,\ \ |\,r_{\min} - r_0\,|\,)$$

$$c_S = \max(\,|\,c_{\max} - c_0\,|,\ \ |\,c_{\min} - c_0\,|\,) \tag{3.8}$$

经标准化处理后，可使模型解算时最小化计算误差，提高数值稳定性。

式(3.1)中，$p_i (i = 1,\ 2,\ 3,\ 4)$ 表示多项式，形式如式(3.9)所示。

$$
\begin{aligned}
p &= \sum_{i=0}^{m_1} \sum_{j=0}^{m_2} \sum_{k=0}^{m_3} a_{ijk} X^i Y^j Z^k \\
&= a_0 + a_1 Z + a_2 Y + a_3 X + \\
&\quad a_4 ZY + a_5 ZX + a_6 YX + a_7 Z^2 + a_8 Y^2 + a_9 X^2 + \\
&\quad a_{10} ZYX + a_{11} Z^2 Y + a_{12} Z^2 X + a_{13} Y^2 Z + a_{14} Y^2 X + \\
&\quad a_{15} ZX^2 + a_{16} YX^2 + a_{17} Z^3 + a_{18} Y^3 + a_{19} X^3
\end{aligned} \tag{3.9}
$$

其中，$a_i (i = 0,\ 1,\ \cdots,\ 19)$ 表示多项式系数；多项式中每一项的阶数最大不超过 3 阶，即 $(i + j + k) \leqslant 3$。

式(3.1)中，分母项 p_2、p_4 分两种情况：$p_2 = p_4$ 时，可以是同一个多项式或取常量 1；$p_2 \neq p_4$ 时，分母项分别为两个多项式。在一般情况下，式(3.1)可表示为如下形式：

$$
r = \frac{(1 \quad Z \quad Y \quad X \quad \cdots \quad Y^3 \quad X^3) \cdot (a_0 \quad a_1 \quad \cdots \quad a_{19})^{\mathrm{T}}}{(1 \quad Z \quad Y \quad X \quad \cdots \quad Y^3 \quad X^3) \cdot (1 \quad b_1 \quad \cdots \quad b_{19})^{\mathrm{T}}}
$$

$$
c = \frac{(1 \quad Z \quad Y \quad X \quad \cdots \quad Y^3 \quad X^3) \cdot (c_0 \quad c_1 \quad \cdots \quad c_{19})^{\mathrm{T}}}{(1 \quad Z \quad Y \quad X \quad \cdots \quad Y^3 \quad X^3) \cdot (1 \quad d_1 \quad \cdots \quad d_{19})^{\mathrm{T}}} \tag{3.10}
$$

式(3.10)中,78个多项式系数$(a_0, a_1, \cdots, a_{19})$,$(b_1, \cdots, b_{19})$,$(c_0, c_1, \cdots, c_{19})$,$(d_1, \cdots, d_{19})$称为有理函数系数(Rational Function Coefficients, RFCs)。Space Imaging公司称包含RFCs的文件为RPC(Rapid Positioning Capability, Rational Polynomial Coefficient或Rational Polynomial Camera)文件。Space Imaging公司的78参数RPC文件的实例如下:

//标准化参数

LINE_OFF:+000837.00 pixels

SAMP_OFF:+002522.00 pixels

LAT_OFF:+32.72160000 degrees

LONG_OFF:−117.13360000 degrees

HEIGHT_OFF:+0036.000 meters

LINE_SCALE:+001685.00 pixels

SAMP_SCALE:+006977.00 pixels

LAT_SCALE:+00.01580000 degrees

LONG_SCALE:+000.07560000 degrees

HEIGHT_SCALE:+0223.000 meters

//RFM中,p_1多项式系数(r方程的分子项)

LINE_NUM_COEFF_1:−1.588273187168747E−03

LINE_NUM_COEFF_2:+5.273442922847430E−03

LINE_NUM_COEFF_3:−1.039471585754687E+00

LINE_NUM_COEFF_4:+3.278750158187576E−02

LINE_NUM_COEFF_5:+3.819023852537197E−03

LINE_NUM_COEFF_6:−3.062242258534135E−04

LINE_NUM_COEFF_7:+1.016708448592868E−03

LINE_NUM_COEFF_8:−1.519320441933986E−03

LINE_NUM_COEFF_9:−3.612426572564104E−03

LINE_NUM_COEFF_10:−2.713314744641432E−05

LINE_NUM_COEFF_11:−3.844429079613772E−07

LINE_NUM_COEFF_12:+5.490675196309467E−06

LINE_NUM_COEFF_13:−6.127861611892880E−07

LINE_NUM_COEFF_14:+2.085306461525447E−07

LINE_NUM_COEFF_15:−6.623162087361485E−06

LINE_NUM_COEFF_16:+5.271774026766927E−07

LINE_NUM_COEFF_17:−4.072380660143696E−07

LINE_NUM_COEFF_18：-1.934767492781006E-06

LINE_NUM_COEFF_19：+1.603596435651687E-06

LINE_NUM_COEFF_20：+1.012610843369034E-08

//RFM 中，p_2 多项式系数（ r 方程的分母项）

LINE_DEN_COEFF_1：+1.000000000000000E+00

LINE_DEN_COEFF_2：-3.655190714441351E-03

LINE_DEN_COEFF_3：+3.474000280845426E-03

LINE_DEN_COEFF_4：-8.255867665146053E-04

LINE_DEN_COEFF_5：+5.955337235871303E-07

LINE_DEN_COEFF_6：-7.244374322541640E-07

LINE_DEN_COEFF_7：-1.469358773188682E-06

LINE_DEN_COEFF_8：+9.931009859767469E-07

LINE_DEN_COEFF_9：-5.120184942070404E-07

LINE_DEN_COEFF_10：+3.186282778954671E-07

LINE_DEN_COEFF_11：+1.006512429991662E-09

LINE_DEN_COEFF_12：+5.216938511999072E-10

LINE_DEN_COEFF_13：-3.079089867419753E-11

LINE_DEN_COEFF_14：+7.014745453606158E-10

LINE_DEN_COEFF_15：-1.655464540877657E-10

LINE_DEN_COEFF_16：+7.577283314762810E-12

LINE_DEN_COEFF_17：+8.186293117525426E-11

LINE_DEN_COEFF_18：-3.843238268371085E-09

LINE_DEN_COEFF_19：-7.120098816429483E-10

LINE_DEN_COEFF_20：-4.667900821953144E-11

//RFM 中，p_3 多项式系数（c 方程的分子项）

SAMP_NUM_COEFF_1：-4.272087630292432E-04

SAMP_NUM_COEFF_2：+1.015454171520059E+00

SAMP_NUM_COEFF_3：+3.112818499705718E-04

SAMP_NUM_COEFF_4：-1.482897949491769E-02

SAMP_NUM_COEFF_5：+3.347479667838854E-03

SAMP_NUM_COEFF_6：-3.964401557886391E-04

SAMP_NUM_COEFF_7：-7.275516050532589E-05

SAMP_NUM_COEFF_8：-3.712349391208635E-03

SAMP_NUM_COEFF_9：+1.155826251122812E-06

SAMP_NUM_COEFF_10：+7.837889964719293E-06

SAMP_NUM_COEFF_11：+5.158266587781041E-08

SAMP_NUM_COEFF_12：+1.134916423335523E-06

SAMP_NUM_COEFF_13：-1.180724898778092E-06

SAMP_NUM_COEFF_14：+1.571364570957428E-07

SAMP_NUM_COEFF_15：+1.257980872107064E-06

SAMP_NUM_COEFF_16：+9.254447679242796E-11

SAMP_NUM_COEFF_17：+1.683936930262706E-08

SAMP_NUM_COEFF_18：-2.290938507616404E-06

SAMP_NUM_COEFF_19：-6.143141662630225E-08

SAMP_NUM_COEFF_20：-2.549690347190002E-09

//RFM 中，p_4 多项式系数（c 方程的分母项）

SAMP_DEN_COEFF_1：+1.000000000000000E+00

SAMP_DEN_COEFF_2：-3.655190714441351E-03

SAMP_DEN_COEFF_3：+3.474000280845426E-03

SAMP_DEN_COEFF_4：-8.255867665146053E-04

SAMP_DEN_COEFF_5：+5.955337235871303E-07

SAMP_DEN_COEFF_6：-7.244374322541640E-07

SAMP_DEN_COEFF_7：-1.469358773188682E-06

SAMP_DEN_COEFF_8：+9.931009859767469E-07

SAMP_DEN_COEFF_9：-5.120184942070404E-07

SAMP_DEN_COEFF_10：+3.186282778954671E-07

SAMP_DEN_COEFF_11：+1.006512429991662E-09

SAMP_DEN_COEFF_12：+5.216938511999072E-10

SAMP_DEN_COEFF_13：-3.079089867419753E-11

SAMP_DEN_COEFF_14：+7.014745453606158E-10

SAMP_DEN_COEFF_15：-1.655464540877657E-10

SAMP_DEN_COEFF_16：+7.577283314762810E-12

SAMP_DEN_COEFF_17：+8.186293117525426E-11

SAMP_DEN_COEFF_18：-3.843238268371085E-09

SAMP_DEN_COEFF_19：-7.120098816429483E-10

SAMP_DEN_COEFF_20：-4.667900821953144E-11

此外，研究表明，RFM 中，光学投影引起的畸变可用一次项来描述；地球曲率、大气折光和镜头畸变等改正可用二次项来近似表示；一些具有高阶分量的未知误差如相机振颤等可用三次项来表示。

式(3.1)称为 RFM 的正解形式。其反解形式表示如下：

$$X_n = \frac{p_5(r_n,\ c_n,\ Z_n)}{p_6(r_n,\ c_n,\ Z_n)}$$

$$Y_n = \frac{p_7(r_n,\ c_n,\ Z_n)}{p_8(r_n,\ c_n,\ Z_n)}$$

$$(3.11)$$

式中，多项式 $p_i(i = 5,\ 6,\ 7,\ 8)$ 形式如下：

$$
\begin{aligned}
p_i(r,\ c,\ Z) = &\ a_0 + a_1 Z + a_2 c + a_3 r + a_4 Z c + a_5 Z r + a_6 cr + a_7 Z^2 + a_8 c^2 + a_9 r^2 + \\
&\ a_{10} Zcr + a_{11} Z^2 c + a_{12} Z^2 r + a_{13} c^2 Z + a_{14} c^2 r + a_{15} Z r^2 + a_{16} cr^2 + a_{17} Z^3 + \\
&\ a_{18} c^3 + a_{19} r^3
\end{aligned}
$$

$$(3.12)$$

式中，$a_i(i = 0,\ 1,\ \cdots,\ 19)$ 为有理函数系数。

与共线条件方程不同，RFM 模型中，无论正解形式(式(3.1))还是反解形式(式(3.11))，只能提供物方到像方或像方到物方之中的某一个方向的变换，其反变换需要对正变换模型线性化，通过给定的初始值的迭代过程完成。

3.1.2 通用传感器模型

式(3.13)为经典的共线条件方程，反映框幅式相机在曝光瞬间投影中心、影像像点与相应地面点之间的物理成像几何关系，且需提供相机的内外方位元素等物理参数。

$$x = -f\frac{a_1(X - X_S) + b_1(Y - Y_S) + c_1(Z - Z_S)}{a_3(X - X_S) + b_3(Y - Y_S) + c_3(Z - Z_S)}$$

$$y = -f\frac{a_2(X - X_S) + b_2(Y - Y_S) + c_2(Z - Z_S)}{a_3(X - X_S) + b_3(Y - Y_S) + c_3(Z - Z_S)}$$

$$(3.13)$$

将式(3.13)进一步推导变形，得到 DLT 变换公式：

$$x = \frac{L_0 X + L_1 Y + L_2 Z + L_3}{L_8 X + L_9 Y + L_{10} Z + 1}$$

$$y = \frac{L_4 X + L_5 Y + L_6 Z + L_7}{L_8 X + L_9 Y + L_{10} Z + 1}$$

$$(3.14)$$

图 3.1 所示为单线阵 CCD 传感器焦平面。单线阵 CCD 传感器成像模型如式(3.15)所示。

$$0 = -f\frac{a_1(X - X_{S_i}) + b_1(Y - Y_{S_i}) + c_1(Z - Z_{S_i})}{a_3(X - X_{S_i}) + b_3(Y - Y_{S_i}) + c_3(Z - Z_{S_i})}$$

$$y_i = -f\frac{a_2(X - X_{S_i}) + b_2(Y - Y_{S_i}) + c_2(Z - Z_{S_i})}{a_3(X - X_{S_i}) + b_3(Y - Y_{S_i}) + c_3(Z - Z_{S_i})}$$

$$(3.15)$$

线阵 CCD 推扫成像过程，每一扫描行影像的外方位元素随时间变化而变化。假定外

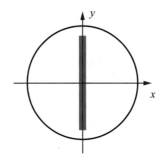

图 3.1　单线阵 CCD 传感器焦平面

方位元素随时间线性变化,如式(3.16)、式(3.17)所示,符号含义同式(2.68)。

$$
\begin{aligned}
X_{S_i} &= X_{S_0} + \dot{X}_S \cdot \bar{x} \\
Y_{S_i} &= Y_{S_0} + \dot{Y}_S \cdot \bar{x} \\
Z_{S_i} &= Z_{S_0} + \dot{Z}_S \cdot \bar{x}
\end{aligned}
\tag{3.16}
$$

$$
\begin{aligned}
\varphi_i &= \varphi_0 + \dot{\varphi} \cdot \bar{x} \\
\omega_i &= \omega_0 + \dot{\omega} \cdot \bar{x} \\
\kappa_i &= \kappa_0 + \dot{\kappa} \cdot \bar{x}
\end{aligned}
\tag{3.17}
$$

将式(3.16)、式(3.17)代入式(3.15),整理得到:

$$
\begin{aligned}
x &= L_0 X + L_1 Y + L_2 Z + L_3 \\
y &= \frac{L_4 X + L_5 Y + L_6 Z + 1}{L_7 X + L_8 Y + L_9 Z + L_{10}}
\end{aligned}
\tag{3.18}
$$

分析比较式(3.1)、式(3.13)及式(3.18),可以发现 RFM 的雏形。当式(3.1)中 $p_2 = p_4 = 1$ 时,式(3.1)即为一般的多项式模型。RFM 为与具体的传感器成像几何无关的通用传感器模型,从这个意义上讲,RFM 本质是一般多项式模型的扩展,是传感器模型的广义表达形式。

如图 3.2 所示,利用 RPCs 参数,RFM 模型可以将物方坐标映射为对应的像方坐标。

研究表明,RFM 解算精度与传感器严格模型定位精度相当,可以替代严格几何模型完成摄影测量处理工作,同时由于 RPCs 参数不包含传感器的物理信息,能够有效地实现对传感器成像信息的隐藏。

RFM 与物理传感器模型存在本质差别,物理传感器模型对于每一个地面点及其相应像点理论上严格满足共线条件方程,而 RFM 的函数关系理论上只有 GCP 上是较严格的,

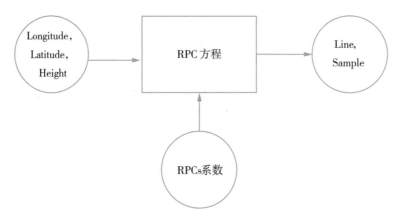

图 3.2　RFM 通用传感器模型

其余点则是近似的,有理函数曲面是利用 GCP 通过最小二乘法进行拟合的。因此,RFM 模型的解算精度与地面控制点的精度、分布和数量及影像覆盖范围密切相关。

与严格几何模型相比,RFM 模型具有以下特点:

(1)一般性。RFM 是与传感器几何无关的通用模型,适合框幅式相机、线阵推扫式相机、SAR 成像等多种传感器影像建模,无须使用如卫星轨道星历、传感器姿态角及其物理特性等成像几何参数。

(2)保密性。有理函数模型各多项式系数(Rational Polynomial Coefficients,RPC)无明确的物理意义,能够很好地隐藏传感器的核心信息。

(3)高效性。RFM 替代传感器严格模型,计算速度快,便于实时处理。

(4)RFM 具有独立性。适应于任意物方坐标系,地心、地理或任意地图投影坐标系。

(5)RFM 缺点。不稳定性,高阶 RFM 参数过度化;精度局限性,地形无关方案的 RFM 解算精度依赖传感器严格模型的精度;地形相关方案的 RFM 解算精度则与控制点的数量、分布相关。

3.2　单片 RFM 解算

与摄影测量严格模型的单张像片空间后方交会一样,通用传感器模型也存在单张像片空间后方交会的问题,也就是根据一定数量分布均匀的地面控制点,利用最小二乘法解算有理函数模型的系数。

为简便起见,将式(3.1)中的下标 n 省去,将式(3.1)写为式(3.19)。RFM 为非线性函数,利用最小二乘法解算 RFCs,需要将式(3.19)进行线性化处理。

$$r = \frac{p_1(X,\ Y,\ Z)}{p_2(X,\ Y,\ Z)}$$

$$c = \frac{p_3(X,\ Y,\ Z)}{p_4(X,\ Y,\ Z)} \tag{3.19}$$

将式(3.19)中等号左边的图像坐标 r 和 c 移至等号右边，得到下列式子：

$$0 = \frac{\left(1\ \ Z\ \ Y\ \ X\ \cdots\ Y^3\ \ X^3\right) \cdot \left(a_0\ \ a_1\ \cdots\ a_{19}\right)^{\mathrm{T}} - r\left(1\ \ Z\ \ Y\ \ X\ \cdots\ Y^3\ \ X^3\right) \cdot \left(1\ \ b_1\ \cdots\ b_{19}\right)^{\mathrm{T}}}{\left(1\ \ Z\ \ Y\ \ X\ \cdots\ Y^3\ \ X^3\right) \cdot \left(1\ \ b_1\ \cdots\ b_{19}\right)^{\mathrm{T}}}$$

$$0 = \frac{\left(1\ \ Z\ \ Y\ \ X\ \cdots\ Y^3\ \ X^3\right) \cdot \left(c_0\ \ c_1\ \cdots\ c_{19}\right)^{\mathrm{T}} - c\left(1\ \ Z\ \ Y\ \ X\ \cdots\ Y^3\ \ X^3\right) \cdot \left(1\ \ d_1\ \cdots\ d_{19}\right)^{\mathrm{T}}}{\left(1\ \ Z\ \ Y\ \ X\ \cdots\ Y^3\ \ X^3\right) \cdot \left(1\ \ d_1\ \cdots\ d_{19}\right)^{\mathrm{T}}}$$

$$\tag{3.20}$$

由式(3.20)可得到单片 RFM 解算的误差方程，见式(3.21)：

$$\boldsymbol{v}_r = \left(\frac{1}{B}\ \ \frac{Z}{B}\ \ \frac{Y}{B}\ \ \frac{X}{B}\ \cdots\ \frac{Y^3}{B}\ \ \frac{X^3}{B}\ \ \frac{-rZ}{B}\ \ \frac{-rY}{B}\ \cdots\ \frac{-rY^3}{B}\ \ \frac{-rX^3}{B}\right) \cdot \boldsymbol{J} - \frac{r}{\boldsymbol{B}}$$

$$\boldsymbol{v}_c = \left(\frac{1}{D}\ \ \frac{Z}{D}\ \ \frac{Y}{D}\ \ \frac{X}{D}\ \cdots\ \frac{Y^3}{D}\ \ \frac{X^3}{D}\ \ \frac{-cZ}{D}\ \ \frac{-cY}{D}\ \cdots\ \frac{-cY^3}{D}\ \ \frac{-cX^3}{D}\right) \cdot \boldsymbol{K} - \frac{c}{\boldsymbol{D}}$$

$$\tag{3.21}$$

式中，

$$B = \left(1\ \ Z\ \ Y\ \ X\ \cdots\ Y^3\ \ X^3\right) \cdot \left(1\ \ b_1\ \cdots\ b_{19}\right)^{\mathrm{T}}$$

$$D = \left(1\ \ Z\ \ Y\ \ X\ \cdots\ Y^3\ \ X^3\right) \cdot \left(1\ \ d_1\ \cdots\ d_{19}\right)^{\mathrm{T}}$$

$$J = \left(a_0\ \ a_1\ \cdots\ a_{19}\ \ b_1\ \ b_2\ \cdots\ b_{19}\right)^{\mathrm{T}}$$

$$K = \left(c_0\ \ c_1\ \cdots\ c_{19}\ \ d_1\ \ d_2\ \cdots\ d_{19}\right)^{\mathrm{T}}$$

假定有 n 个地面控制点及对应像点，以 r 方程为例，可得如下 n 个误差方程式：

$$\begin{pmatrix} v_{r1} \\ v_{r2} \\ \vdots \\ v_{rn} \end{pmatrix} = \begin{pmatrix} \dfrac{1}{B_1} & 0 & \cdots & 0 \\ 0 & \dfrac{1}{B_2} & 0 & \vdots \\ \vdots & 0 & \ddots & 0 \\ 0 & \cdots & 0 & \dfrac{1}{B_n} \end{pmatrix} \cdot \begin{pmatrix} 1 & Z_1 & \cdots & X_1^3 & -r_1 Z_1 & \cdots & -r_1 X_1^3 \\ 1 & Z_2 & \cdots & X_2^3 & -r_2 Z_2 & \cdots & -r_2 X_2^3 \\ \vdots & \vdots & & \vdots & \vdots & \ddots & \vdots \\ 1 & Z_n & \cdots & X_n^3 & -r_n Z_n & \cdots & -r_n X_n^3 \end{pmatrix} \cdot \boldsymbol{J} - $$

$$\begin{pmatrix} \dfrac{1}{B_1} & 0 & \cdots & 0 \\[2mm] 0 & \dfrac{1}{B_2} & 0 & \vdots \\[2mm] \vdots & 0 & \ddots & 0 \\[2mm] 0 & \cdots & 0 & \dfrac{1}{B_n} \end{pmatrix} \cdot \begin{pmatrix} r_1 \\ r_2 \\ \vdots \\ r_n \end{pmatrix} \tag{3.22}$$

将式(3.22)写成矩阵形式:

$$\boldsymbol{V}_r = \boldsymbol{W}_r \boldsymbol{M} \boldsymbol{J} - \boldsymbol{W}_r \boldsymbol{R} \tag{3.23}$$

式中,
$$\boldsymbol{M} = \begin{pmatrix} 1 & Z_1 & \cdots & X_1^3 & -r_1 Z_1 & \cdots & -r_1 X_1^3 \\ 1 & Z_2 & \cdots & X_2^3 & -r_2 Z_2 & \cdots & -r_2 X_2^3 \\ \vdots & \vdots & & \vdots & \vdots & \ddots & \vdots \\ 1 & Z_n & \cdots & X_n^3 & -r_n Z_n & \cdots & -r_n X_n^3 \end{pmatrix},$$

$$\boldsymbol{W}_r = \begin{pmatrix} \dfrac{1}{B_1} & 0 & \cdots & 0 \\[2mm] 0 & \dfrac{1}{B_2} & 0 & \vdots \\[2mm] \vdots & 0 & \ddots & 0 \\[2mm] 0 & \cdots & 0 & \dfrac{1}{B_n} \end{pmatrix}, \quad \boldsymbol{R} = \begin{pmatrix} r_1 \\ r_2 \\ \vdots \\ r_n \end{pmatrix}$$

根据最小二乘法,由式(3.23)得到平差解算的法方程式:

$$\boldsymbol{M}^\mathrm{T} \boldsymbol{W}_r^2 \boldsymbol{M} \cdot \boldsymbol{J} = \boldsymbol{M}^\mathrm{T} \boldsymbol{W}_r^2 \boldsymbol{R} \tag{3.24}$$

$$\boldsymbol{J} = (\boldsymbol{M}^\mathrm{T} \boldsymbol{W}_r^2 \boldsymbol{M})^{-1} \boldsymbol{M}^\mathrm{T} \boldsymbol{W}_r^2 \boldsymbol{R} \tag{3.25}$$

也可以采用另一种方法进行解算。将式(3.22)改写为如下形式:

$$\begin{pmatrix} B_1 v_{r1} \\ B_2 v_{r2} \\ \vdots \\ B_n v_{rn} \end{pmatrix} = \begin{pmatrix} 1 & Z_1 & \cdots & X_1^3 & -r_1 Z_1 & \cdots & -r_1 X_1^3 \\ 1 & Z_2 & \cdots & X_2^3 & -r_2 Z_2 & \cdots & -r_2 X_2^3 \\ \vdots & \vdots & & \vdots & \vdots & \ddots & \vdots \\ 1 & Z_n & \cdots & X_n^3 & -r_n Z_n & \cdots & -r_n X_n^3 \end{pmatrix} \cdot \boldsymbol{J} - \begin{pmatrix} r_1 \\ r_2 \\ \vdots \\ r_n \end{pmatrix} \tag{3.26}$$

写成矩阵形式：

$$V_r = MJ - R \qquad (3.27)$$

式中，

$$M = \begin{pmatrix} 1 & Z_1 & \cdots & X_1^3 & -r_1 Z_1 & \cdots & -r_1 X_1^3 \\ 1 & Z_2 & \cdots & X_2^3 & -r_2 Z_2 & \cdots & -r_2 X_2^3 \\ \vdots & \vdots & & \vdots & \vdots & \ddots & \vdots \\ 1 & Z_n & \cdots & X_n^3 & -r_n Z_n & \cdots & -r_n X_n^3 \end{pmatrix}, \quad R = \begin{pmatrix} r_1 \\ r_2 \\ \vdots \\ r_n \end{pmatrix}$$

$$W_r = \begin{pmatrix} \dfrac{1}{B_1} & 0 & \cdots & 0 \\ 0 & \dfrac{1}{B_2} & 0 & \vdots \\ \vdots & 0 & \ddots & 0 \\ 0 & \cdots & 0 & \dfrac{1}{B_n} \end{pmatrix}$$

法方程式为：

$$M^{\mathrm{T}} W_r M \cdot J = M^{\mathrm{T}} W_r R \qquad (3.28)$$

该方法实际上是将图像坐标作为带权 W_r 的观测值进行最小二乘解算。首先，W_r 取单位矩阵，解算 J 作为初值，然后迭代计算。类似的方法可以针对 c 方程进行解算。还可以对式(3.19)中行、列方程同时解算。同时解算的误差方程为：

$$\begin{bmatrix} V_r \\ \hline V_c \end{bmatrix} = \begin{bmatrix} W_r & 0 \\ \hline 0 & W_c \end{bmatrix} \cdot \begin{bmatrix} M & 0 \\ \hline 0 & N \end{bmatrix} \cdot \begin{bmatrix} J \\ \hline K \end{bmatrix} - \begin{bmatrix} W_r & 0 \\ \hline 0 & W_c \end{bmatrix} \cdot \begin{bmatrix} R \\ \hline C \end{bmatrix} \qquad (3.29)$$

或

$$\begin{bmatrix} V_r \\ \hline V_c \end{bmatrix} = \begin{bmatrix} M & 0 \\ \hline 0 & N \end{bmatrix} \cdot \begin{bmatrix} J \\ \hline K \end{bmatrix} - \begin{bmatrix} R \\ \hline C \end{bmatrix} \qquad (3.30)$$

$$V = T \cdot \Delta - G \qquad (3.31)$$

法方程为：

$$T^{\mathrm{T}} W T \cdot \Delta = T^{\mathrm{T}} W G \qquad (3.32)$$

$$W = \begin{bmatrix} W_r & 0 \\ \hline 0 & W_c \end{bmatrix} \qquad (3.33)$$

行、列方程整体解算时，与解算式(3.26)的方法类似。先取 W 为单位矩阵，解算 Δ 作为初值，然后由式(3.30)迭代计算，直至未知数的改正数小于规定限差为止。

3.3　RFM 控制方案

RFM 的解算可以在已知传感器严格物理模型的条件下进行，也可以在传感器物理模型未知的条件下进行。因此，RFM 的解算有地形无关和地形相关两种解决方案。当传感器严格模型已知时采用与地形无关的 RFM 解算方案；反之，则采用与地形相关的解决方案，该方案必须提供大量的实际地面控制点。

3.3.1　地形无关的解算方案

用与地形无关(Terrain-Independent)的方案实现有理函数模型对传感器严格模型的高精度拟合，替代传感器严格模型完成摄影测量数据处理。该方案的基本思想是首先在原始影像上划分均匀格网，在相应的物方空间选取不同的高程平面，然后利用传感器严格模型将格网点投影到物方空间不同的高程平面上，在物方空间建立一组虚拟的三维目标格网点，最后将这些目标格网点作为控制点进行单片 RFM 解算获取 RFCs。需要指出，格网点坐标通过给定不同的高程平面以及影像平面坐标，根据传感器严格模型计算得到；高程平面之间的间隔依据地形的起伏状况选取，不需要实际的地形信息，如图 3.3 所示。该方案解算的主要过程如下：

(1)获取格网点(虚拟控制点)。

① 在整幅影像上均匀划分 $m \times n$ 个格网。影像上共有 $(m + 1) \times (n + 1)$ 个均匀分布的像点。

② 将影像覆盖区域的高程范围 (h_{min}, h_{max}) 均匀分为 k 层。每层具有相同的高程 Z、$(m + 1) \times (n + 1)$ 个均匀分布的格网点，则共有 $(m + 1) \times (n + 1) \times k$ 个格网点(为避免病态，$k > 3$)。

③ 利用传感器严格物理模型计算全部格网点的物方坐标 $(x, y + Z \Rightarrow X, Y)$。

(2) 检查点获取。

① 在整幅影像覆盖的地面区域上均匀划分 $m \times n$ 个格网。整幅影像覆盖的地面区域有 $(m + 1) \times (n + 1)$ 个均匀分布的地面格网点。

② 根据上述地面点的平面坐标，利用高精度 DEM 内插格网点高程 Z。

③ 利用严格物理模型，根据每个检查点的地面坐标计算像点坐标 (x, y)。影像上共计 $(m + 1) \times (n + 1)$ 个格网点。

(3)RFM 拟合，计算 RFCs。

利用获取的层状控制格网点按 3.2 节方法解算 RFCs。

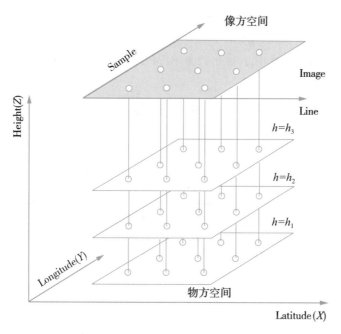

图 3.3　RPC 控制格网

（4）精度检查。

利用上述解算的 RFCs 系数，计算格网检查点的地面坐标或相应像点的影像坐标。通过比较计算的格网点坐标与已知的格网点坐标获取精度。

3.3.2　地形相关的解算方案

如果没有传感器严格模型参数，要计算 RFCs，必须已知真实地面控制点。解算的结果取决于实际地形起伏及控制点的数量与分布，这种方法与地形相关。当传感器模型难以建立、精度要求不高时，该方法应用广泛。高阶的 RFM 需要较多控制点，若控制点不足，可考虑使用二阶 RFM。

3.4　RFM 立体交会算法

针对带有 RPCs 参数的同轨或异轨立体影像对，与严格模型的立体像对前方交会类似，当 RFM 模型建立后，在立体影像对上量测同名像点的坐标，同样可以通过计算的方式进行立体交会计算地面点三维坐标。由于 RFM"立体交会"没有实际的光线交会在地面点上，因此，RFM 立体交会通常也称为"3D 重建"。

如图 3.4 所示，在立体影像对的左、右影像上，量测一对同名点 $a_1(L_1, S_1)$ 和

$a_2(L_2,\ S_2)$，立体像对左、右影像物方与像方的几何关系，利用左、右影像的 RPCs 参数建立 RFM 模型进行描述，然后利用最小二乘方法立体交会计算地面点坐标 $A(\phi,\ \lambda,\ h)$。立体交会可以采用 RFM 正解形式，也可以是 RFM 反解形式；RFM 立体交会可以针对立体像对，也可以是多片交会。

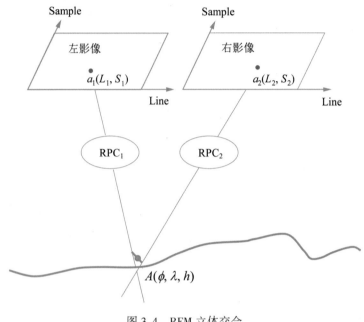

图 3.4　RFM 立体交会

3.4.1　RFM 正解立体交会算法

RFM 正解形式反映传感器的成像过程，描述物方到像方的坐标变换，如下式所示：

$$
\begin{aligned}
r_n &= \frac{p_1(X_n,\ Y_n,\ Z_n)}{p_2(X_n,\ Y_n,\ Z_n)} \\
c_n &= \frac{p_3(X_n,\ Y_n,\ Z_n)}{p_4(X_n,\ Y_n,\ Z_n)}
\end{aligned}
\tag{3.34}
$$

式中，各符号含义同式(3.1)。且

$$
\begin{array}{ll}
r_n = \dfrac{r - r_0}{r_S} & X_n = \dfrac{X - X_0}{X_S} \\[2mm]
& Y_n = \dfrac{Y - Y_0}{Y_S} \\[2mm]
c_n = \dfrac{c - c_0}{c_S}, & \\[2mm]
& Z_n = \dfrac{Z - Z_0}{Z_S}
\end{array}
$$

由式(3.34)可得到下式:

$$r = r_S \frac{p_1(X_n, Y_n, Z_n)}{p_2(X_n, Y_n, Z_n)} + r_0$$

$$c = c_S \frac{p_3(X_n, Y_n, Z_n)}{p_4(X_n, Y_n, Z_n)} + c_0$$

(3.35)

对式(3.35)进行线性化,按照泰勒公式展开,保留未知数一次项:

$$r \approx r^0 + \frac{\partial r}{\partial X}\Delta X + \frac{\partial r}{\partial Y}\Delta Y + \frac{\partial r}{\partial Z}\Delta Z$$

$$c \approx c^0 + \frac{\partial c}{\partial X}\Delta X + \frac{\partial c}{\partial Y}\Delta Y + \frac{\partial c}{\partial Z}\Delta Z$$

(3.36)

式中,r^0,c^0 表示地面坐标未知数近似值代入式(3.35)计算得到的影像坐标。由式(3.36)得到误差方程:

$$v_r = \begin{pmatrix} \dfrac{\partial r}{\partial Z} & \dfrac{\partial r}{\partial Y} & \dfrac{\partial r}{\partial X} \end{pmatrix} \begin{pmatrix} \Delta Z \\ \Delta Y \\ \Delta X \end{pmatrix} - (r - r^0)$$

$$v_c = \begin{pmatrix} \dfrac{\partial c}{\partial Z} & \dfrac{\partial c}{\partial Y} & \dfrac{\partial c}{\partial X} \end{pmatrix} \begin{pmatrix} \Delta Z \\ \Delta Y \\ \Delta X \end{pmatrix} - (c - c^0)$$

(3.37)

令

$$F = \frac{p_1(X_n, Y_n, Z_n)}{p_2(X_n, Y_n, Z_n)}$$

$$G = \frac{p_3(X_n, Y_n, Z_n)}{p_4(X_n, Y_n, Z_n)}$$

(3.38)

由式(3.35)可得:

$$r = r_S \cdot F(X_n, Y_n, Z_n) + r_0$$

$$c = c_S \cdot G(X_n, Y_n, Z_n) + c_0$$

(3.39)

下面推导误差方程的各个偏导数:

$$\frac{\partial r}{\partial X} = r_S \cdot \frac{\partial F}{\partial X}$$

$$= r_S \cdot \frac{\partial F}{\partial X_n} \cdot \frac{\partial X_n}{\partial X}$$

$$= \frac{r_S}{X_S} \cdot \frac{\partial F}{\partial X_n}$$

$$= \frac{r_S}{X_S} \cdot \frac{\dfrac{\partial p_1}{\partial X_n} \cdot p_2 - \dfrac{\partial p_2}{\partial X_n} \cdot p_1}{p_2 \cdot p_2} \tag{3.40}$$

类似的方法可得其余偏导数:

$$\frac{\partial r}{\partial Y} = \frac{r_S}{Y_S} \cdot \frac{\dfrac{\partial p_1}{\partial Y_n} \cdot p_2 - \dfrac{\partial p_2}{\partial Y_n} \cdot p_1}{p_2 \cdot p_2} \tag{3.41}$$

$$\frac{\partial r}{\partial Z} = \frac{r_S}{Z_S} \cdot \frac{\dfrac{\partial p_1}{\partial Z_n} \cdot p_2 - \dfrac{\partial p_2}{\partial Z_n} \cdot p_1}{p_2 \cdot p_2} \tag{3.42}$$

$$\frac{\partial c}{\partial X} = \frac{c_S}{X_S} \cdot \frac{\dfrac{\partial p_3}{\partial X_n} \cdot p_4 - \dfrac{\partial p_4}{\partial X_n} \cdot p_3}{p_4 \cdot p_4} \tag{3.43}$$

$$\frac{\partial c}{\partial Y} = \frac{c_S}{Y_S} \cdot \frac{\dfrac{\partial p_3}{\partial Y_n} \cdot p_4 - \dfrac{\partial p_4}{\partial Y_n} \cdot p_3}{p_4 \cdot p_4} \tag{3.44}$$

$$\frac{\partial c}{\partial Z} = \frac{c_S}{Z_S} \cdot \frac{\dfrac{\partial p_3}{\partial Z_n} \cdot p_4 - \dfrac{\partial p_4}{\partial Z_n} \cdot p_3}{p_4 \cdot p_4} \tag{3.45}$$

上述各偏导数中, $\dfrac{\partial p_i}{\partial X_n}$、$\dfrac{\partial p_i}{\partial Y_n}$、$\dfrac{\partial p_i}{\partial Z_n}(i = 1,2,3,4)$ 由下式计算。

$$\begin{aligned} p &= \sum_{i=0}^{m_1} \sum_{j=0}^{m_2} \sum_{k=0}^{m_3} a_{ijk} X^i Y^j Z^k \\ &= a_0 + a_1 Z + a_2 Y + a_3 X + \\ &\quad a_4 ZY + a_5 ZX + a_6 YX + a_7 Z^2 + a_8 Y^2 + a_9 X^2 + \\ &\quad a_{10} ZYX + a_{11} Z^2 Y + a_{12} Z^2 X + a_{13} Y^2 Z + a_{14} Y^2 X + \\ &\quad a_{15} ZX^2 + a_{16} YX^2 + a_{17} Z^3 + a_{18} Y^3 + a_{19} X^3 \end{aligned} \tag{3.46}$$

左、右影像上量测一对同名点 (r_l, c_l) 和 (r_r, c_r) ,列出 4 个误差方程:

$$\begin{pmatrix} v_{rl} \\ v_{rr} \\ v_{cl} \\ v_{cr} \end{pmatrix} = \begin{pmatrix} \dfrac{\partial r_l}{\partial Z} & \dfrac{\partial r_l}{\partial Y} & \dfrac{\partial r_l}{\partial X} \\[2mm] \dfrac{\partial r_r}{\partial Z} & \dfrac{\partial r_r}{\partial Y} & \dfrac{\partial r_r}{\partial X} \\[2mm] \dfrac{\partial c_l}{\partial Z} & \dfrac{\partial c_l}{\partial Y} & \dfrac{\partial c_l}{\partial X} \\[2mm] \dfrac{\partial c_r}{\partial Z} & \dfrac{\partial c_r}{\partial Y} & \dfrac{\partial c_r}{\partial X} \end{pmatrix} \cdot \begin{pmatrix} \Delta Z \\ \Delta Y \\ \Delta X \end{pmatrix} - \begin{pmatrix} r_l - r_l^0 \\ r_r - r_r^0 \\ c_l - c_l^0 \\ c_r - c_r^0 \end{pmatrix} \tag{3.47}$$

$$V = A\Delta - l$$

最小二乘解为:

$$\Delta = (A^{\mathrm{T}}A)^{-1}A^{\mathrm{T}}l$$

由于 RFM 正解算法模型为非线性模型,因此最小二乘解算过程必须迭代进行。关于地面点坐标未知数的初始值问题,可以按照以下两种方法确定。

(1)利用左、右影像 RFM 标准化平移参数计算$(X^{(0)}, Y^{(0)}, Z^{(0)})$。

将左、右影像对应的 RFM 标准化平移参数取平均值作为地面坐标未知数初始值。

$$X^{(0)} = \frac{X_{0l} + X_{0r}}{2}, \ Y^{(0)} = \frac{Y_{0l} + Y_{0r}}{2}, \ Z^{(0)} = \frac{Z_{0l} + Z_{0r}}{2} \tag{3.48}$$

(2)利用 RFM 的一次项求解$(X^{(0)}, Y^{(0)}, Z^{(0)})$。

RFM 一次项形式如下:

$$r_n = \frac{a_0 + a_1 Z_n + a_2 Y_n + a_3 X_n}{1 + b_1 Z_n + b_2 Y_n + b_3 X_n}$$
$$c_n = \frac{c_0 + c_1 Z_n + c_2 Y_n + c_3 X_n}{1 + d_1 Z_n + d_2 Y_n + d_3 X_n} \tag{3.49}$$

将 $r_n = \dfrac{r - r_0}{r_S}$ 代入式(3.49)的第一式中,

$$r = r_S \cdot \frac{a_0 + a_1 Z_n + a_2 Y_n + a_3 X_n}{1 + b_1 Z_n + b_2 Y_n + b_3 X_n} + r_0 \tag{3.50}$$

根据式(3.50)得到如下误差方程式:

$$v_r = \frac{r_S a_1 + r_0 b_1 - r b_1}{Z_S}Z + \frac{r_S a_2 + r_0 b_2 - r b_2}{Y_S}Y + \frac{r_S a_3 + r_0 b_3 - r b_3}{X_S}X -$$
$$\frac{r_S a_1 + r_0 b_1 - r b_1}{Z_S}Z_0 - \frac{r_S a_2 + r_0 b_2 - r b_2}{Y_S}Y_0 - \frac{r_S a_3 + r_0 b_3 - r b_3}{X_S}X_0 -$$
$$(r - r_0 - r_S a_0) \tag{3.51}$$

矩阵形式为：

$$v_r = \begin{pmatrix} m_1 & m_2 & m_3 \end{pmatrix} \begin{pmatrix} Z \\ Y \\ X \end{pmatrix} - s \tag{3.52}$$

同样的方法，式(3.49)第二式的误差方程式可写为：

$$v_c = \begin{pmatrix} n_1 & n_2 & n_3 \end{pmatrix} \begin{pmatrix} Z \\ Y \\ X \end{pmatrix} - t \tag{3.53}$$

量测一对同名点(r_l, c_l)和(r_r, c_r)，由式(3.52)、式(3.53)列出 4 个误差方程：

$$\begin{pmatrix} v_{r_l} \\ v_{r_r} \\ v_{c_l} \\ v_{c_r} \end{pmatrix} = \begin{pmatrix} m_1^l & m_2^l & m_3^l \\ m_1^r & m_2^r & m_3^r \\ n_1^l & n_2^l & n_3^l \\ n_1^r & n_2^r & n_3^r \end{pmatrix} \begin{pmatrix} Z \\ Y \\ X \end{pmatrix} - \begin{pmatrix} s_l \\ s_r \\ t_l \\ t_r \end{pmatrix} \tag{3.54}$$

$$\boldsymbol{V} = \boldsymbol{A}^{(0)}\boldsymbol{\Delta}^{(0)} - \boldsymbol{l}^{(0)}$$

$$\boldsymbol{\Delta}^{(0)} = \begin{pmatrix} Z^{(0)} & Y^{(0)} & X^{(0)} \end{pmatrix} = (\boldsymbol{A}^{(0)\,\mathrm{T}}\boldsymbol{A}^{(0)})^{-1}\boldsymbol{A}^{(0)\,\mathrm{T}}\boldsymbol{l}^{(0)}$$

给定同名点(r_l, c_l)和(r_r, c_r)坐标，RFM 正解算法步骤概括如下：

（1）计算地面点坐标初始值。

按照式(3.48)或式(3.49)计算地面点坐标初始值$(X^{(0)}, Y^{(0)}, Z^{(0)})$，根据左、右影像的标准化参数将地面点坐标初始值分别转化为左、右影像的标准化坐标：

$$(X_n^{l\,(0)}, Y_n^{l\,(0)}, Z_n^{l\,(0)}) \text{ 和 } (X_n^{r\,(0)}, Y_n^{r\,(0)}, Z_n^{r\,(0)})$$

（2）建立误差方程式。

分别利用$(X_n^{l\,(i)}, Y_n^{l\,(i)}, Z_n^{l\,(i)})$和$(X_n^{r\,(i)}, Y_n^{r\,(i)}, Z_n^{r\,(i)})$ $(i = 0, 1, 2, \cdots)$计算式(3.37)中的偏导数及常数项，组成误差方程式(3.47)，矩阵表示如下：

$$\boldsymbol{V} = \boldsymbol{A}^{(i)}\boldsymbol{\Delta}^{(i)} - \boldsymbol{l}^{(i)}$$

（3）法化、解算。

对误差方程式(3.47)进行法化、计算坐标未知数的改正数：

$$\boldsymbol{\Delta}^{(i)} = \begin{pmatrix} \Delta Z^{(i)} & \Delta Y^{(i)} & \Delta X^{(i)} \end{pmatrix} = (\boldsymbol{A}^{(i)\,\mathrm{T}}\boldsymbol{A}^{(i)})^{-1}\boldsymbol{A}^{(i)\,\mathrm{T}}\boldsymbol{l}^{(i)}$$

（4）更新坐标未知数。

$$X^{(i+1)} = X^{(i)} + \Delta X^{(i)}$$
$$Y^{(i+1)} = Y^{(i)} + \Delta Y^{(i)}$$
$$Z^{(i+1)} = Z^{(i)} + \Delta Z^{(i)}$$

计算左、右影像的标准化坐标：

$$(X_n^{l\,(i+1)},\ Y_n^{l\,(i+1)},\ Z_n^{l\,(i+1)})\ 和(X_n^{r\,(i+1)},\ Y_n^{r\,(i+1)},\ Z_n^{r\,(i+1)})$$

(5) 迭代过程判断。

若未知数的改正数 $\Delta X^{(i)}$、$\Delta Y^{(i)}$、$\Delta Z^{(i)}$ 大于规定阈值，则令 $i=i+1$，返回步骤(2)继续迭代计算；否则，结束迭代过程，地面点坐标未知为 $X^{(i+1)}$，$Y^{(i+1)}$，$Z^{(i+1)}$。

3.4.2　RFM 反解立体交会算法

RFM 反解形式描述像方到物方的坐标变换，实际反映了根据像点坐标计算物方点三维坐标的测量过程。RFM 反解形式如式(3.55)所示，其中，各符号表示含义同式(3.11)。

$$
\begin{aligned}
X_n &= \frac{p_5(r_n,\ c_n,\ Z_n)}{p_6(r_n,\ c_n,\ Z_n)}\\[2mm]
Y_n &= \frac{p_7(r_n,\ c_n,\ Z_n)}{p_8(r_n,\ c_n,\ Z_n)}
\end{aligned}
\tag{3.55}
$$

式(3.55)中，立体像对左、右影像的 RFCs 系数计算后，量测一对同名点坐标，地面点三维坐标可以通过迭代计算完成。下面推导 RFM 反解立体交会算法。

将式(3.3)代入式(3.55)，得到下式：

$$
\begin{aligned}
X &= X_S \cdot \frac{p_5(r_n,\ c_n,\ Z_n)}{p_6(r_n,\ c_n,\ Z_n)} + X_0\\[2mm]
Y &= Y_S \cdot \frac{p_7(r_n,\ c_n,\ Z_n)}{p_8(r_n,\ c_n,\ Z_n)} + Y_0
\end{aligned}
\tag{3.56}
$$

令 $F(r,\ c,\ Z) = \dfrac{p_5(r_n,\ c_n,\ Z_n)}{p_6(r_n,\ c_n,\ Z_n)}$，$G(r,\ c,\ Z) = \dfrac{p_7(r_n,\ c_n,\ Z_n)}{p_8(r_n,\ c_n,\ Z_n)}$，则上式可表示如下：

$$
\begin{aligned}
X &= X_S \cdot F(r_n,\ c_n,\ Z_n) + X_0\\[1mm]
Y &= Y_S \cdot G(r_n,\ c_n,\ Z_n) + Y_0
\end{aligned}
\tag{3.57}
$$

给定地面点高程近似值 $Z^{(0)}$，对上式按照泰勒公式展开至未知数 Z 一次项，得到平面坐标与高程 Z 坐标的线性关系式：

$$
\begin{aligned}
X &\approx X^0 + \frac{\partial X}{\partial Z} \cdot \Delta Z \approx X^0 + \frac{X_S}{Z_S} \cdot \frac{\partial F}{\partial Z_n} \cdot \Delta Z\\[2mm]
Y &\approx Y^0 + \frac{\partial Y}{\partial Z} \cdot \Delta Z \approx Y^0 + \frac{Y_S}{Z_S} \cdot \frac{\partial G}{\partial Z_n} \cdot \Delta Z
\end{aligned}
\tag{3.58}
$$

式中，X^0、Y^0 表示用高程近似值 $Z^{(0)}$ 代入式(3.56)计算的平面坐标近似值，即

$$
\begin{aligned}
X^0 &= X_S \cdot F(r,c,Z^{(0)}) + X_0\\[1mm]
Y^0 &= Y_S \cdot G(r,c,Z^{(0)}) + Y_0
\end{aligned}
$$

上式中,偏导数推导如下:

$$\frac{\partial F}{\partial Z_n} = \frac{\dfrac{\partial p_5}{\partial Z_n} \cdot p_6 - \dfrac{\partial p_6}{\partial Z_n} \cdot p_5}{p_6 \cdot p_6}, \quad \frac{\partial G}{\partial Z_n} = \frac{\dfrac{\partial p_7}{\partial Z_n} \cdot p_8 - \dfrac{\partial p_8}{\partial Z_n} \cdot p_7}{p_8 \cdot p_8}$$

式中,多项式 $p_i(i = 5,6,7,8)$ 的偏导数形式如下:

$$\frac{\partial p}{\partial Z} = a_1 + a_4 c + a_5 r + 2a_7 Z + a_{10} cr + 2a_{11} Zc + 2a_{12} Zr + a_{13} c^2 + a_{15} r^2 + 2a_{17} Z^2$$

给定立体影像像对中的一对同名点坐标 (r_l,c_l) 和 (r_r,c_r),以及相应地面点高程近似值 $Z^{(0)}$,有如下关系:

$$\begin{aligned} X &\approx X_l^0 + \frac{X_{Sl}}{Z_{Sl}} \cdot \frac{\partial F_l}{\partial Z_n} \cdot \Delta Z \\[2mm] Y &\approx Y_l^0 + \frac{Y_{Sl}}{Z_{Sl}} \cdot \frac{\partial G_l}{\partial Z_n} \cdot \Delta Z \end{aligned} \tag{3.59}$$

$$\begin{aligned} X &\approx X_r^0 + \frac{X_{Sr}}{Z_{Sr}} \cdot \frac{\partial F_r}{\partial Z_n} \cdot \Delta Z \\[2mm] Y &\approx Y_r^0 + \frac{Y_{Sr}}{Z_{Sr}} \cdot \frac{\partial G_r}{\partial Z_n} \cdot \Delta Z \end{aligned} \tag{3.60}$$

同一地面点的平面坐标应相等,式(3.59)、式(3.60)相减得到关于地面点高程 Z 的误差方程:

$$\begin{aligned} v_X &= \left(\frac{X_{Sr}}{Z_{Sr}} \cdot \frac{\partial F_r}{\partial Z_n} - \frac{X_{Sl}}{Z_{Sl}} \cdot \frac{\partial F_l}{\partial Z_n} \right) \cdot \Delta Z - (X_l^0 - X_r^0) \\[2mm] v_Y &= \left(\frac{Y_{Sr}}{Z_{Sr}} \cdot \frac{\partial G_r}{\partial Z_n} - \frac{Y_{Sl}}{Z_{Sl}} \cdot \frac{\partial G_l}{\partial Z_n} \right) \cdot \Delta Z - (Y_l^0 - Y_r^0) \end{aligned} \tag{3.61}$$

按照间接法最小二乘平差解算式(3.61)。

给定同名点 $(r_l,\ c_l)$ 和 $(r_r,\ c_r)$ 坐标,RFM 反解算法步骤概括如下:

(1) 提供地面点高程坐标初始值。

高程初始值 $Z^{(0)}$ 一般取立体覆盖区域的平均高程。计算 $Z^{(0)}$ 对应的左、右影像的标准化坐标 $Z_n^{l\,(0)}$ 和 $Z_n^{r\,(0)}$。

(2) 建立误差方程式。

分别利用 $Z_n^{l\,(i)}$ 和 $Z_n^{r\,(i)}(i = 0,\ 1,\ 2,\ \cdots)$ 计算式(3.61)中的偏导数及常数项,组成误差方程式矩阵,表示如下:

$$\boldsymbol{V} = \boldsymbol{A}^{(i)} \Delta Z^{(i)} - \boldsymbol{l}^{(i)} \tag{3.62}$$

(3) 法化、解算。

对误差方程式(3.62)进行法化，计算高程坐标未知数的改正数：

$$\Delta Z^{(i)} = (A^{(i)\mathrm{T}}A^{(i)})^{-1}A^{(i)\mathrm{T}}l^{(i)}$$

(4) 更新坐标未知数。

$$Z^{(i+1)} = Z^{(i)} + \Delta Z^{(i)}$$

计算左、右影像的标准化坐标：$Z_n^{l\,(i+1)}$ 和 $Z_n^{r\,(i+1)}$。

(5) 迭代过程判断。

若未知数的改正数 $\Delta Z^{(i)}$ 大于规定阈值，则令 $i = i + 1$，返回步骤(2)继续迭代计算；否则，结束迭代过程，地面点坐标未知数为 $Z^{(i+1)}$，将 $Z_n^{l\,(i+1)}$ 和 $Z_n^{r\,(i+1)}$ 及同名点坐标 (r_l, c_l) 和 (r_r, c_r) 分别代入式(3.56)，计算 X、Y 坐标并取平均值即可。

3.4.3 RFM 单片定位算法

RFM 单片定位的基本思想是在给定地面点 Z 坐标的情况下，将正解形式的 RFM 模型用泰勒公式展开至关于坐标 X 和 Y 的一次项，线性方程组解算地面点坐标 X 和 Y；然后根据 X 和 Y 坐标及 DEM 内插计算坐标 Z，多次迭代直至算法收敛。

式(3.63) 为 RFM 正解形式，将其改写为式(3.64)：

$$
r_n = \frac{p_1(X_n,\ Y_n,\ Z_n)}{p_2(X_n,\ Y_n,\ Z_n)}
$$
$$
c_n = \frac{p_3(X_n,\ Y_n,\ Z_n)}{p_4(X_n,\ Y_n,\ Z_n)}
\tag{3.63}
$$

$$
r = r_S \frac{p_1(X_n,\ Y_n,\ Z_n)}{p_2(X_n,\ Y_n,\ Z_n)} + r_0
$$
$$
c = c_S \frac{p_3(X_n,\ Y_n,\ Z_n)}{p_4(X_n,\ Y_n,\ Z_n)} + c_0
\tag{3.64}
$$

式(3.64) 按照泰勒公式展开至关于坐标 X 和 Y 的一次项：

$$
r \approx r^0 + \frac{\partial r}{\partial X}\Delta X + \frac{\partial r}{\partial Y}\Delta Y
$$
$$
c \approx c^0 + \frac{\partial c}{\partial X}\Delta X + \frac{\partial c}{\partial Y}\Delta Y
\tag{3.65}
$$

$$
\begin{pmatrix} \dfrac{\partial r}{\partial Y} & \dfrac{\partial r}{\partial X} \\[2ex] \dfrac{\partial c}{\partial Y} & \dfrac{\partial c}{\partial X} \end{pmatrix}
\begin{pmatrix} \Delta Y \\ \Delta X \end{pmatrix}
=
\begin{pmatrix} r - r^0 \\ c - c^0 \end{pmatrix}
\tag{3.66}
$$

式(3.65) 中，偏导数 $\dfrac{\partial r}{\partial X}$、$\dfrac{\partial r}{\partial Y}$、$\dfrac{\partial c}{\partial X}$、$\dfrac{\partial c}{\partial Y}$ 的计算参见式(3.40)、式(3.41)、式(3.43)、

式(3.44)。

RFM 单片定位算法步骤概括如下：

(1) 确定地面点 X、Y 坐标初始值。

假定有近似线性关系 $\dfrac{X - X_0}{r - r_0} = \dfrac{X_S}{r_S}$，$\dfrac{Y - Y_0}{c - c_0} = \dfrac{Y_S}{c_S}$，则取地面点坐标初始值为：

$$X^{(0)} = X_0 + \frac{X_S}{r_S} \cdot (r - r_0)\,,\quad Y^{(0)} = Y_0 + \frac{Y_S}{c_S} \cdot (c - c_0)$$

(2) 计算地面点 Z 坐标的近似值。

如图 3.5 所示，利用地面点坐标初始值 $X^{(i)}$ 和 $Y^{(i)}$，以及 DEM 内插地面点 $Z^{(i)}(i = 0,\ 1,\ 2,\ \cdots)$，得到地面点 $P_i(X^{(i)},\ Y^{(i)},\ Z^{(i)})$。

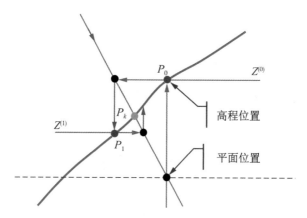

图 3.5　DEM 循环内插高程 Z

(3) 根据计算的地面点 $Z^{(i)}$ 解方程组(3.66)，计算地面点坐标改正数 $\Delta X^{(i)}$、$\Delta Y^{(i)}$，则本次计算的地面点坐标为：
$$X^{(i+1)} = X^{(i)} + \Delta X^{(i)}$$
$$Y^{(i+1)} = Y^{(i)} + \Delta Y^{(i)}$$

(4) 给定阈值 ρ，当 $|P_i P_{i+1}| > \rho$ 时，$i = i + 1$，返回步骤(2)继续迭代计算；否则，结束循环，地面点坐标为 $P_i(X^{(i)},\ Y^{(i)},\ Z^{(i)})$。

3.5　RPC 模型的区域网平差

1999 年 9 月 24 日，Space Imaging 的 IKONOS 卫星的成功发射开启了商业高分辨率卫星影像的新时代。出于技术或保密等方面原因，IKONOS 卫星数据不提供轨道参数、原始影像和严格模型，仅提供用户处理 IKONOS 影像的有理多项式模型(RPC)，且影像已做不同程度几何纠正。目前，RPC 模型(RFM 模型)是高分辨率影像几何定位的通用传感器模型。

RPC 模型根据传感器物理模型采用与地形无关的解算方案推导而来。由于卫星影像收集的动态特性，高分辨率卫星影像的每个扫描行影像的外方位元素与时间相关，卫星影像的成像模型、摄影测量数据处理，要比传统的航空框幅式相机影像复杂许多。传感器物理模型中包含的各种误差导致 RPC 模型通常含有较大的系统误差，直接影响影像的定位精度。这些误差主要包括：①内定向参数误差，主要是相机焦平面 CCD 像元排列、尺寸大小、主点、主距、物镜畸变等误差；②外定向参数误差，星载 GPS、恒星相机、陀螺仪等辅助设备测定的传感器位置、姿态等存在一定的系统误差，直接利用卫星星历生成的 RPC 模型通常含有较大的系统误差。

在地面控制点的支持下，补偿 RPC 模型系统误差有两种方法：①利用控制点直接更新 RPCs 参数；②引入误差改正模型。利用控制点对 RPC 模型的物方或像方坐标进行系统误差补偿，确定改正参数。利用控制点直接更新 RPCs 参数的方案是将控制点纳入解算 RPC 的三维虚拟物方格网中，重新拟合 RPC 模型，通常严格模型难以获取，因此该方案不可行。研究及实验表明，RPC 模型行之有效的补偿方案是通过 RPC 模型的扩展、引入改正模型，利用少量控制点即可有效补偿系统误差，提高定位精度。

3.5.1　物方补偿方案

将 RPC 模型定位误差视为模型物方坐标系与地面控制点坐标系不一致引起的。这种坐标系之间的不一致性可以利用少量控制点，通过坐标系的旋转、缩放以及平移，实现三维空间相似变换进行补偿。

$$
\begin{pmatrix} X \\ Y \\ Z \end{pmatrix}_{GCP} = \lambda \cdot M \cdot \begin{pmatrix} X \\ Y \\ Z \end{pmatrix}_{RPC} + \begin{pmatrix} X_0 \\ Y_0 \\ Z_0 \end{pmatrix} \tag{3.67}
$$

式中，λ 为缩放系数；M 为两个坐标系之间正交变换(旋转)矩阵；X_0、Y_0、Z_0 为坐标原点平移量。

解算相似变换 7 个独立参数，理论上仅需 2 个平高控制点、1 个高程控制点。通常可利用 3 个平高控制点进行计算。实际中，当只考虑坐标系之间的平移时，$\lambda = 1$，M 取单位阵，仅需 1 个平高控制点即可确定平移参数。

3.5.2　像方补偿方案

RFM 有理函数模型定义如下：

$$Y = g(\varphi, \lambda, h) = \frac{\mathrm{Num}_L(P, L, H)}{\mathrm{Den}_L(P, L, H)} = \frac{\boldsymbol{c}^{\mathrm{T}}\boldsymbol{u}}{\boldsymbol{d}^{\mathrm{T}}\boldsymbol{u}}$$

$$X = h(\varphi, \lambda, h) = \frac{\mathrm{Num}_S(P, L, H)}{\mathrm{Den}_S(P, L, H)} = \frac{\boldsymbol{e}^{\mathrm{T}}\boldsymbol{u}}{\boldsymbol{f}^{\mathrm{T}}\boldsymbol{u}}$$

(3.68)

式中，(φ, λ, h) 为物方空间坐标(Latitude, Longitude, Height)；(P, L, H) 表示归一化物方坐标，

$$P = \frac{\varphi - \mathrm{LAT\_OFF}}{\mathrm{LAT\_SCALE}}$$

$$L = \frac{\lambda - \mathrm{LONG\_OFF}}{\mathrm{LONG\_SCALE}}$$

$$H = \frac{h - \mathrm{HEIGHT\_OFF}}{\mathrm{HEIGHT\_SCALE}}$$

(3.69)

式中，LAT_OFF、LONG_OFF、HEIGHT_OFF 表示标准化平移参数；

LAT_SCALE、LONG_SCALE、HEIGHT_SCALE 表示标准化尺度参数。

(Y, X) 表示归一化的像方空间坐标(Line, Sample)：

$$\mathrm{Line} = Y \cdot \mathrm{LINE\_SCALE} + \mathrm{LINE\_OFF}$$

$$\mathrm{Sample} = X \cdot \mathrm{SAMPLE\_SCALE} + \mathrm{SAMPLE\_OFF}$$

(3.70)

式中，LINE_OFF、SAMPLE_OFF 表示标准化平移参数；

LINE_SCALE、SAMPLE_SCALE 表示标准化尺度参数。

$$\begin{aligned}
\mathrm{Num}_L(P, L, H) = & \; c_1 + c_2 L + c_3 P + c_4 H + c_5 LP + c_6 LH + c_7 PH + c_8 L^2 + c_9 P^2 + c_{10} H^2 + \\
& \; c_{11} PLH + c_{12} L^3 + c_{13} LP^2 + c_{14} LH^2 + c_{15} L^2 P + c_{16} P^3 + c_{17} PH^2 + c_{18} L^2 H + \\
& \; c_{19} P^2 H + c_{20} H^3 \\
= & \; \boldsymbol{c}^{\mathrm{T}}\boldsymbol{u}
\end{aligned}$$

$$\begin{aligned}
\mathrm{Den}_L(P, L, H) = & \; 1 + d_2 L + d_3 P + d_4 H + d_5 LP + d_6 LH + d_7 PH + d_8 L^2 + d_9 P^2 + d_{10} H^2 + \\
& \; d_{11} PLH + d_{12} L^3 + d_{13} LP^2 + d_{14} LH^2 + d_{15} L^2 P + d_{16} P^3 + d_{17} PH^2 + \\
& \; d_{18} L^2 H + d_{19} P^2 H + d_{20} H^3 \\
= & \; \boldsymbol{d}^{\mathrm{T}}\boldsymbol{u}
\end{aligned}$$

$$\boldsymbol{c} = (c_1 \quad c_2 \quad \cdots \quad c_{20})^{\mathrm{T}}$$

$$\boldsymbol{d} = (1 \quad d_2 \quad \cdots \quad d_{20})^{\mathrm{T}}$$

$$\begin{aligned}
\boldsymbol{u} = (& 1 \quad L \quad P \quad H \quad LP \quad LH \quad PH \quad L^2 \quad P^2 \quad H^2 \quad PLH \quad L^3 \quad LP^2 \\
& LH^2 \quad L^2 P \quad P^3 \quad PH^2 \quad L^2 H \quad P^2 H \quad H^3)^{\mathrm{T}}
\end{aligned}$$

$$\begin{aligned}
\mathrm{Num}_S(P, L, H) = & \; e_1 + e_2 L + e_3 P + e_4 H + e_5 LP + e_6 LH + e_7 PH + e_8 L^2 + e_9 P^2 + e_{10} H^2 + \\
& \; e_{11} PLH + e_{12} L^3 + e_{13} LP^2 + e_{14} LH^2 + e_{15} L^2 P + e_{16} P^3 + e_{17} PH^2 + e_{18} L^2 H +
\end{aligned}$$

$$e_{19}P^2H + e_{20}H^3$$

$$= \boldsymbol{e}^{\mathrm{T}}\boldsymbol{u}$$

$$\text{Den}_S(P,\ L,\ H) = 1 + f_2L + f_3P + f_4H + f_5LP + f_6LH + f_7PH + f_8L^2 + f_9P^2 + f_{10}H^2 +$$

$$f_{11}PLH + f_{12}L^3 + f_{13}LP^2 + f_{14}LH^2 + f_{15}L^2P + f_{16}P^3 + f_{17}PH^2 + f_{18}L^2H +$$

$$f_{19}P^2H + f_{20}H^3$$

$$= \boldsymbol{f}^{\mathrm{T}}\boldsymbol{u}$$

$$\boldsymbol{e} = (e_1 \quad e_2 \quad \cdots \quad e_{20})^{\mathrm{T}}$$

$$\boldsymbol{f} = (1 \quad f_2 \quad \cdots \quad f_{30})^{\mathrm{T}}$$

由于 RPC 模型存在系统误差，由式(3.70)计算的像点坐标与在影像上量测的像素坐标存在偏差。这种偏差可以用多项式表示：

$$\Delta p = a_0 + a_S \cdot \text{Sample} + a_L \cdot \text{Line} + a_{SL} \cdot \text{Sample} \cdot \text{Line} +$$
$$a_{L2} \cdot \text{Line}^2 + a_{S2} \cdot \text{Sample}^2 + \cdots$$
$$\Delta r = b_0 + b_S \cdot \text{Sample} + b_L \cdot \text{Line} + b_{SL} \cdot \text{Sample} \cdot \text{Line} +$$
$$b_{L2} \cdot \text{Line}^2 + b_{S2} \cdot \text{Sample}^2 + \cdots \tag{3.71}$$

式中，(Line，Sample) 表示量测的像素坐标。

实际应用中，式(3.71) 主要采用以下 4 种像方补偿形式。

（1）仅考虑平移：

$$\begin{cases} \Delta p = a_0 \\ \Delta r = b_0 \end{cases} \tag{3.72}$$

（2）仅考虑 Sample 坐标方向：

$$\begin{cases} \Delta p = a_0 + a_S \cdot \text{Sample} \\ \Delta r = b_0 + b_S \cdot \text{Sample} \end{cases} \tag{3.73}$$

（3）仅考虑 Line 坐标方向：

$$\begin{cases} \Delta p = a_0 + a_L \cdot \text{Line} \\ \Delta r = b_0 + b_L \cdot \text{Line} \end{cases} \tag{3.74}$$

（4）考虑仿射变换：

$$\begin{cases} \Delta p = a_0 + a_S \cdot \text{Sample} + a_L \cdot \text{Line} \\ \Delta r = b_0 + b_S \cdot \text{Sample} + b_L \cdot \text{Line} \end{cases} \tag{3.75}$$

如果采用式(3.72)的平移变换补偿RPC模型的系统误差，需1个平高控制点即可确定平移参数；采用式(3.75)的仿射变换模型，则需要至少 3 个平高控制点。式(3.71) 中，各个参数解算之后，即可对整个影像的像点坐标进行改正，以提高定位精度。

3.5.3　RPC 区域网平差算法

RPC 区域网平差数学模型采用基于像方补偿的方法建立。在区域网中，影像 j 上量测的第 i 个像点的坐标为 $\text{Line}_i^{(j)}$，$\text{Sample}_i^{(j)}$，对应的第 k 个物方空间点的坐标为 $(\varphi_k,\ \lambda_k,\ h_k)$，则 RPC 区域网平差数学模型定义如下：

$$
\begin{aligned}
\text{Line}_i^{(j)} &= \Delta p^j + p^{(j)}(\varphi_k,\ \lambda_k,\ h_k) + v_{L_i}\\
\text{Sample}_i^{(j)} &= \Delta r^j + r^{(j)}(\varphi_k,\ \lambda_k,\ h_k) + v_{S_i}
\end{aligned}
\tag{3.76}
$$

式中，$\text{Line}_i^{(j)}$，$\text{Sample}_i^{(j)}$ 表示在影像 j 上量测的第 i 个像点的坐标；Δp^j，Δr^j 表示在影像 j 上量测的像点坐标与计算的像点坐标之间的偏差；$p^{(j)}(\varphi_k,\ \lambda_k,\ h_k)$，$r^{(j)}(\varphi_k,\ \lambda_k,\ h_k)$ 表示由式 (3.68) 去归一化后的坐标，即计算的像点坐标，如下式：

$$
\begin{aligned}
p(\varphi,\ \lambda,\ h) &= g(\varphi,\ \lambda,\ h) \cdot \text{LINE\_SCALE} + \text{LINE\_OFF}\\
r(\varphi,\ \lambda,\ h) &= h(\varphi,\ \lambda,\ h) \cdot \text{SAMPLE\_SCALE} + \text{SAMPLE\_OFF}
\end{aligned}
\tag{3.77}
$$

v_{L_i}，v_{S_i} 表示观测值随机误差。

下面基于像方空间的仿射变换补偿模型，推导 RPC 区域网平差算法。

对于第 k 个地面点（地面控制点、连接点），第 i 个影像点位于第 j 张影像上，RPC 区域网平差的观测值方程为：

$$
\begin{aligned}
F_{Li} &= -\,\text{Line}_i^{(j)} + \Delta p^{(j)} + p^{(j)}(\varphi_k,\ \lambda_k,\ h_k) + v_{Li} = 0\\
F_{Si} &= -\,\text{Sample}_i^{(j)} + \Delta r^{(j)} + r^{(j)}(\varphi_k,\ \lambda_k,\ h_k) + v_{Si} = 0
\end{aligned}
\tag{3.78}
$$

式中，

$$
\begin{aligned}
\Delta p^{(j)} &= a_0^{(j)} + a_S^{(j)} \cdot \overline{\text{Sample}}_i^{(j)} + a_L^{(j)} \cdot \overline{\text{Line}}_i^{(j)}\\
\Delta r^{(j)} &= b_0^{(j)} + b_S^{(j)} \cdot \overline{\text{Sample}}_i^{(j)} + b_L^{(j)} \cdot \overline{\text{Line}}_i^{(j)}
\end{aligned}
\tag{3.79}
$$

平差的未知数为 $a_0^{(j)}$，$a_S^{(j)}$，$a_L^{(j)}$，$b_0^{(j)}$，$b_S^{(j)}$，$b_L^{(j)} \mid \varphi_k,\ \lambda_k,\ h_k$。平差的观测值为：$\text{Line}_i^{(j)}$，$\text{Sample}_i^{(j)}$；$\overline{\text{Line}}_i^{(j)}$ 和 $\overline{\text{Sample}}_i^{(j)}$ 表示像点坐标真值，实际应用中用像点坐标量测值代替。

观测值方程式 (3.78) 可写为：

$$
\boldsymbol{F}_i = \begin{pmatrix} F_{Li} \\ F_{Si} \end{pmatrix}
\tag{3.80}
$$

平差的观测值方程（式 (3.78)）为非线性方程，应用泰勒级数展开，RPC 区域网观测值方程的线性化模型为：

$$
\boldsymbol{F}_{i_0} + \mathrm{d}\boldsymbol{F}_i + \boldsymbol{v} = 0
\tag{3.81}
$$

或

$$
\boldsymbol{F}_{i_0} = -\,\mathrm{d}\boldsymbol{F}_i - \boldsymbol{v} = -\,\boldsymbol{w}_{Pi}
$$

式中，

$$\boldsymbol{F}_{i_0} = \begin{pmatrix} F_{Li_0} \\ F_{Si_0} \end{pmatrix} = \begin{pmatrix} -\mathrm{Line}_i^{(j)} + a_{0_0}^{(j)} + a_{S_0}^{(j)} \cdot \mathrm{Sample}_i^{(j)} + \\ a_{L_0}^{(j)} \cdot \mathrm{Line}_i^{(j)} + p^{(j)}(\varphi_{k_0},\ \lambda_{k_0},\ h_{k_0}) \\ -\mathrm{Sample}_i^{(j)} + b_{0_0}^{(j)} + b_{S_0}^{(j)} \cdot \mathrm{Sample}_i^{(j)} + \\ b_{L_0}^{(j)} \cdot \mathrm{Line}_i^{(j)} + r^{(j)}(\varphi_{k_0},\ \lambda_{k_0},\ h_{k_0}) \end{pmatrix} = -\boldsymbol{w}_{Pi} \tag{3.82}$$

$$\mathrm{d}\boldsymbol{F}_i = \begin{pmatrix} \mathrm{d}F_{Li} \\ \mathrm{d}F_{Si} \end{pmatrix} = \begin{pmatrix} \dfrac{\partial F_{Li}}{\partial \boldsymbol{x}^{\mathrm{T}}}\Big|_{\boldsymbol{x}_0} \\ \dfrac{\partial F_{Si}}{\partial \boldsymbol{x}^{\mathrm{T}}}\Big|_{\boldsymbol{x}_0} \end{pmatrix} \mathrm{d}\boldsymbol{x} = \begin{pmatrix} \dfrac{\partial F_{Li}}{\partial \boldsymbol{x}_A^{\mathrm{T}}}\Big|_{\boldsymbol{x}_0} & \dfrac{\partial F_{Li}}{\partial \boldsymbol{x}_G^{\mathrm{T}}}\Big|_{\boldsymbol{x}_0} \\ \dfrac{\partial F_{Si}}{\partial \boldsymbol{x}_A^{\mathrm{T}}}\Big|_{\boldsymbol{x}_0} & \dfrac{\partial F_{Si}}{\partial \boldsymbol{x}_G^{\mathrm{T}}}\Big|_{\boldsymbol{x}_0} \end{pmatrix} \begin{pmatrix} \mathrm{d}\boldsymbol{x}_A \\ \mathrm{d}\boldsymbol{x}_G \end{pmatrix} = \begin{pmatrix} A_{Ai} & A_{Gi} \end{pmatrix} \begin{pmatrix} \mathrm{d}\boldsymbol{x}_A \\ \mathrm{d}\boldsymbol{x}_G \end{pmatrix} \tag{3.83}$$

$\boldsymbol{x}_0 = \begin{pmatrix} x_{A_0} \\ x_{G_0} \end{pmatrix}$ 表示平差的模型参数（影像平差参数、地面点坐标）的近似值；

$\mathrm{d}\boldsymbol{x} = \begin{pmatrix} \mathrm{d}\boldsymbol{x}_A \\ \mathrm{d}\boldsymbol{x}_G \end{pmatrix}$ 表示平差的模型参数（影像平差参数、地面点坐标）的改正数；

$\mathrm{d}\boldsymbol{x}_A = \begin{pmatrix} \mathrm{d}a_0^{(1)} & \mathrm{d}a_S^{(1)} & \mathrm{d}a_L^{(1)} & \mathrm{d}b_0^{(1)} & \mathrm{d}b_S^{(1)} & \mathrm{d}b_L^{(1)} & \cdots & \mathrm{d}a_0^{(n)} & \mathrm{d}a_S^{(n)} & \mathrm{d}a_L^{(n)} & \mathrm{d}b_0^{(n)} & \mathrm{d}b_S^{(n)} & \mathrm{d}b_L^{(n)} \end{pmatrix}^{\mathrm{T}}$
表示 n 张影像平差参数的改正数；

$\mathrm{d}\boldsymbol{x}_G = \begin{pmatrix} \mathrm{d}\varphi_1 & \mathrm{d}\lambda_1 & \mathrm{d}h_1 & \cdots & \mathrm{d}\varphi_{m+p} & \mathrm{d}\lambda_{m+p} & \mathrm{d}h_{m+p} \end{pmatrix}^{\mathrm{T}}$ 表示地面点坐标改正数（m 个控制点 $+p$ 个连接点）；

$\boldsymbol{v}$ 表示随机误差。

对于第 k 个地面点（地面控制点、连接点），第 i 个影像点位于第 j 张影像上，根据式（3.78）、式（3.77）及式（3.68），第一式推导如下：

$$A_{Gi}\mathrm{d}\boldsymbol{x}_G = \begin{pmatrix} \dfrac{\partial F_{Li}}{\partial \boldsymbol{x}_G^{\mathrm{T}}}\Big|_{\boldsymbol{x}_0} \\ \dfrac{\partial F_{Si}}{\partial \boldsymbol{x}_G^{\mathrm{T}}}\Big|_{\boldsymbol{x}_0} \end{pmatrix} \mathrm{d}\boldsymbol{x}_G = \begin{pmatrix} 0 \cdots 0 & \dfrac{\partial F_{Li}}{\partial \varphi_k}\Big|_{\boldsymbol{x}_0} & \dfrac{\partial F_{Li}}{\partial \lambda_k}\Big|_{\boldsymbol{x}_0} & \dfrac{\partial F_{Li}}{\partial h_k}\Big|_{\boldsymbol{x}_0} & 0 \cdots 0 \\ 0 \cdots 0 & \dfrac{\partial F_{Si}}{\partial \varphi_k}\Big|_{\boldsymbol{x}_0} & \dfrac{\partial F_{Si}}{\partial \lambda_k}\Big|_{\boldsymbol{x}_0} & \dfrac{\partial F_{Si}}{\partial h_k}\Big|_{\boldsymbol{x}_0} & 0 \cdots 0 \end{pmatrix} \begin{pmatrix} \vdots \\ \mathrm{d}\varphi_k \\ \mathrm{d}\lambda_k \\ \mathrm{d}h_k \\ \vdots \end{pmatrix} \tag{3.84}$$

式中（根据式（3.78）推导），

$$\begin{pmatrix} \dfrac{\partial F_{Li}}{\partial \varphi_k}\Big|_{\boldsymbol{x}_0} & \dfrac{\partial F_{Li}}{\partial \lambda_k}\Big|_{\boldsymbol{x}_0} & \dfrac{\partial F_{Li}}{\partial h_k}\Big|_{\boldsymbol{x}_0} \end{pmatrix} = \begin{pmatrix} \dfrac{\partial p^{(j)}}{\partial \varphi_k}\Big|_{\boldsymbol{x}_0} & \dfrac{\partial p^{(j)}}{\partial \lambda_k}\Big|_{\boldsymbol{x}_0} & \dfrac{\partial p^{(j)}}{\partial h_k}\Big|_{\boldsymbol{x}_0} \end{pmatrix} \tag{3.85}$$

$$\left(\left.\frac{\partial F_{Si}}{\partial \varphi_k}\right|_{\boldsymbol{x}_0} \quad \left.\frac{\partial F_{Si}}{\partial \lambda_k}\right|_{\boldsymbol{x}_0} \quad \left.\frac{\partial F_{Si}}{\partial h_k}\right|_{\boldsymbol{x}_0}\right) = \left(\left.\frac{\partial r^{(j)}}{\partial \varphi_k}\right|_{\boldsymbol{x}_0} \quad \left.\frac{\partial r^{(j)}}{\partial \lambda_k}\right|_{\boldsymbol{x}_0} \quad \left.\frac{\partial r^{(j)}}{\partial h_k}\right|_{\boldsymbol{x}_0}\right) \tag{3.86}$$

式(3.85)中(根据式(3.77)、式(3.68)第一式推导),

$$\left(\frac{\partial p}{\partial \varphi} \quad \frac{\partial p}{\partial \lambda} \quad \frac{\partial p}{\partial h}\right) = \frac{\boldsymbol{c}^{\mathrm{T}}(\boldsymbol{d}^{\mathrm{T}}\boldsymbol{u}) - \boldsymbol{d}^{\mathrm{T}}(\boldsymbol{c}^{\mathrm{T}}\boldsymbol{u})}{(\boldsymbol{d}^{\mathrm{T}}\boldsymbol{u})^2} \cdot \left(\frac{\partial \boldsymbol{u}}{\partial P} \quad \frac{\partial \boldsymbol{u}}{\partial L} \quad \frac{\partial \boldsymbol{u}}{\partial H}\right) \cdot$$

$$\begin{pmatrix} \dfrac{1}{\mathrm{LAT\_SCALE}} & 0 & 0 \\[2mm] 0 & \dfrac{1}{\mathrm{LONG\_SCALE}} & 0 \\[2mm] 0 & 0 & \dfrac{1}{\mathrm{HEIGHT\_SCALE}} \end{pmatrix} \cdot \mathrm{LINE\_SCALE}$$

$$\tag{3.87}$$

式(3.86)中(根据式(3.77)、式(3.68)第二式推导),

$$\left(\frac{\partial r}{\partial \varphi} \quad \frac{\partial r}{\partial \lambda} \quad \frac{\partial r}{\partial h}\right) = \frac{\boldsymbol{e}^{\mathrm{T}}(\boldsymbol{f}^{\mathrm{T}}\boldsymbol{u}) - \boldsymbol{f}^{\mathrm{T}}(\boldsymbol{e}^{\mathrm{T}}\boldsymbol{u})}{(\boldsymbol{f}^{\mathrm{T}}\boldsymbol{u})^2} \cdot \left(\frac{\partial \boldsymbol{u}}{\partial P} \quad \frac{\partial \boldsymbol{u}}{\partial L} \quad \frac{\partial \boldsymbol{u}}{\partial H}\right) \cdot$$

$$\begin{pmatrix} \dfrac{1}{\mathrm{LAT\_SCALE}} & 0 & 0 \\[2mm] 0 & \dfrac{1}{\mathrm{LONG\_SCALE}} & 0 \\[2mm] 0 & 0 & \dfrac{1}{\mathrm{HEIGHT\_SCALE}} \end{pmatrix} \cdot \mathrm{SAMPLE\_SCALE}$$

$$\tag{3.88}$$

式(3.87)、式(3.88)中,

$$\frac{\partial \boldsymbol{u}}{\partial P} = (0 \quad 0 \quad 1 \quad 0 \quad L \quad 0 \quad H \quad 0 \quad 2P \quad 0 \quad LH \quad 0 \quad 2LP \quad 0 \quad L^2 \quad 3P^2 \quad H^2 \quad 0 \quad 2PH \quad 0)^{\mathrm{T}}$$

$$\frac{\partial \boldsymbol{u}}{\partial L} = (0 \quad 1 \quad 0 \quad 0 \quad P \quad H \quad 0 \quad 2L \quad 0 \quad 0 \quad PH \quad 3L^2 \quad P^2 \quad H^2 \quad 2LP \quad 0 \quad 0 \quad 2LH \quad 0 \quad 0)^{\mathrm{T}}$$

$$\frac{\partial \boldsymbol{u}}{\partial H} = (0 \quad 0 \quad 0 \quad 1 \quad 0 \quad L \quad P \quad 0 \quad 0 \quad 2H \quad PL \quad 0 \quad 0 \quad 2LH \quad 0 \quad 0 \quad 2PH \quad L^2 \quad P^2 \quad 3H^2)^{\mathrm{T}}$$

同样可推得下式:

$$\boldsymbol{A}_{Ai}\mathrm{d}\boldsymbol{x}_A = \begin{pmatrix} \left.\dfrac{\partial F_{Li}}{\partial \boldsymbol{x}_A^{\mathrm{T}}}\right|_{\boldsymbol{x}_0} \\[3mm] \left.\dfrac{\partial F_{Si}}{\partial \boldsymbol{x}_A^{\mathrm{T}}}\right|_{\boldsymbol{x}_0} \end{pmatrix} \mathrm{d}\boldsymbol{x}_A$$

$$= \begin{pmatrix} 0 \cdots 0 & \left.\dfrac{\partial F_{Li}}{\partial a_0^{(j)}}\right|_{x_0} & \left.\dfrac{\partial F_{Li}}{\partial a_S^{(j)}}\right|_{x_0} & \left.\dfrac{\partial F_{Li}}{\partial a_L^{(j)}}\right|_{x_0} & 0 & 0 & 0 & 0 \cdots 0 \\[4mm] 0 \cdots 0 & 0 & 0 & 0 & \left.\dfrac{\partial F_{Si}}{\partial a_0^{(j)}}\right|_{x_0} & \left.\dfrac{\partial F_{Si}}{\partial a_S^{(j)}}\right|_{x_0} & \left.\dfrac{\partial F_{Si}}{\partial a_L^{(j)}}\right|_{x_0} & 0 \cdots 0 \end{pmatrix} \mathrm{d}\boldsymbol{x}_A$$

$$= \begin{pmatrix} 0 \cdots 0 & 1 & \mathrm{Sample}_i^{(j)} & \mathrm{Line}_i^{(j)} & 0 & 0 & 0 & 0 \cdots 0 \\ 0 \cdots 0 & 0 & 0 & 0 & 1 & \mathrm{Sample}_i^{(j)} & \mathrm{Line}_i^{(j)} & 0 \cdots 0 \end{pmatrix} \cdot$$

$$(\cdots \ \mathrm{d}a_0^{(j)} \quad \mathrm{d}a_S^{(j)} \quad \mathrm{d}a_L^{(j)} \quad \mathrm{d}b_0^{(j)} \quad \mathrm{d}b_S^{(j)} \quad \mathrm{d}b_L^{(j)} \quad \cdots)^{\mathrm{T}} \tag{3.89}$$

RPC 区域网平差模型矩阵形式表示如下:

$$\begin{pmatrix} A_A & A_G \\ I & 0 \\ 0 & I \end{pmatrix} \begin{pmatrix} \mathrm{d}\boldsymbol{x}_A \\ \mathrm{d}\boldsymbol{x}_G \end{pmatrix} + \boldsymbol{\varepsilon} = \begin{pmatrix} \boldsymbol{w}_P \\ \boldsymbol{w}_A \\ \boldsymbol{w}_G \end{pmatrix} \tag{3.90}$$

或

$$\boldsymbol{A}\mathrm{d}\boldsymbol{x} + \boldsymbol{\varepsilon} = \boldsymbol{w} \tag{3.91}$$

各类观测值的先验协方差矩阵:

$$\boldsymbol{C}_w = \begin{pmatrix} \boldsymbol{C}_P & 0 & 0 \\ 0 & \boldsymbol{C}_A & 0 \\ 0 & 0 & \boldsymbol{C}_G \end{pmatrix} \tag{3.92}$$

式(3.90)中,影像平差参数的设计矩阵:

$$\boldsymbol{A}_A = \begin{pmatrix} \boldsymbol{A}_{A_1} \\ \vdots \\ \boldsymbol{A}_{A_i} \\ \vdots \end{pmatrix} \tag{3.93}$$

第 i 个影像点位于第 j 张影像上的设计子矩阵为:

$$\boldsymbol{A}_{A_i} = \begin{pmatrix} 0 \cdots 0 & 1 & \mathrm{Sample}_i^{(j)} & \mathrm{Line}_i^{(j)} & 0 & 0 & 0 & 0 \cdots 0 \\ 0 \cdots 0 & 0 & 0 & 0 & 1 & \mathrm{Sample}_i^{(j)} & \mathrm{Line}_i^{(j)} & 0 \cdots 0 \end{pmatrix} \tag{3.94}$$

物方空间坐标未知数的设计矩阵: $\boldsymbol{A}_G = \begin{pmatrix} \boldsymbol{A}_{G_1} \\ \vdots \\ \boldsymbol{A}_{G_i} \\ \vdots \end{pmatrix}$ \hfill (3.95)

位于第 j 张影像上的第 i 个影像点,对应的第 k 个地面点(地面控制点、连接点),相应的物方点坐标设计子矩阵为:

$$
A_{G_i} = \begin{pmatrix} 0 & \cdots & 0 & \dfrac{\partial F_{Li}}{\partial \varphi_k}\bigg|_{x_0} & \dfrac{\partial F_{Li}}{\partial \lambda_k}\bigg|_{x_0} & \dfrac{\partial F_{Li}}{\partial h_k}\bigg|_{x_0} & 0 & \cdots & 0 \\[3mm] 0 & \cdots & 0 & \dfrac{\partial F_{Si}}{\partial \varphi_k}\bigg|_{x_0} & \dfrac{\partial F_{Si}}{\partial \lambda_k}\bigg|_{x_0} & \dfrac{\partial F_{Si}}{\partial h_k}\bigg|_{x_0} & 0 & \cdots & 0 \end{pmatrix} \tag{3.96}
$$

像方空间坐标闭合差向量为：

$$
w_P = \begin{pmatrix} w_{P_1} \\ \vdots \\ w_{P_i} \\ \vdots \end{pmatrix} \tag{3.97}
$$

位于第 j 张影像上的第 i 个影像点的像方空间坐标闭合差子向量为：

$$
w_{Pi} = \begin{pmatrix} \text{Line}_i^{(j)} - a_{00}^{(j)} - a_{S_0}^{(j)} \cdot \text{Sample}_i^{(j)} - a_{L_0}^{(j)} \cdot \text{Line}_i^{(j)} - p^{(j)}(\varphi_{k_0}, \lambda_{k_0}, h_{k_0}) \\ \text{Sample}_i^{(j)} - b_{00}^{(j)} - b_{S_0}^{(j)} \cdot \text{Sample}_i^{(j)} - b_{L_0}^{(j)} \cdot \text{Line}_i^{(j)} - r^{(j)}(\varphi_{k_0}, \lambda_{k_0}, h_{k_0}) \end{pmatrix}
$$
$$\tag{3.98}$$

w_A 为影像平差参数的闭合差向量(虚拟观测值)；

w_G 为物方空间坐标的闭合差向量(虚拟观测值)；

C_P 为像点坐标观测值先验协方差矩阵，反映像点坐标量测精度；

C_A 为影像平差参数先验协方差矩阵，反映卫星姿态、星历数据的不确定性；

C_G 为物方坐标先验协方差矩阵，表示物方空间坐标(控制点、连接点)的先验知识。

RPC 区域网平差的数学模型中，允许引入观测值的先验信息。在最小二乘平差中，先验信息以加权约束的形式引入。一方面，在连接点物方坐标的先验信息缺失时，可以针对物方坐标赋足够大的方差或移除加权约束；另一方面，引入先验信息增加了平差处理的灵活性。

需要指出，如果缺少对影像平差参数的先验约束及地面控制点，那么平差系统基准缺失将导致法方程秩亏。解决基准缺失有两个方法：①在平差观测值方程中，增加对影像平差参数的先验加权约束；②为平差系统提供足够数量地面控制点。为防止对影像平差参数的"过约束"或"欠约束"，对影像平差参数的先验约束必须基于对卫星姿态、星历数据先验知识的实际评估。

由于数学模型是非线性的，因此平差过程需迭代直至平差过程收敛。根据式(3.91)，每一次迭代计算的未知数的改正数为：

$$
dx = (A^{\mathrm{T}} C_w^{-1} A)^{-1} A^{\mathrm{T}} C_w^{-1} w \tag{3.99}
$$

平差的模型参数的近似值被更新：$\hat{x} = x_0 + dx$，作为下一次迭代的初始值。

3.5.4　大规模区域网平差算法

高分辨率卫星影像的大规模区域网平差是大区域及全球测图的关键技术，平差结果的质量直接决定测绘产品的几何精度。为保证平差解算的稳定性及提高平差的精度，理论上区域网平差时需要在测区范围内均匀布设大量的地面控制点。大规模区域网覆盖的范围广、影像数量大且区域网内部结构复杂，实际应用中还会面临无控制或少控制点的情况，比如一些无人区、境外地区的地面控制点难以布设和获取。由于平差控制约束的缺失或减少，直接将平差参数作为自由未知数处理会产生法方程矩阵的病态，其结果是平差解算不稳定、误差容易累积而导致区域网扭曲变形，最终影响区域网平差的精度。

关于在无控制或少控制点的条件下的 DSM 辅助区域网平差问题，已有多位学者对高程模型（如 DSM）或作为主要地面控制用于影像的定向进行了分析评估。Strunz（1993）提出使用 DSM 作为地面控制辅助航空框幅式影像进行光束法平差，将物方空间目标点的高程和来自 DSM 的对应双线性插值高程之间的差作为光束法平差的附加观测值；类似的方法也被用于定位火星快车 HRSC 影像（Spiegel，2006）。在这些工作中，仅使用 DSM 曲面和目标点之间的高程差。Jaw（2000）提出一种考虑影像连接点曲面与 DSM 表面点之间的欧氏距离的改进算法。Akca（2007）也使用了类似的方法并利用 Helmert 变换进行点云对齐，重点研究了高效处理大型点云及点云匹配的进一步扩展问题。

研究表明，在无控制或少控制点的条件下，将 DSM 辅助区域网平差可以增强解算的稳定性并提高平差的精度。对于卫星影像的大规模区域网平差，利用全球 DSM（SRTM DSM）对光束法区域网平差进行控制约束，能够提高区域网的构网强度及平差精度。

根据 RPC 光束法区域网平差的原理（Grodecki，Dial，2003），高分辨率卫星影像 RPC 模型的像方误差一般可采用仿射变换模型进行有效补偿，基于像方扩展的 RPC 模型光束法区域网平差的目的主要是解算影像的仿射变换系数（RPC 改正参数）、连接点地面坐标。针对卫星影像的大规模区域网平差，DSM 辅助的 RPC 区域网平差观测值类型主要包括像点坐标观测值、虚拟的高程观测值，以及其他虚拟观测值等。

RPC 光束法区域网平差（Grodecki，Dial，2003）中，像点坐标观测值方程为：

$$\Delta r_{ji} = r_j'(\varphi_i,\ \lambda_i,\ h_i,\ a_j^0,\ a_j^1,\ a_j^2) - \bar{r}_{ji}$$
$$\Delta c_{ji} = c_j'(\varphi_i,\ \lambda_i,\ h_i,\ b_j^0,\ b_j^1,\ b_j^2) - \bar{c}_{ji}$$

$$(3.100)$$

式中，φ_i，λ_i，h_i 表示第 i 个物方点的物方坐标；$\bar{r}_{ji}$，$\bar{c}_{ji}$ 表示第 j 张影像上量测的第 i 个像点坐标；a_j^0，a_j^1，a_j^2 和 b_j^0，b_j^1，b_j^2 表示第 j 张影像的仿射变换模型系数；r_j' 和 c_j' 表示扩展的 RPC 模型。

若地面点坐标 $\bar{\varphi}_i$，$\bar{\lambda}_i$，$\bar{h}_i$ 是已知的，例如，GNSS 测量值或其他从参考影像匹配得到的地面坐标，则可增加如下附加观测值方程：

$$\Delta\varphi_i = \varphi_i - \bar{\varphi}_i$$

$$\Delta\lambda_i = \lambda_i - \bar{\lambda}_i \qquad\qquad (3.101)$$

$$\Delta h_i = h_i - \bar{h}_i$$

若 RPC 改正项的先验信息有效，则可附加如下虚拟观测值方程：

$$\Delta a_j^0 = a_j^0 - \bar{a}_j^0$$

$$\Delta a_j^1 = a_j^1 - \bar{a}_j^1$$

$$\Delta a_j^2 = a_j^2 - \bar{a}_j^2$$

$$\Delta b_j^0 = b_j^0 - \bar{b}_j^0 \qquad\qquad (3.102)$$

$$\Delta b_j^1 = b_j^1 - \bar{b}_j^1$$

$$\Delta b_j^2 = b_j^2 - \bar{b}_j^2$$

对 RPC 光束法区域网平差(Grodecki，Dial，2003)进行扩展，引入 DEM 高程约束，得到"DEM 高程差"观测值方程：

$$\Delta h_i = h_i - \bar{D}(\varphi_i, \lambda_i) \qquad\qquad (3.103)$$

式中，$\bar{D}(\varphi, \lambda)$ 表示在 (φ, λ) 处对参考 DEM 进行双线性内插得到的高程。

这里需要指出，可以针对区域网中的每一个连接点附加 DEM 高程约束，并且每次平差迭代过程中，根据计算的连接点的 (φ, λ) 坐标实时进行高程内插。

根据上述 4 类观测值方程(式(3.100)、式(3.101)、式(3.102)、式(3.103))及相应的基于先验知识的观测值权重，利用最小二乘平差迭代估计影像的 RPC 改正参数及连接点物方坐标(Grodecki et al.，2003)。

此外，经典光束法区域网平差中，每个影像只需要少量分布良好的连接点。大规模区域网平差中，如果仅使用 DEM 约束进行光束法区域网平差，则需要较多的分布良好的连接点，这些连接点应捕捉场景中的主要地形特征，以利于增加平差的平面(水平)约束。在这种情况下，区域网平差需要估计的未知数个数高达数百万计甚至更多，此时，需要使用高效的估计算法。实际应用中，有多种高效的算法可供选择。通常先消除物方点坐标未知数得到改化法方程，然后使用稀疏矩阵的 cholesky 因子分解算法解算 RPC 模型改正参数。

杨博等(2017)针对光学卫星影像的超大区域的无控制测图问题，提出一种以单景影像为平差单元,基于虚拟控制点的光学卫星影像大规模无控区域网平差方法。利用"资源三号"卫星获取的覆盖全国的 26406 景影像进行区域网平差试验,并利用全国范围内分布的约 8000 个高精度控制点对平差后自动生产的 DOM 和 DSM 产品的几何精度进行验证。试验表明,平面和高程中误差均优于 4m,区域网内部相邻影像之间的几何拼接精度优于 1 像素,满足无缝拼接的要求。

基于虚拟控制点的无控区域网平差,其基本思想是在 RPC 光束法区域网平差(Grodecki, Dial, 2003)的基础上,利用待平差影像的初始 RPC 模型生成虚拟控制点,在区域网平差模型中引入虚拟控制点约束(将虚拟控制点的像点坐标视为带权观测值引入平差模型),以改善区域网平差法方程的状态,克服在无控条件下大规模区域网平差解算不稳定和误差累积引起区域网扭曲变形而导致的网内几何精度不一致,提高区域网平差的精度。

如图 3.6 所示为单景影像虚拟控制点生成示意图。在各单景待平差影像的像平面上,按一定间距划分规则格网,利用该影像的初始 RPC 模型,将每个格网的中心点 $p(r, c)$ 投影至物方空间局部高程平面上(一般可选取影像初始 RPC 模型的标准化平移参数 HEIGHT_OFF 规定的平面),通过交会计算物方点坐标 $P(\varphi, \lambda, h = \text{HEIGHT\_OFF})$,像点 $p(r,c)$ 与物方点 $P(\varphi, \lambda, h = \text{HEIGHT\_OFF})$ 即构成一组虚拟控制点。

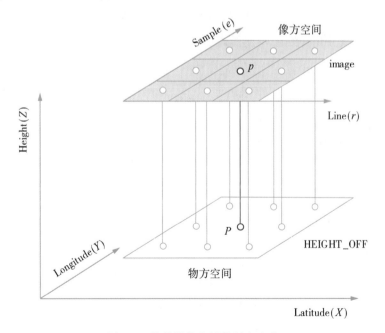

图 3.6 单景影像虚拟控制点生成

因此,该平差方法的观测值类型主要包括两类:①平差连接点的像点坐标量测值。连接点信息通过影像自动匹配获取。②单景影像中分布均匀的虚拟控制点像点坐标量测值。平差未知数为单景影像仿射变换参数、连接点地面坐标。

RPC 模型（Grodecki，Dial，2003）用于高分辨率卫星影像，描述物方点坐标 $(\varphi，\lambda，h)$ 与相应像方点坐标 $(r，c)$ 之间的变换关系，RPC 模型如式（3.104）所示，RPC 像方补偿模型如式（3.105）所示。

$$r = \mathrm{RPC}_{\mathrm{row}}(\varphi，\lambda，h)$$
$$c = \mathrm{RPC}_{\mathrm{col}}(\varphi，\lambda，h) \tag{3.104}$$

$$r + \Delta r = \mathrm{RPC}_{\mathrm{row}}(\varphi，\lambda，h)$$
$$c + \Delta c = \mathrm{RPC}_{\mathrm{col}}(\varphi，\lambda，h) \tag{3.105}$$

式（3.105）中，像方补偿一般采用仿射变换模型，即

$$\Delta r = a_0 + a_1 r + a_2 c$$
$$\Delta c = b_0 + b_1 r + b_2 c \tag{3.106}$$

在一般情况下，像点坐标观测值方程中未知参数，包括像点所在影像的仿射变换参数和像点相应的地面点坐标未知数，像点坐标观测值方程如下：

$$r = \mathrm{RPC}_{\mathrm{row}}(\varphi，\lambda，h) - \Delta r$$
$$c = \mathrm{RPC}_{\mathrm{col}}(\varphi，\lambda，h) - \Delta c \tag{3.107}$$

将式（3.107）线性化得到误差方程式如下：

$$
\begin{pmatrix} v_r \\ v_c \end{pmatrix} = \begin{pmatrix} 1 & r & c & 0 & 0 & 0 \\ 0 & 0 & 0 & 1 & r & c \end{pmatrix} \begin{pmatrix} a_0 \\ a_1 \\ a_2 \\ b_0 \\ b_1 \\ b_2 \end{pmatrix} + \begin{pmatrix} \dfrac{\partial \mathrm{RPC}_{\mathrm{row}}}{\partial \varphi} & \dfrac{\partial \mathrm{RPC}_{\mathrm{row}}}{\partial \lambda} & \dfrac{\partial \mathrm{RPC}_{\mathrm{row}}}{\partial h} \\ \dfrac{\partial \mathrm{RPC}_{\mathrm{col}}}{\partial \varphi} & \dfrac{\partial \mathrm{RPC}_{\mathrm{col}}}{\partial \lambda} & \dfrac{\partial \mathrm{RPC}_{\mathrm{col}}}{\partial h} \end{pmatrix} \begin{pmatrix} \mathrm{d}\varphi \\ \mathrm{d}\lambda \\ \mathrm{d}h \end{pmatrix} -
$$
$$
\begin{pmatrix} r - \mathrm{RPC}_{\mathrm{row}}(\varphi,\lambda,h)^0 \\ c - \mathrm{RPC}_{\mathrm{col}}(\varphi,\lambda,h)^0 \end{pmatrix} \tag{3.108}
$$

对于影像连接点，误差方程式可表示为：

$$\boldsymbol{V}_{tp} = \boldsymbol{A}_{tp}\boldsymbol{x} + \boldsymbol{B}_{tp}\boldsymbol{t} - \boldsymbol{L}_{tp} \qquad \boldsymbol{P}_{tp} \tag{3.109}$$

式中，

$$\boldsymbol{V}_{tp} = \begin{pmatrix} v_r \\ v_c \end{pmatrix} \quad \boldsymbol{A}_{tp} = \begin{pmatrix} 1 & r & c & 0 & 0 & 0 \\ 0 & 0 & 0 & 1 & r & c \end{pmatrix} \quad \boldsymbol{L}_{tp} = \begin{pmatrix} r - \mathrm{RPC}_{\mathrm{row}}(\varphi,\lambda,h)^0 \\ c - \mathrm{RPC}_{\mathrm{col}}(\varphi,\lambda,h)^0 \end{pmatrix}$$

$$\boldsymbol{B}_{tp} = \begin{pmatrix} \dfrac{\partial \mathrm{RPC}_{\mathrm{row}}}{\partial \varphi} & \dfrac{\partial \mathrm{RPC}_{\mathrm{row}}}{\partial \lambda} & \dfrac{\partial \mathrm{RPC}_{\mathrm{row}}}{\partial h} \\[3mm] \dfrac{\partial \mathrm{RPC}_{\mathrm{col}}}{\partial \varphi} & \dfrac{\partial \mathrm{RPC}_{\mathrm{col}}}{\partial \lambda} & \dfrac{\partial \mathrm{RPC}_{\mathrm{col}}}{\partial h} \end{pmatrix}^{(\varphi^0, \lambda^0, h^0)}$$

$$\boldsymbol{x} = \begin{pmatrix} a_0 & a_1 & a_2 & b_0 & b_1 & b_2 \end{pmatrix}^{\mathrm{T}} \qquad \boldsymbol{t} = \begin{pmatrix} \mathrm{d}\varphi & \mathrm{d}\lambda & \mathrm{d}h \end{pmatrix}^{\mathrm{T}}$$

通常认为控制点的物方坐标是已知的，控制点像点坐标观测值的误差方程式中未知数仅为像点所在影像 RPC 模型的仿射变换参数。由于利用初始 RPC 模型产生的虚拟控制点存在较大的误差，因此，建立虚拟控制点的像点坐标观测值方程时，可根据待平差影像无控几何定位精度的先验信息确定像点坐标观测值的权值，或可理解为虚拟控制点的误差被等效转移至像方空间的像点坐标。

由于虚拟控制点坐标(φ，λ，h)是已知的，因此，式(3.107)为线性方程而无须进行线性化处理。由式(3.107)直接写出虚拟控制点像点坐标观测值(r，c)误差方程式，如式(3.110)所示。

$$\begin{pmatrix} v_r \\ v_c \end{pmatrix} = \begin{pmatrix} 1 & r & c & 0 & 0 & 0 \\ 0 & 0 & 0 & 1 & r & c \end{pmatrix} \begin{pmatrix} a_0 \\ a_1 \\ a_2 \\ b_0 \\ b_1 \\ b_2 \end{pmatrix} - \begin{pmatrix} r - \mathrm{RPC}_{\mathrm{row}}(\varphi,\ \lambda,\ h) \\ c - \mathrm{RPC}_{\mathrm{col}}(\varphi,\ \lambda,\ h) \end{pmatrix} \tag{3.110}$$

式(3.110)矩阵形式可表示为：

$$\boldsymbol{V}_{vc} = \boldsymbol{A}_{vc}\boldsymbol{x} - \boldsymbol{L}_{vc} \qquad \boldsymbol{P}_{vc} \tag{3.111}$$

式中，

$$\boldsymbol{V}_{vc} = \begin{pmatrix} v_r \\ v_c \end{pmatrix} \qquad \boldsymbol{A}_{vc} = \begin{pmatrix} 1 & r & c & 0 & 0 & 0 \\ 0 & 0 & 0 & 1 & r & c \end{pmatrix} \qquad \boldsymbol{L}_{vc} = \begin{pmatrix} r - \mathrm{RPC}_{\mathrm{row}}(\varphi,\ \lambda,\ h) \\ c - \mathrm{RPC}_{\mathrm{col}}(\varphi,\ \lambda,\ h) \end{pmatrix}$$

上述平差模型中，观测值仅包括连接点像点和虚拟控制点像点两类，它们之间相互独立，可分别根据各自的观测精度进行定权，而无须考虑两者之间的相关性。其中，连接点像点坐标观测值的权值由同名像点的匹配精度确定，光学卫星影像匹配精度通常可达到子像素级；对于虚拟控制点像点坐标观测值，根据待平差影像无控几何定位精度确定。通过引入虚拟控制点替代传统的将平差参数作为附加观测值的处理方法，简化了区域网平差模型，也使得各类观测值定权方法更容易。以 ZY-3 卫星下视影像为例，长期在轨测试表明，其无控几何定位中误差约为 15m，等效于像方约 7.5 像素(下视影像 GSD 为 2m)，虚拟控制点像点坐标观测值的权值 $p_{vc} = 1/7.5^2$。

在无控制或少控制点的条件下，利用星载激光测高数据辅助区域网平差也是一种十分有效的手段。

激光测高作为一种主动式遥感技术，是现代雷达探测技术从厘米波和毫米波向光波探测技术的延伸，广泛应用于三维成像、地球观测和行星探测等领域。

在深空探测任务中，NASA 火星轨道器激光高度计（MOLA）和月球轨道器激光高度计（LOLA）是典型的离散激光高度计，已被成功应用于月球、火星的全球测图任务。NASA ICESat（Ice，Cloud and Land Elevation Satellite）搭载的全波形激光测高仪（Geo-science Laser Altimetry System，GLAS）标称测高精度达到 0.15m，是第一个对地观测的地球科学激光高度计系统。ICESat-2 首次搭载了光子计数激光雷达（The Advanced Topographic Laser Altimeter System，ATLAS），可以获取激光光斑（足印，Footprint）更小、密度更高的光子点云数据，实现更精细的地表三维信息获取。

我国星载激光测高起步较晚但发展较快。目前已在轨的包括 CE-1、CE-2 激光高度计、ZY-3 卫星激光测高仪、GF-7 全波形激光测高仪等。

星载激光具有覆盖范围广和运行轨道高的特点，与 DSM 辅助区域网平差类似，测高数据也可以用于大规模区域网平差中的控制约束。基本原理是利用高精度的高程值对激光测高点立体影像前方交会的高程值进行约束，以两者的差值作为观测值构建观测方程；或者将激光测距作为观测值引入区域网平差。激光测高数据辅助影像区域网平差主要过程概括如下：

（1）构建卫星影像区域网。影像自动匹配，获取数量足够分布均匀的连接点；

（2）影像自由网平差；

（3）激光足印与卫星影像配准获取激光高程控制点；

（4）激光高程控制点辅助的卫星影像区域网平差。

3.6　RFM 模型更新及应用

3.6.1　RFM 模型更新

经过 3.5.3 节 RPC 模型的区域网平差之后，顾及像方补偿的 RPC 模型反映了物方空间地面点 3D 坐标、相应的像方空间像点 2D 坐标、RPCs 系数及系统误差改正参数之间的关系。模型表示如下：

$$l + \Delta l = \frac{F_1(U, V, W)}{F_2(U, V, W)} \cdot L_S + L_0$$
$$s + \Delta s = \frac{F_3(U, V, W)}{F_4(U, V, W)} \cdot S_S + S_0$$

(3.112)

其中，

$$\Delta l = A_0 + A_1 l + A_2 s$$
$$\Delta s = B_0 + B_1 l + B_2 s \tag{3.113}$$

式中，l、s 表示影像上量测的像点坐标 Line、Sample；$F_i(i=1, 2, 3, 4)$ 为关于物方空间坐标 U、V、W 的三次多项式；Δl、Δs 表示系统误差改正；A_0、A_1、A_2 和 B_0、B_1、B_2 为 RPC 区域网平差后计算的仿射变换参数；U、V、W 表示归一化的地面坐标；

$$U = \frac{\varphi - \varphi_0}{\varphi_s}$$

$$V = \frac{\lambda - \lambda_0}{\lambda_s} \tag{3.114}$$

$$W = \frac{h - h_0}{h_s}$$

$(\varphi_0, \lambda_0, h_0, S_0, L_0)$ 和 $(\varphi_s, \lambda_s, h_s, S_s, L_s)$ 分别表示 RFM 的归一化参数。

式(3.112)中，利用区域网平差计算得到区域网中每张影像的系统误差改正参数之后，即可对量测的同名像点的像素坐标进行改正，用于后续的摄影测量数据处理。

此外，还可以利用 RPC 区域网平差的结果，采用与地形无关的解算方案，重新计算并更新 RPCs 系数。这样处理的好处是对量测的像素坐标无须进行系统误差改正，可以直接利用更新后的 RFM 模型进行后续的摄影测量数据处理。

与 3.3.1 节与地形无关的解算方案类似，具体方法如下：

(1) 获取虚拟控制点。

① 在整幅影像上均匀划分 $m \times n$ 个格网。影像上共有 $(m+1) \times (n+1)$ 个均匀分布的像点。

② 将影像覆盖区域的高程范围 (h_{min}, h_{max}) 均匀分为 k 层。每层具有相同的高程 Z，$(m+1) \times (n+1)$ 个均匀分布的格网点，则共有 $(m+1) \times (n+1) \times k$ 个格网点(为避免病态，$k > 3$)。

③ 影像上格网点坐标系统误差改正。按照式(3.113)计算格网点坐标 (l, s) 的系统误差改正 $(\Delta l, \Delta s)$，改正后的格网点坐标为 $(l' = l + \Delta l, s' = s + \Delta s)$。

④ 利用改正后的格网点坐标及当前的 RFM 模型，计算全部格网点的物方坐标 $(l', s' + Z \Rightarrow X, Y)$。

(2) RFM 再拟合，重新计算 RFCs。

利用步骤(1)获取的虚拟控制点(层状控制格网点)物方坐标，以及原始的格网点坐标，按 3.2 节方法解算 RFCs。

111

3.6.2　RFM 应用

摄影测量中通用传感器模型代替传感器严格模型，可以完成各种摄影测量数据处理任务。本节介绍利用 RFM 自动生产 DEM 及制作正射影像的两个重要应用。

1. 应用一　制作正射影像

如图 3.7 所示，RPC 模型表示由地面到影像的几何变换关系。

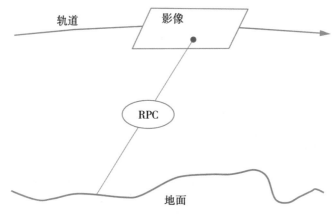

图 3.7　RPC 影像成像几何

正射影像纠正的算法如下：

（1）在正射影像上取每一个像元 P（For each pixel P in orthorectified image）：

① 计算 P 点的平面坐标 (X, Y)；

② 将 (X, Y) 转换为 (λ, φ)；

③ 利用 DEM 内插 (λ, φ) 处的高程 H；

④ 根据水准面高 N，计算椭球高 $h = H + N$；

⑤ 利用 RPC 模型，计算 P 对应的原始影像上 p 的坐标 $(L, S) = \mathrm{RPC}(\lambda, \varphi, h)$；

⑥ 原始影像上，内插 $p(L, S)$ 的灰度，并对正射影像上 $P(X, Y)$ 进行灰度赋值。

（2）取下一个像元（Next pixel P）。

2. 应用二　DEM 生产

利用 RPC 模型生产 DEM 是 RPC 模型的应用之一，其中，RPC 模型的精度是关键。例如，IKONOS 提供给用户的 RPCs 参数不能满足高精度 DEM 生产的需要，因此，必须使用少量控制点对 RPCs 参数进行精化处理，提高几何定位精度。使用少量控制点精化 RPCs 参数的主要过程如下：

（1）利用当前 RPCs 在归一化的物方空间生成"虚拟控制点"（图 3.8）。

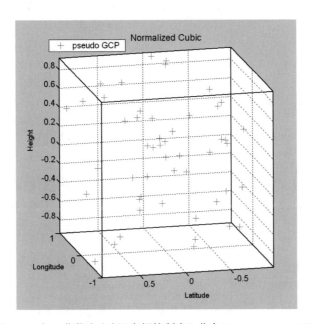

图 3.8 归一化物方空间"虚拟控制点"分布（Bang et al.，2003）

（2）RFM 模型线性化。

式（3.19）按泰勒级数线性化展开：

$$
\begin{aligned}
r = F &= \frac{\begin{pmatrix} 1 & Z & Y & X & \cdots & Y^3 & X^3 \end{pmatrix} \cdot \begin{pmatrix} a_0 & a_1 & \cdots & a_{19} \end{pmatrix}^{\mathrm{T}}}{\begin{pmatrix} 1 & Z & Y & X & \cdots & Y^3 & X^3 \end{pmatrix} \cdot \begin{pmatrix} 1 & b_1 & \cdots & b_{19} \end{pmatrix}^{\mathrm{T}}} \\
c = G &= \frac{\begin{pmatrix} 1 & Z & Y & X & \cdots & Y^3 & X^3 \end{pmatrix} \cdot \begin{pmatrix} c_0 & c_1 & \cdots & c_{19} \end{pmatrix}^{\mathrm{T}}}{\begin{pmatrix} 1 & Z & Y & X & \cdots & Y^3 & X^3 \end{pmatrix} \cdot \begin{pmatrix} 1 & d_1 & \cdots & d_{19} \end{pmatrix}^{\mathrm{T}}}
\end{aligned} \tag{3.115}
$$

$$
\begin{aligned}
F = r &= F_0 + \sum_0^{19} \frac{\partial F}{\partial a_i} \mathrm{d}a_i + \sum_1^{19} \frac{\partial F}{\partial b_i} \mathrm{d}b_i \\
G = c &= G_0 + \sum_0^{19} \frac{\partial G}{\partial c_i} \mathrm{d}c_i + \sum_1^{19} \frac{\partial G}{\partial \mathrm{d}_i} \mathrm{d}d_i
\end{aligned} \tag{3.116}
$$

$$\begin{pmatrix} \dfrac{\partial F}{\partial a_i} & \cdots & \dfrac{\partial F}{\partial b_i} & \cdots & \\ & & \dfrac{\partial G}{\partial c_i} & \cdots & \dfrac{\partial G}{\partial \mathrm{d}_i} & \cdots \end{pmatrix} \begin{pmatrix} \mathrm{d}a_i \\ \vdots \\ \mathrm{d}b_i \\ \vdots \\ \mathrm{d}c_i \\ \vdots \\ \mathrm{d}d_i \\ \vdots \end{pmatrix} = \begin{pmatrix} r - F_0 \\ c - G_0 \end{pmatrix} + \begin{pmatrix} V_r \\ V_c \end{pmatrix} \quad (3.117)$$

(3)建立误差方程。

对生成的"虚拟控制点"及少量地面控制点分别按式(3.117)列误差方程。

(4)法化，解算。

为"虚拟控制点"及地面控制点的影像坐标观测值给定不同的权值。地面控制点与"虚拟控制点"相比，应给定足够大的权值。

利用核线影像进行立体影像匹配生成 DEM。框幅式影像利用严格模型生成核线影像；对于推扫式卫星影像，核线重采样则采用仿射核线影像等近似的方法。如图 3.9 所示，为仿射核线影像重采样方法。

按照图 3.9 所示的方法，生成立体核线影像对具体过程如下：

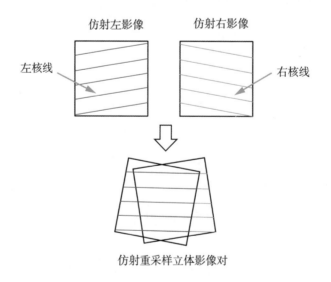

图 3.9　立体核线影像对(Bang et al.，2003)

（1）利用线性 2D 仿射变换模型，将原始影像变换为左、右仿射变换影像；

（2）旋转仿射变换影像，产生立体核线影像对。

◎ 思考题

1. 如何建立物理传感器模型？应考虑哪些因素？物理传感器模型有何特点？

2. 什么是通用传感器模型？通用传感器模型替代物理传感器模型有什么优势？

3. 有理函数模型的定义是什么？有理函数模型有何特点？

4. 有理函数模型标准化参数有哪些？如何计算？有什么作用？

5. 了解单片 RFM 解算的主要过程。

6. 了解单片 RFM 解算的两种控制方案及两种控制方案各自优缺点。

7. 基于 RFM 的三维重建算法有哪些？

8. 了解基于 RFM 正解形式的立体交会算法的主要过程。

9. 了解基于 RFM 反解形式的立体交会算法的主要过程。

10. 了解 RFM 单片定位算法的基本思想。

11. RPC 模型的系统误差补偿方案有哪些？

12. 简述 RPC 像方系统误差补偿原理。像方补偿方案有哪几种形式？

13. 了解 RPC 模型区域网平差的基本原理及主要过程。

14. 了解 RPC 模型大规模区域网平差的基本思想。

15. 了解 RPC 模型更新的基本思想。如何进行 RPC 模型更新？

第4章 线阵推扫影像核线几何模型

核线是摄影测量中分析立体影像对几何关系的一个基本概念。20 世纪 70 年代初，Helava 等提出一维核线相关的概念，此后在摄影测量自动化的研究及实践中得到了重视。由核线的定义可知，同名像点位于同名核线上，因此，立体影像的二维匹配问题可利用核线几何转换为沿着核线的一维影像相关问题，从而提高影像匹配的效率及可靠性。核线几何广泛应用于影像匹配、数字高程模型制作、立体观察等各种摄影测量任务。线阵推扫影像与面阵影像成像原理不同，核线几何也不同。框幅式影像属于面中心投影成像，每幅影像有 6 个外方位元素，成像原理简单，具有严格的核线定义且核线为直线；线阵推扫式影像采用线中心投影的成像方式，影像条带中每一个扫描行影像的外方位元素随时间变化，核线的定义较框幅式影像复杂。

本章首先介绍框幅式影像核线的定义、核线几何模型，以及相应的算法，在此基础上，重点讲解线阵推扫式影像核线的定义及性质、线阵推扫式影像核线几何模型、线阵推扫式影像核线重采样原理及方法等。

4.1 框幅式影像核线几何

4.1.1 核线定义

图 4.1 表示相对定向后的立体影像对。O 和 O' 分别表示曝光瞬间左、右影像的投影中心。

核面：过左影像上的 p 点及左、右投影中心 O 和 O' 的平面，或者定义为过物方空间的对应点及左、右投影中心 O 和 O' 的平面。每幅影像只有一个投影中心，因此，核面由各个物方点唯一确定。

基线：如图 4.1 所示，连接左、右投影中心 O 和 O' 的直线。

核点：基线与立体影像对中两张影像平面的交点。如图 4.1 所示，e 和 e' 为立体像对的核点。

核线：两种定义方式：① 核面与立体影像平面的交线。两个平面的交线显然是一条直

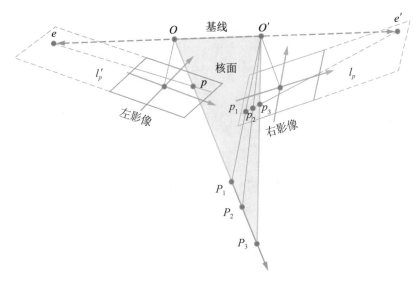

图 4.1　框幅式影像核线几何

线，因此，框幅式影像的核线是直线。此外，核面与左、右影像平面相交得到两条直线，因此，框幅式立体影像对存在同名核线对的概念。② 左影像上 p 点在右影像上所有可能的共轭点的轨迹。沿着连接左影像投影中心和像点的光线，通过改变相应物方点的高程并将其反投影到右影像上，形成共轭点的轨迹。该方法也称为投影轨迹法。

由图 4.1 可知，框幅式影像中核线有以下重要性质：

（1）框幅式影像中核线为直线；

（2）框幅式影像中所有核线不平行，所有核线相交于核点；

（3）影像与摄影基线平行时，影像上核线相互平行；

（4）框幅式立体影像对存在同名核线对的概念（图 4.2）；

（5）同名像点位于同名核线上；

（6）立体匹配搜索空间可由二维简化为一维。

4.1.2　核线几何模型

在原始的框幅式影像中有两种确定核线的方法。两种方法分别需要已知立体像对两张影像外方位元素或立体像对的相对定向元素。

1. 投影轨迹法确定核线

立体像对外方位元素已知时，采用如图 4.3 所示的由物方反向投影至像方的方法确定

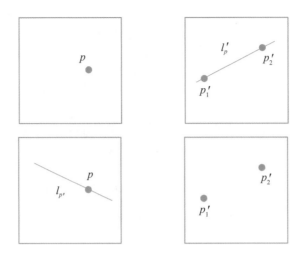

图 4.2　同名核线对

核线。共线条件方程(式(4.1))将物方空间目标点与像方空间对应像点联系起来。

$$\begin{pmatrix} X_j \\ Y_j \\ Z_j \end{pmatrix} = \begin{pmatrix} X_S \\ Y_S \\ Z_S \end{pmatrix} + \lambda_j \cdot \boldsymbol{R}(\omega, \varphi, \kappa) \cdot \begin{pmatrix} x - x_0 \\ y - y_0 \\ -f \end{pmatrix} \tag{4.1}$$

式中，x，y 表示左影像上 p 点的影像坐标，p 点的核线将在右影像上确定；x_0，y_0，f 是框幅式相机的内方位元素；X_S，Y_S，Z_S，ω，φ，κ 是左影像外方位元素；X_j，Y_j，Z_j 是 p 点对应的物方空间点的物方空间坐标；λ_j 表示尺度因子；$\boldsymbol{R}(\omega, \varphi, \kappa)$ 表示像方坐标系至物方坐标系的旋转矩阵。

　　式(4.1)中，给定不同的 $\lambda_j(j = 1, 2)$，计算得到 $P_1(X_1, Y_1, Z_1)$ 和 $P_2(X_2, Y_2, Z_2)$。将 $P_1(X_1, Y_1, Z_1)$ 和 $P_2(X_2, Y_2, Z_2)$ 利用式(4.2)反投影至右影像上，得到 $p_1(x'_1, y'_1)$ 和 $p_2(x'_2, y'_2)$，$p_1(x'_1, y'_1)$ 和 $p_2(x'_2, y'_2)$ 即可构成核线。

$$\begin{aligned} x'_j &= x_0 - f\frac{a'_1(X_j - X'_S) + b'_1(Y_j - Y'_S) + c'_1(Z_j - Z'_S)}{a'_3(X_j - X'_S) + b'_3(Y_j - Y'_S) + c'_3(Z_j - Z'_S)} \\ y'_j &= y_0 - f\frac{a'_2(X_j - X'_S) + b'_2(Y_j - Y'_S) + c'_2(Z_j - Z'_S)}{a'_3(X_j - X'_S) + b'_3(Y_j - Y'_S) + c'_3(Z_j - Z'_S)} \end{aligned} \tag{4.2}$$

式中，X'_S，Y'_S，Z'_S，ω'，φ'，κ' 是右影像外方位元素；

$$\boldsymbol{R}'(\omega', \varphi', \kappa') = \begin{pmatrix} a'_1 & a'_2 & a'_3 \\ b'_1 & b'_2 & b'_3 \\ c'_1 & c'_2 & c'_3 \end{pmatrix}$$

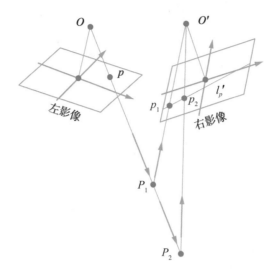

图 4.3 反向投影确定核线

2. 共面条件确定核线

如图 4.4 所示,当立体像对完成相对定向时,给定左影像上像点 p,利用共面条件方程可以确定右影像上的核线。

相对定向完成后,基线矢量、左投影光线矢量与右投影光线矢量三矢量共面,即满足式(4.3)。

$$\begin{vmatrix} B_X & B_Y & B_Z \\ u & v & w \\ u' & v' & w' \end{vmatrix} = 0 \tag{4.3}$$

过左影像上像点 p 的光线由式(4.4)表示如下:

$$\begin{pmatrix} u \\ v \\ w \end{pmatrix} = \boldsymbol{R} \cdot \begin{pmatrix} x - x_0 \\ y - y_0 \\ -f \end{pmatrix} \tag{4.4}$$

同理,过右核线上任意像点 $p'(x', y')$ 的光线表示如下:

$$\begin{pmatrix} u' \\ v' \\ w' \end{pmatrix} = \boldsymbol{R}' \cdot \begin{pmatrix} x' - x_0 \\ y' - y_0 \\ -f \end{pmatrix} \tag{4.5}$$

立体像对的基线矢量为:

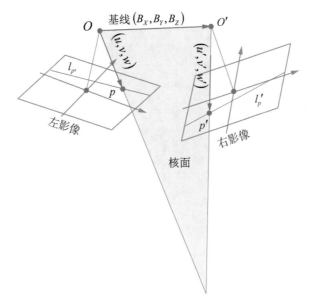

图 4.4　共面条件方程确定核线

$$\begin{pmatrix} B_X \\ B_Y \\ B_Z \end{pmatrix} = \begin{pmatrix} X'_S \\ Y'_S \\ Z'_S \end{pmatrix} - \begin{pmatrix} X_S \\ Y_S \\ Z_S \end{pmatrix} \tag{4.6}$$

将式(4.6)、式(4.5)、式(4.4)代入式(4.3)，展开得到线性方程：

$$y' = kx' + b \tag{4.7}$$

式(4.7)即为左影像上像点 p 对应的右影像上的核线方程。

需要指出，在倾斜影像上，过不同像点的核线是不平行的。只有一种例外，即影像平面平行于摄影基线时，由于所有核线相交于核点，而核点位于无穷远处，因此，此时核线是平行的。

下一小节，通过影像重采样的方式对原始影像的核线进行重排列生成核线影像，或称为归一化影像(normalized images)，这个过程也称为"核线重采样"。

4.1.3　核线影像重采样

核线影像重采样的目的是产生归一化影像。归一化影像的重要性质是同名像点或对应点位于 y 坐标值相等的影像行上。其主要作用是影像匹配时缩小了搜索空间的范围、降低了计算时间，此外还减少了匹配的模糊性。

图 4.5 是归一化立体影像对。左核线影像上的点 $a(x_a, y_a)$ 在右核线影像上的共轭点

a' 的搜索空间将沿着直线 $y' = y_a$ 进行搜索。同样，右核线影像上的 b' 点在左影像上的共轭点 b 将沿着 $y = y'_{b'}$ 直线进行搜索。在核线立体影像的情况下，共轭点的搜索空间将是另一影像上的一个行。

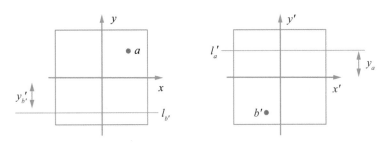

图 4.5　归一化立体影像对

由核线的定义及其性质可知，框幅式影像的重采样要求新的影像平行于摄影基线，在这种情况下，立体影像上的核线是平行的。如图 4.6 所示，平行于摄影基线且包含归一化影像的一个新的平面将被用于核线影像重采样。需要注意的是并非唯一的平面才能满足核线平行的条件。但是，要确保立体核线影像对的尺度一致，左、右两幅影像必须采样到距离基线为 c_n 的同一平面内。此外，平行于基线且距离基线为 c_n 的平面也非唯一，所有这些平面将与以基线为轴、半径为 c_n 的圆柱面相切，因此，旋转角 ω_n 必须固定至某一确切的值。为了最小化可能的影像尺度畸变，ω_n 可以取原始的左、右影像 ω 和 ω' 的均值。

需要指出，归一化影像的 IOP 选择可以是任意的，但是对于左、右归一化影像的 IOP 应该是一致的。例如，到基线的距离为 c_n 的新的平面被选择后，新的归一化影像的主距 c_n 将被确定。但是，为了保证归一化影像与原始影像有相似的尺度，新的归一化影像应与原始影像的主距保持一致。在新的影像平面内，两幅影像必须旋转以确保对应点及核线位于同一行上。新的影像的 EOP 被选择如下：

归一化影像的投影中心取原始影像的投影中心，分别为 $O(X_S, Y_S, Z_S)$ 和 $O'(X'_S, Y'_S, Z'_S)$；

归一化影像的方位用 φ-κ-ω 转角系统定义；

第一次绕 Y 轴旋转 φ_n，核线影像平面与基线平行：

$$\varphi_n = -\arctan\left(\frac{B_Z}{B_X}\right) \tag{4.8}$$

第二次绕 Z 轴旋转 κ_n，核线影像的行与基线平行：

$$\kappa_n = \arctan\left(\frac{B_Y}{\sqrt{B_X^2 + B_Z^2}}\right) \tag{4.9}$$

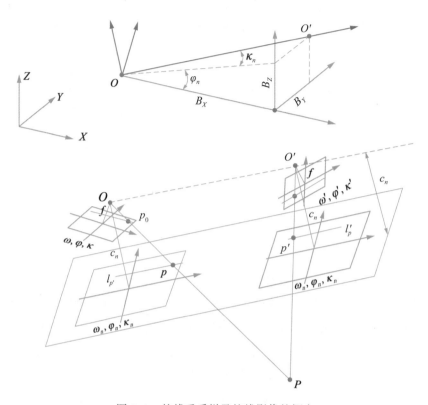

图 4.6　核线重采样及核线影像的概念

第三次绕 X 轴旋转 ω_n，使得核线影像尺度变形最小：

$$\omega_n = \frac{\omega + \omega'}{2} \tag{4.10}$$

新影像的旋转矩阵为：$\boldsymbol{R}_n = \boldsymbol{R}(\varphi_n)\,\boldsymbol{R}(\kappa_n)\,\boldsymbol{R}(\omega_n)$

下面以图 4.6 中左影像为例，推导核线影像重采样（变换或采样原始影像为归一化影像）的数学模型。

由图 4.6 中可以看出，原始影像上的像点、与归一化影像上对应的像点、相应的物方空间点，以及原始影像的投影中心均位于同一条光线上，满足共线条件方程。

式(4.11) 表示原始影像上的像点、相应的物方空间点，以及原始影像的投影中心构成的共线方程：

$$\begin{pmatrix} X \\ Y \\ Z \end{pmatrix} = \begin{pmatrix} X_S \\ Y_S \\ Z_S \end{pmatrix} + \lambda \cdot \boldsymbol{R} \cdot \begin{pmatrix} x - x_0 \\ y - y_0 \\ -f \end{pmatrix} \tag{4.11}$$

式中，x_0，y_0，f 表示原始影像的内方位元素；x，y 表示原始影像上的像点坐标；X，Y，Z 表示相应的物方点坐标。

式(4.12)表示归一化影像上的像点、相应的物方空间点，以及原始影像的投影中心构成的共线方程：

$$\begin{pmatrix} X \\ Y \\ Z \end{pmatrix} = \begin{pmatrix} X_S \\ Y_S \\ Z_S \end{pmatrix} + \lambda_n \cdot \boldsymbol{R}_n \cdot \begin{pmatrix} x_n - x_{0n} \\ y_n - y_{0n} \\ -f_n \end{pmatrix} \tag{4.12}$$

式中，x_{0n}，y_{0n}，f_n 表示归一化影像的内方位元素；x_n，y_n 表示归一化影像上的像点坐标。

由式(4.11)、式(4.12)相等，得到下列关系：

$$\begin{pmatrix} x_n - x_{0n} \\ y_n - y_{0n} \\ -f_n \end{pmatrix} = \frac{1}{\lambda_n} \boldsymbol{R}_n^{\mathrm{T}} \left(\begin{pmatrix} X_S \\ Y_S \\ Z_S \end{pmatrix} + \lambda \cdot \boldsymbol{R} \cdot \begin{pmatrix} x - x_0 \\ y - y_0 \\ -f \end{pmatrix} - \begin{pmatrix} X_S \\ Y_S \\ Z_S \end{pmatrix} \right)$$

$$= \frac{\lambda}{\lambda_n} \boldsymbol{R}_n^{\mathrm{T}} \boldsymbol{R} \begin{pmatrix} x - x_0 \\ y - y_0 \\ -f \end{pmatrix} \tag{4.13}$$

式中，

$$\boldsymbol{M} = \boldsymbol{R}_n^{\mathrm{T}} \boldsymbol{R} = \begin{pmatrix} m_{11} & m_{12} & m_{13} \\ m_{21} & m_{22} & m_{23} \\ m_{31} & m_{32} & m_{33} \end{pmatrix} \tag{4.14}$$

由式(4.13)可推得如下关系：

$$x = x_0 - f \cdot \frac{m_{11}(x_n - x_{0n}) + m_{21}(y_n - y_{0n}) + m_{31}(-f_n)}{m_{13}(x_n - x_{0n}) + m_{23}(y_n - y_{0n}) + m_{33}(-f_n)}$$

$$y = y_0 - f \cdot \frac{m_{12}(x_n - x_{0n}) + m_{22}(y_n - y_{0n}) + m_{32}(-f_n)}{m_{13}(x_n - x_{0n}) + m_{23}(y_n - y_{0n}) + m_{33}(-f_n)} \tag{4.15}$$

将式(4.15)进一步简写，得到原始影像与归一化影像像点之间的变换关系(式(4.16))，即为核线影像重采样的数学模型。

$$x = x_0 - f \frac{c_{11} \cdot x_n + c_{21} \cdot y_n + c_{31}}{c_{13} \cdot x_n + c_{23} \cdot y_n + c_{33}}$$

$$y = y_0 - f \frac{c_{12} \cdot x_n + c_{22} \cdot y_n + c_{32}}{c_{13} \cdot x_n + c_{23} \cdot y_n + c_{33}} \tag{4.16}$$

如图4.7所示，核线影像重采样产生归一化影像的主要过程概括如下：

(1)在归一化影像(核线影像)上任取一像元 $a_0(x_n, y_n)$；

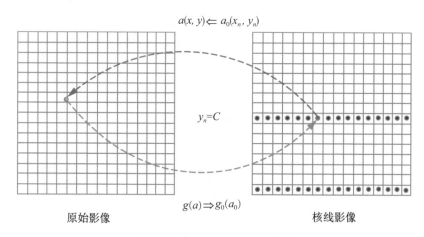

$$a(x, y) \Leftarrow a_0(x_n, y_n)$$

$$y_n = C$$

$$g(a) \Rightarrow g_0(a_0)$$

原始影像　　　　　　　　　　　核线影像

图 4.7　核线影像重采样过程

（2）根据式（4.16）计算对应的原始影像上像元的坐标 $a(x, y)$；

（3）根据像元的坐标 $a(x, y)$，使用合适的方法（如双线性内插方法）内插灰度 $g(x, y)$；

（4）将灰度 $g(x, y)$ 赋值给归一化影像的对应像元 $g(x_n, y_n) = g(x, y)$；

（5）对所有像元重复上述步骤；

（6）对另一幅影像重复上述步骤，得到归一化立体影像对。

4.2　线阵推扫式影像核线几何

4.2.1　线阵影像核线定义

线阵推扫式传感器属线中心投影成像。影像条带中每个扫描行影像有各自的投影中心，且每个扫描行影像的外方位元素是随时间变化的，不同的成像时刻扫描行影像的投影中心位置及姿态不同。如图 4.8 所示，左场景中，像点 p 所在的扫描行影像投影中心为 O，过 p 点的核面有多个核面（不唯一）；右场景中，过 p 点的核面与扫描行的投影中心一一对应，即投影中心个数与核面的个数相等。在这种情况下，核线被定义为多个核面与相应的扫描行影像的交点的集合，因此，分析可知，场景获取期间扫描行外方位元素的变化将影响核线的形状。

核线：左场景中的 p 点，在右场景中所有可能的共轭点形成的轨迹。

关于线阵推扫式影像的几个重要概念：

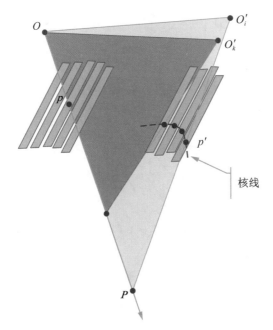

图 4.8 线阵推扫式影像核线定义

（1）每个扫描行影像的外方位元素 EOP 不同；

（2）过 p 点的核面不唯一；

（3）对整个场景，左、右影像上核线对的概念不存在；

（4）局部影像场景内，用直线近似表示核曲线。

4.2.2 线阵推扫式影像核线几何模型

1. 投影轨迹法确定核线

如图 4.9 所示，给定左、右影像的定向参数，利用框幅式影像的严格成像模型，左影像上的任意一个像点 q 可以映射到右影像上的唯一的一条直线上，即左影像上 q 点对应的右影像上的核线。核线模型推导如下：

图 4.9 中，过左影像投影中心 O 和 q 点的光线上，物方空间任意一点 Q 满足下列关系：

$$\begin{pmatrix} X \\ Y \\ Z \end{pmatrix} = \begin{pmatrix} X_S \\ Y_S \\ Z_S \end{pmatrix} + \lambda \cdot \boldsymbol{R} \cdot \begin{pmatrix} x_l \\ y_l \\ -f \end{pmatrix} \tag{4.17}$$

式中，f 表示相机主距；x_l，y_l 表示左影像上的 q 像点坐标；X，Y，Z 表示相应的物方点 Q

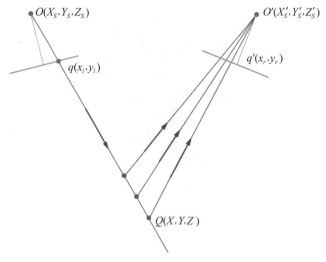

图 4.9　框幅式影像核线几何

的物方坐标；X_S，Y_S，Z_S 表示左影像投影中心 O 的坐标；λ 表示尺度因子；$\boldsymbol{R}$ 表示左影像旋转矩阵；

$$\boldsymbol{R} = \begin{pmatrix} r_{11} & r_{12} & r_{13} \\ r_{21} & r_{22} & r_{23} \\ r_{31} & r_{32} & r_{33} \end{pmatrix} \tag{4.18}$$

点 $Q(X，Y，Z)$ 反投影至右影像上的点 $q'(x_r，y_r)$ 时，下列关系成立：

$$x_r = -f \frac{r'_{11}(X - X'_S) + r'_{21}(Y - Y'_S) + r'_{31}(Z - Z'_S)}{r'_{13}(X - X'_S) + r'_{23}(Y - Y'_S) + r'_{33}(Z - Z'_S)}$$
$$y_r = -f \frac{r'_{12}(X - X_S) + r'_{22}(Y - Y_S) + r'_{32}(Z - Z_S)}{r'_{13}(X - X'_S) + r'_{23}(Y - Y'_S) + r'_{33}(Z - Z'_S)} \tag{4.19}$$

将式(4.17)代入式(4.19)，整理得到下列式子：

$$x_r = \frac{m_0 + \lambda(m_1 x_l + m_2 y_l + m_3)}{m_8 + \lambda(m_9 x_l + m_{10} y_l + m_{11})}$$
$$y_r = \frac{m_4 + \lambda(m_5 x_l + m_6 y_l + m_7)}{m_8 + \lambda(m_9 x_l + m_{10} y_l + m_{11})} \tag{4.20}$$

式中，$m_i(i = 0，1，2，\cdots，11)$ 为左、右影像外方位元素的函数。

将式(4.20)中 λ 消去，得到下式：

$$n_0 y_r + n_1 x_r + n_2 = 0 \tag{4.21}$$

式中，n_0，n_1，n_2 为常数。

由式(4.21)可知,框幅式中心投影影像的核线模型是线性的。

由图 4.8 可以看出,线阵推扫式影像的核线模型为非线性的。下面采用与框幅式影像相似的方法推导线阵影像的核线模型。

图 4.8 中,过左场景某扫描行影像上点 $p(0, y_l)$、物方点 $P(X, Y, Z)$,以及相应投影中心 $O(X_S, Y_S, Z_S)$ 的光线满足下列关系:

$$\begin{pmatrix} X \\ Y \\ Z \end{pmatrix} = \begin{pmatrix} X_S \\ Y_S \\ Z_S \end{pmatrix} + \lambda \cdot \boldsymbol{R} \cdot \begin{pmatrix} 0 \\ y_l \\ -f \end{pmatrix} \tag{4.22}$$

点 $P(X, Y, Z)$ 反投影至右场景某扫描行影像上的点 $p'(0, y_r)$ 时,式(4.23)成立:

$$0 = r'_{11}(X - X'_{Si}) + r'_{21}(Y - Y'_{Si}) + r'_{31}(Z - Z'_{Si})$$
$$y_r = -f \frac{r'_{12}(X - X'_{Si}) + r'_{22}(Y - Y'_{Si}) + r'_{32}(Z - Z'_{Si})}{r'_{13}(X - X'_{Si}) + r'_{23}(Y - Y'_{Si}) + r'_{33}(Z - Z'_{Si})} \tag{4.23}$$

式中,X'_{Si},Y'_{Si},Z'_{Si} 表示投影中心 O'_i 坐标;r'_{11},$\cdots$,r'_{33} 表示右场景第 i 扫描行旋转矩阵 $\boldsymbol{R'}$ 的方向余弦。

$$\boldsymbol{R'} = \begin{pmatrix} r'_{11} & r'_{12} & r'_{13} \\ r'_{21} & r'_{22} & r'_{23} \\ r'_{31} & r'_{32} & r'_{33} \end{pmatrix} \tag{4.24}$$

线阵推扫传感器的轨道、姿态采用二次多项式模型计算。如式(4.25)、式(4.26)所示。

$$X_S(\bar{x}) = a_0 + a_1 \bar{x} + a_2 \bar{x}^2$$
$$Y_S(\bar{x}) = b_0 + b_1 \bar{x} + b_2 \bar{x}^2 \tag{4.25}$$
$$Z_S(\bar{x}) = c_0 + c_1 \bar{x} + c_2 \bar{x}^2$$

$$\omega(\bar{x}) = d_0 + d_1 \bar{x} + d_2 \bar{x}^2$$
$$\varphi(\bar{x}) = e_0 + e_1 \bar{x} + e_2 \bar{x}^2 \tag{4.26}$$
$$\kappa(\bar{x}) = f_0 + f_1 \bar{x} + f_2 \bar{x}^2$$

将式(4.22)代入式(4.23),经整理得到如下核线方程:

$$y_r = -f \frac{r'_{12} \cdot A + r'_{22} \cdot B + r'_{32} \cdot C}{r'_{13} \cdot A + r'_{23} \cdot B + r'_{33} \cdot C} \tag{4.27}$$

式中,

$$A = X_S - X'_{Si} + \lambda\,(r_{12} \cdot y_l - r_{13} \cdot f)$$
$$B = Y_S - Y'_{Si} + \lambda\,(r_{22} \cdot y_l - r_{23} \cdot f) \tag{4.28}$$
$$C = Z_S - Z'_{Si} + \lambda\,(r_{32} \cdot y_l - r_{33} \cdot f)$$

$$\lambda = \frac{r'_{11}(X'_{Si} - X_S) + r'_{21}(Y'_{Si} - Y_S) + r'_{31}(Z'_{Si} - Z_S)}{(r_{12}r'_{11} + r_{22}r'_{21} + r_{32}r'_{31})\,y_l - f(r_{13}r'_{11} + r_{23}r'_{21} + r_{33}r'_{31})} \tag{4.29}$$

由于式(4.25)、式(4.26)是关于右影像扫描行数的函数(或表示为扫描行影像的行坐标 x_r),因此,式(4.27)为非线性函数。进一步可简写为:

$$y_r = Q(x_r) \tag{4.30}$$

线阵传感器推扫成像过程,局部场景获取时间短,影像获取期间,可以认为卫星运动速度为常速、传感器姿态不变。此时传感器的轨道、姿态模型可以简化处理。

$$X_{Sj} = X_0 + \Delta X \cdot j$$
$$Y_{Sj} = Y_0 + \Delta Y \cdot j \tag{4.31}$$
$$Z_{Sj} = Z_0 + \Delta Z \cdot j$$

$$\omega_j = \omega$$
$$\varphi_j = \varphi \tag{4.32}$$
$$\kappa_j = \kappa$$

式中,X_0,Y_0,Z_0 表示参考扫描行的投影中心坐标;ΔX,ΔY,ΔZ 表示坐标一阶变化率;ω,φ,κ 表示扫描行外方位角元素,视为常量;X_{Sj},Y_{Sj},Z_{Sj},ω_j,φ_j,κ_j 表示第 j 扫描行的外方位元素。

综合式(4.22)、式(4.23)、式(4.31)、式(4.32),推导过程同式(4.30),可推得简化的线阵影像核线模型:

$$k_1 \cdot j + k_2 \cdot j \cdot y_r + k_3 \cdot y_r + k_4 = 0 \tag{4.33}$$

式中,k_1,$\cdots$,k_4 为常量(表达式略)。

由此可以看出,式(4.33)为关于 j 和 y_r 双曲线模型。

2. 共面条件方程确定核线

假设卫星沿轨道运动速度为常速、传感器姿态不变,基于共面条件方程推导线阵推扫式影像的核线几何模型。

如图 4.10 所示,给定左场景中像点 p,在右场景中寻找对应的核线。与框幅式相机成像不同,线阵推扫传感器沿卫星轨道推扫成像过程中,扫描行影像的基线是随时间变化的。

假设卫星沿轨道常速、常姿态运动,则第 i 个扫描行影像对应的基线矢量 $\boldsymbol{b}_i$ 表示

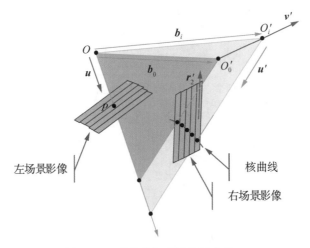

图 4.10　线阵推扫式影像核曲线

如下：

$$\boldsymbol{b}_i = \begin{pmatrix} b_{Xi} \\ b_{Yi} \\ b_{Zi} \end{pmatrix} = \begin{pmatrix} X'_{0i} - X_0 \\ Y'_{0i} - Y_0 \\ Z'_{0i} - Z_0 \end{pmatrix} = \begin{pmatrix} X'_0 + v'_X i - X_0 \\ Y'_0 + v'_Y i - Y_0 \\ Z'_0 + v'_Z i - Z_0 \end{pmatrix} = \begin{pmatrix} b_{X0} + v'_X i \\ b_{Y0} + v'_Y i \\ b_{Z0} + v'_Z i \end{pmatrix} \tag{4.34}$$

式中，X_0，Y_0，Z_0 表示左场景中 p 点所在扫描行影像的投影中心坐标；X'_{0i}，Y'_{0i}，Z'_{0i} 表示右场景中第 i 个扫描行影像的投影中心坐标；X'_0，Y'_0，Z'_0 表示右场景中第 1 个扫描行影像的投影中心坐标；v'_X，v'_Y，v'_Z 表示右场景轨迹的速度分量；b_{X0}，b_{Y0}，b_{Z0} 表示右场景中对应的初始基线矢量 $\boldsymbol{b}_0$ 的分量（第 1 个扫描行影像的基线分量）。

　　对于左场景中给定点 p，$\boldsymbol{u}$ 矢量的分量为常量。另一方面，右场景中的 $\boldsymbol{u}'$ 矢量的分量取决于右场景中扫描行姿态的变化。在假设卫星常姿态运行的情况下，右场景中的 $\boldsymbol{u}'$ 矢量的分量变化不受姿态的影响。$\boldsymbol{u}'$ 矢量的分量表示如下：

$$\boldsymbol{u}' = \begin{pmatrix} u'_X \\ u'_Y \\ u'_Z \end{pmatrix} = \boldsymbol{R}' \begin{pmatrix} d \\ y_i \\ -f \end{pmatrix} = \begin{pmatrix} r'_{11}(d) + r'_{12}(y_i) + r'_{13}(-f) \\ r'_{21}(d) + r'_{22}(y_i) + r'_{23}(-f) \\ r'_{31}(d) + r'_{32}(y_i) + r'_{33}(-f) \end{pmatrix} \tag{4.35}$$

式中，d 是常量，表示传感器焦平面上 CCD 线阵与像平面坐标纵轴之间的偏移（对于单线阵传感器，通常 $d=0$）；y_i 表示右场景中第 i 个扫描行影像的坐标；$\boldsymbol{R}'$ 表示右场景第 i 个扫描行影像坐标系与物方空间坐标系之间的旋转矩阵；r'_{11}，$\cdots$，r'_{33} 表示旋转矩阵 $\boldsymbol{R}'$ 的 9 个方向余弦。

　　$\boldsymbol{b}_i$，$\boldsymbol{u}$，$\boldsymbol{u}'$ 三矢量满足共面条件方程：

$$\boldsymbol{b}_i \cdot (\boldsymbol{u} \times \boldsymbol{u}') = 0 \tag{4.36}$$

$$\begin{vmatrix} b_{X0} + v'_X i & b_{Y0} + v'_Y i & b_{Z0} + v'_Z i \\ u_X & u_Y & u_Z \\ r'_{11}d + r'_{12}y_i - r'_{13}f & r'_{21}d + r'_{22}y_i - r'_{23}f & r'_{31}d + r'_{32}y_i - r'_{33}f \end{vmatrix} = 0 \tag{4.37}$$

利用行列式恒等式(4.38)，将式(4.37)展开得到式(4.39)：

$$\begin{vmatrix} a+b & c+d & e+f \\ g & h & i \\ j & k & l \end{vmatrix} = \begin{vmatrix} a & c & e \\ g & h & i \\ j & k & l \end{vmatrix} + \begin{vmatrix} b & d & f \\ g & h & i \\ j & k & l \end{vmatrix} \tag{4.38}$$

$$E_1 y_i + E_2 i y_i + E_3 i + E_4 = 0 \tag{4.39}$$

式中，

$$E_1 = \begin{vmatrix} b_{X0} & b_{Y0} & b_{Z0} \\ u_X & u_Y & u_Z \\ r'_{12} & r'_{22} & r'_{32} \end{vmatrix}, \qquad E_2 = \begin{vmatrix} v'_X & v'_Y & v'_Z \\ u_X & u_Y & u_Z \\ r'_{12} & r'_{22} & r'_{32} \end{vmatrix}$$

$$E_3 = -f \begin{vmatrix} v'_X & v'_Y & v'_Z \\ u_X & u_Y & u_Z \\ r'_{13} & r'_{23} & r'_{33} \end{vmatrix} + d \begin{vmatrix} v'_X & v'_Y & v'_Z \\ u_X & u_Y & u_Z \\ r'_{11} & r'_{21} & r'_{31} \end{vmatrix}$$

$$E_4 = -f \begin{vmatrix} b_{X0} & b_{Y0} & b_{Z0} \\ u_X & u_Y & u_Z \\ r'_{13} & r'_{23} & r'_{33} \end{vmatrix} + d \begin{vmatrix} b_{X0} & b_{Y0} & b_{Z0} \\ u_X & u_Y & u_Z \\ r'_{11} & r'_{21} & r'_{31} \end{vmatrix}$$

由式(4.39)可知，由于 E_2 项的存在，场景坐标(i, y_i)之间的关系表明核线模型是非线性的。这是由于右场景坐标(i, y_i)涉及行列式(4.37)中的两行(第一行和第三行)。观察 E_2 行列式不难发现，该行列式实际描述了 v'，u，r'_2 三矢量的混合积(r'_2 表示旋转矩阵 R' 的第二列)，但是，无论立体影像采用什么方式获取，三个矢量都不会共面。

在理想的同轨或异轨立体影像配置的特殊情况下，核线变为直线(图4.11、图4.12)。

如图4.11所示，速度矢量和基线矢量共线时，会产生理想同轨立体影像，此时，过左场景投影中心及左场景上的兴趣影像点的核面是唯一的，因此，核面与右场景相交得到的直线即为核线。

速度矢量和基线矢量共线：

$$\boldsymbol{b}_0 = \lambda \cdot \boldsymbol{v}' \quad (\lambda \text{ 为尺度因子}) \tag{4.40}$$

式(4.39)中，E_1，…，E_4 有如下关系：

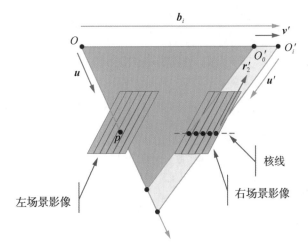

图 4.11 理想的同轨立体影像核线

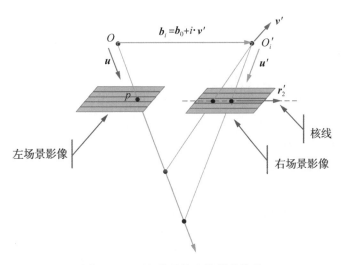

图 4.12 理想的异轨立体影像核线

$$E_1 = \lambda \cdot E_2 \tag{4.41}$$

$$E_4 = \lambda \cdot E_3 \tag{4.42}$$

将式(4.41)、式(4.42)代入式(4.39),可推得核(直)线方程如下:

$$E_2 y_i + E_3 = 0 \tag{4.43}$$

如图 4.12 所示,在理想的异轨立体情况下,b_i,u,r_2'三个矢量共面,因此,核线与右场景的行是重合的,核线变为直线。

b_i,u,r_2'三个矢量共面:

$$\begin{vmatrix} b_{X0}+v'_x i & b_{Y0}+v'_Y i & b_{Z0}+v'_z i \\ u_X & u_Y & u_Z \\ r'_{12} & r'_{22} & r'_{32} \end{vmatrix}=0 \qquad (4.44)$$

由式(4.44)推导得到下式:

$$E_1+i\cdot E_2=0 \qquad (4.45)$$

式(4.39)变为核(直)线方程:

$$E_3\cdot i+E_4=0 \qquad (4.46)$$

3. 核线形状及分析

将式(4.39)重写成如下形式:

$$y_i+\frac{E_3}{E_2}=\frac{A}{i+\dfrac{E_1}{E_2}} \qquad (4.47)$$

其中, $A=\dfrac{E_1 E_3-E_2 E_4}{E_2^2}$。

下面分析参数 A, E_1/E_2, E_3/E_2 对核线形状及核线直线性的影响。

式(4.39)表示双曲线。由图4.13和图4.14可以看出,双曲线两个分支中仅有一个分支的小部分在场景内可视。接近于双曲线渐近线 $i=-E_1/E_2$, $y_i=-E_3/E_2$ 时,核线接近于直线。参数 A 影响双曲线的整体形状, A 值越大,曲率越小,核线直线性越好;另一方

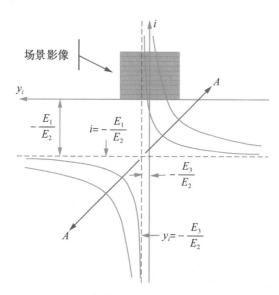

图4.13　参数对核线形状的影响(同轨)

132

面，E_1/E_2，E_3/E_2 分别表示双曲线沿 i 轴和 y_i 轴的平移量，不同的平移量将引起双曲线的不同部分在场景内可见，因此，平移量的模将影响场景内核线部分的直线性，平移量的模越大，核线的直线性越好。此外，参数 A 较参数 E_1/E_2 和 E_3/E_2 对核线形状影响弱，因为参数 A 影响双曲线的整体形状，其范围比场景尺寸大得多；参数 E_1/E_2 和 E_3/E_2 则影响场景范围内的核线形状。

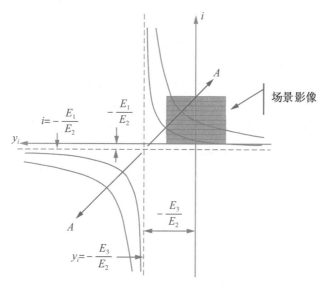

图 4.14   参数对核线形状的影响（异轨）

图 4.13 为同轨立体配置情况，核线与场景的列近似对齐，因此，E_1/E_2 的值要远大于 E_3/E_2；相反，如图 4.14 所示，对于异轨立体配置情况，核线与场景的行近似对齐，E_3/E_2 的值要远大于 E_1/E_2。

4.3   线阵推扫式影像核线重采样

线阵 CCD 推扫式卫星影像的投影方式与传统的航空框幅式影像不同，成像几何关系较复杂，核线几何模型是非线性的，严格的核线影像难以生成。将卫星影像上的每一个像元投影到平均高程平面上，生成的近似核线影像上仍有较大的上下视差；将卫星影像上的每一个像元投影到 DEM 上，然后沿着核线方向再投影到新的影像平面，该方法思路简单，但是处理过程复杂，且必须已知影像覆盖区域的 DEM 及影像的定向参数。

高分辨率光学卫星具有高轨道、窄视场的特点，影像地面覆盖范围小、成像获取时间短，卫星的运动被认为是匀速且姿态不变的。此时，平行投影可以表示为"焦距无穷大"

时的中心投影,相应的仿射投影变换可以被看作中心透视投影的特殊情况。因此,仿射变换影像的核线几何可以采用与中心透视投影影像相同的方法进行处理。

此外,对于线阵推扫场景,研究表明:① 局部影像场景范围内核曲线可以用直线近似,拟合精度可达子像元级;② 局部影像场景范围内立体场景存在左、右核线对的概念。高分辨率卫星影像数据处理中,可以采用分段的方法进行核线影像重采样。

4.3.1 基于平行投影的核线重采样

图 4.6 表示框幅式立体影像的核线几何,从图中可知,核面被定义为过左、右影像的投影中心及物方点的平面,由于每幅影像只有一个投影中心,因此核面实际上是由每个物方点决定的。相反,仿射影像没有投影中心,仿射影像上投影光线的方向即投影矢量对影像上任意像点而言是相同的。如图 4.15 所示,对于根据平行投影产生的立体场景,考虑从物方点到仿射影像的投影光线,**核面被定义为从同一物方点发出的两条投影光线构成的平面**。从图中可以看出仿射影像核线几何的一些特点:核面与仿射影像平面的交线产生直(核)线;过不同物方点的核面相互平行;在同一场景内的核线相互平行。

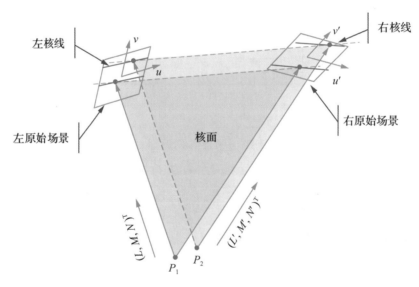

图 4.15 仿射影像核线几何(不同物方点核面平行、同一场景内核线平行)

在框幅式相机的情况下,选择一个与摄影基线平行的共同的归一化平面,实现核线影像的重排列;对于线阵列推扫相机,同样也必须选择归一化平面。归一化平面选择的标准是:① 要生成归一化立体像对,即左、右仿射影像同时投影到一个新的平面上;② 在归一化立体影像对中,影像左、右视差与物方高程(深度值)须维持线性关系。图 4.16 表示

过物方点 P_1 和 P_2 的核面，且 P_1 和 P_2 高程相等，图中显示了共面和非共面的立体场景核线对，研究发现，当立体场景对位于同一水平面上（归一化平面）时，高程相等的物方点的左、右视差值相等，因此，为了使左、右视差与物方高程维持线性关系，归一化平面应选取水平面。

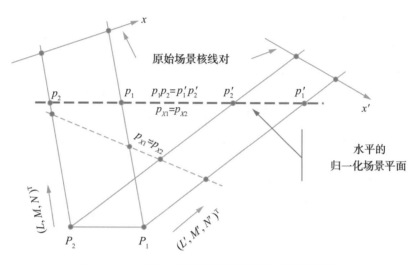

图 4.16　水平归一化平面（高程相同的点视差相等）

如图 4.17 所示，一般任意选择的归一化平面，可以在垂直于归一化平面的方向上维持左、右视差与深度值的线性关系。考虑高程实际定义及左、右视差的几何意义，通常仍

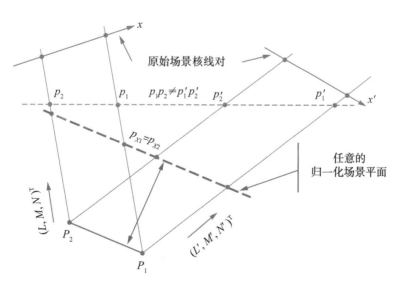

图 4.17　任意的归一化平面

然选择水平面作为归一化平面，即原始的立体场景应投影到水平的归一化平面上。

在上述分析的基础上，基于平行投影的立体场景有如下结论：

（1）核线是直线；

（2）在同一场景内，核线相互平行；

（3）为确保左、右视差(x-parallax)与深度信息之间具有线性关系，原始场景应投影到共同的水平面(归一化平面)上；

（4）共轭点／核线之间的上、下视差(y-parallax)，利用归一化平面内的旋转、缩放及平移变换进行消除；

（5）原始场景到归一化场景的变换，可以通过组合(3)、(4)中的参数一步完成。

下面推导原始场景到归一化场景的仿射变换关系。首先，左、右场景平面应位于共同的水平面上，因此，归一化平面的方向角(ω_n，φ_n)应设置为0；其次，为保证核线与场景的行对齐，场景坐标系的 x 轴应平行于核线的方向。如图 4.18 所示，场景平面内 x 轴的方向通过旋转角 κ_n 定义。核线的方向利用核面与归一化平面相交确定。

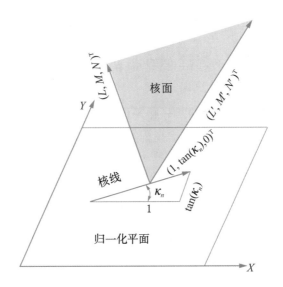

图 4.18　水平归一化平面上确定核线的方向

由图 4.18 中可知，左、右平行投影方向矢量$(L, M, N)^{\mathrm{T}}$、$(L', M', N')^{\mathrm{T}}$ 及核线方向矢量$(1, \tan(\kappa_n), 0)^{\mathrm{T}}$ 三个矢量共面：

$$\begin{vmatrix} L & M & N \\ L' & M' & N' \\ 1 & \tan(\kappa_n) & 0 \end{vmatrix} = 0 \tag{4.48}$$

由式(4.48)，得到：

$$\kappa_n = \arctan\left(\frac{NM' - MN'}{NL' - LN'}\right) \tag{4.49}$$

为了确保共轭核线对沿着场景的同一行对齐，左、右场景应该具有相同的尺度参数 s_n 及沿 y 轴相同的平移量 Δy_n；左、右场景沿 x 轴的平移量 Δx_n 取相同的值。

为产生归一化场景，选择物方空间到左、右场景的平行投影参数如下：

归一化左场景平行投影参数：$(L, M, \omega_n, \varphi_n, \kappa_n, \Delta x_n, \Delta y_n, s_n)$。

归一化右场景平行投影参数：$(L', M', \omega_n, \varphi_n, \kappa_n, \Delta x_n, \Delta y_n, s_n)$。

其中，

$$\Delta x_n = \frac{\Delta x + \Delta x'}{2}, \quad \Delta y_n = \frac{\Delta y + \Delta y'}{2}, \quad s_n = \frac{s + s'}{2};$$

$\omega_n = \varphi_n = 0$，κ_n 根据式(4.49)计算。

以左场景影像为例，推导原始场景与归一化场景之间的仿射变换关系。

由式(2.107)可得左原始场景与物方空间的对应点坐标之间的关系式：

$$\begin{pmatrix} X \\ Y \\ Z \end{pmatrix} = \frac{1}{s} \boldsymbol{R}_{(\omega, \varphi, \kappa)} \begin{pmatrix} u - \Delta x \\ v - \Delta y \\ 0 \end{pmatrix} - \lambda \begin{pmatrix} L \\ M \\ N \end{pmatrix} \tag{4.50}$$

同理，可得左归一化场景与物方空间的对应点坐标之间的关系式：

$$\begin{pmatrix} X \\ Y \\ Z \end{pmatrix} = \frac{1}{s_n} \boldsymbol{R}_{(\omega_n, \varphi_n, \kappa_n)} \begin{pmatrix} u_n - \Delta x_n \\ v_n - \Delta y_n \\ 0 \end{pmatrix} - \lambda_n \begin{pmatrix} L \\ M \\ N \end{pmatrix} \tag{4.51}$$

式(4.50)、式(4.51)中，物方点坐标相等，推得如下关系：

$$\frac{1}{s} \boldsymbol{R}_{(\omega, \varphi, \kappa)} \begin{pmatrix} u - \Delta x \\ v - \Delta y \\ 0 \end{pmatrix} - \lambda \begin{pmatrix} L \\ M \\ N \end{pmatrix} = \frac{1}{s_n} \boldsymbol{R}_{(\omega_n, \varphi_n, \kappa_n)} \begin{pmatrix} u_n - \Delta x_n \\ v_n - \Delta y_n \\ 0 \end{pmatrix} - \lambda_n \begin{pmatrix} L \\ M \\ N \end{pmatrix} \tag{4.52}$$

由式(4.52)推导得到左原始场景与左归一化场景坐标 (u_n, v_n, u, v) 之间的变换关系为：

$$\begin{pmatrix} u_n \\ v_n \\ 0 \end{pmatrix} = \begin{pmatrix} \Delta x_n \\ \Delta y_n \\ 0 \end{pmatrix} + s_n(\lambda_n - \lambda) \boldsymbol{R}_{(\omega_n, \varphi_n, \kappa_n)}^{\mathrm{T}} \begin{pmatrix} L \\ M \\ N \end{pmatrix} + \frac{s_n}{s} \boldsymbol{R}_{(\omega_n, \varphi_n, \kappa_n)}^{\mathrm{T}} \boldsymbol{R}_{(\omega, \varphi, \kappa)} \begin{pmatrix} u - \Delta x \\ v - \Delta y \\ 0 \end{pmatrix} \tag{4.53}$$

由式(4.53)第 3 式计算 $(\lambda_n - \lambda)$，并将 $(\lambda_n - \lambda)$ 代入第 1、2 式，整理得到 6 个参数仿射变换关系如下：

$$u_n = a_1 u + a_2 v + a_3$$
$$v_n = a_4 u + a_5 v + a_6$$

(4.54)

式中，a_1，$\cdots$，a_6 可以由原始场景和归一化场景的平行投影参数推导计算。

同理，可针对右场景推导右原始场景影像与归一化场景之间的仿射变换关系：

$$u'_n = a'_1 u' + a'_2 v' + a'_3$$
$$v'_n = a'_4 u' + a'_5 v' + a'_6$$

(4.55)

基于平行投影的线阵影像立体场景归一化过程(图 4.19) 概括如下：

(1) 利用至少 5 个控制点估计左、右场景的各 8 个线性平行投影仿射变换(式(2.99))参数 A_1，$\cdots$，A_8 和场景的侧视角 Ω；

(2) 利用步骤(1) 估计的传感器侧视角(roll angle) Ω，按照式(2.98) 将中心投影的左、右原始场景变换为平行投影的仿射变换场景(投影性质转化)；

(3) 利用步骤(1) 估计的仿射变换参数，按照 2.4.3 小节计算左、右场景的非线性平行投影参数 $(L, M, \omega, \varphi, \kappa, \Delta x, \Delta y, s)$ 和 $(L', M', \omega', \varphi', \kappa', \Delta x', \Delta y', s')$；

(4) 选择归一化的左、右场景平行投影参数 $(L, M, \omega_n, \varphi_n, \kappa_n, \Delta x_n, \Delta y_n, s_n)$ 和 $(L', M', \omega_n, \varphi_n, \kappa_n, \Delta x_n, \Delta y_n, s_n)$，使得左、右视差与物方深度信息之间具有线性关系。归一化平面取水平面：$\omega_n = \varphi_n = 0$，κ_n 根据式(4.49) 计算；$(\Delta x_n, \Delta y_n, s_n)$ 取原始左、右仿射场景参数的均值。

(5) 使用原始仿射场景和归一化场景平行投影参数计算仿射变换(式(4.54)、式(4.55)) 参数，将投影转换后的原始仿射场景投影至归一化场景，实现线阵推扫场景核线重采样。

4.3.2　基于 RPC 和平行投影的核线重采样

卫星 CCD 线阵推扫式传感器成像几何与框幅式相机成像几何不同，使用传感器严格模型的核线重采样方法既复杂，又不适合实际应用情况。为了克服这个问题，日本学者(Ono，1999)提出将已建立的二维仿射定向模型应用于卫星影像的核线重采样。每幅影像的仿射变换模型有 8 个参数，且需要一些连接点对影像进行归一化。在此基础上，Morgan 等(2004)开展了关于平行投影模型的核线重采样研究。该模型与 2D 仿射模型类似，由于平行投影模型具有如姿态和尺度之类的物理参数，这一特性又使其与 2D 仿射模型有所不同。但是，平行投影模型参数计算还需要提供 GCP(地面控制点)，而 IKONOS 和 QuickBird 等高分辨率影像提供 RPC 参数，利用 RPC 模型可以生成虚拟的 GCP，因此，可以考虑利用 RPC 和平行投影模型直接生成核线影像(Oh et al.，2006)。需要指出，当只有基本 RPC 可用时，为了提高 RPC 模型定位精度，需要用 1 个以上的 GCP 改进 RPC 参数。

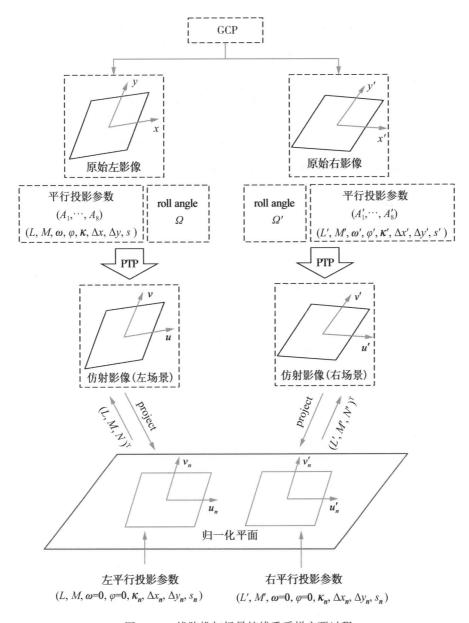

图 4.19 线阵推扫场景核线重采样主要过程

基于 RPC 和平行投影的线阵影像立体场景归一化过程如图 4.20 所示。

左、右影像的 RPC 更新是可选的。首先,使用至少 3 个地面控制点对 RPC 进行改进,即根据 3.6 小节中式(3.100)和式(3.101)计算 6 个仿射变换参数(平差参数);然后,利用改进后的 RPC 生成虚拟 GCP。

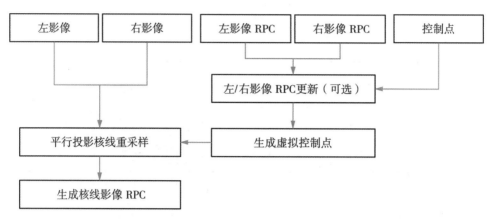

图 4.20　基于 RPC 和平行投影的线阵影像重采样

利用虚拟地面点按照 4.3.1 小节方法完成核线重采样。其中,关键计算过程包括:①使用虚拟地面点和相应的改正后的影像坐标计算每个影像的 2D 仿射变换参数及 roll 角;②将仿射变换参数转换为平行投影参数;③计算核线影像的平行投影参数;④根据计算的 roll 角,进行投影性质转换,将透视投影的像点坐标改正为平行投影像点的坐标。

4.3.3　线阵影像分段核线重采样

核线的确定及核线影像重采样是立体影像处理的重要步骤。与框幅式相机具有的核线几何的特点不同,在整个影像场景中,线阵推扫式传感器产生的核线非直线,且不存在左、右核线对的概念。线阵推扫式传感器的这些性质,使得建立线阵推扫传感器的核线几何用于核线影像重采样变得十分困难。因此,一些学者采用了避免这些问题的近似模型。本节介绍 Oh 和 Lee 等(2010)提出的一种基于 RPC 模型的共轭核线对的确定及线阵推扫影像核线重采样的方法。该方法假设局部场景中存在近似共轭核线对,将局部核线对顺序连接起来则可形成全局核线对;将产生的共轭核线点对重新进行排列以满足核线重采样影像的条件(对 IKONOS 立体图像进行了评价测试,该方法显示手动测量的连接点最大 y 视差为 1.25 像素;平行投影模型进行重采样的方法显示最大 y 视差为 4.59 像素)。

如图 4.21 所示,立体场景覆盖区域的高程范围为 $(h_{\min}, h_{\max})$,利用场景的 RPC 正、反解公式,可以确定左场景中像点 p 对应的右场景中核线 q_1q_2。具体方法为:① 左场景中选择影像点 p,根据给定的地面高程值,利用 RPC 反解公式计算地面坐标;② 右场景中,利用 RPC 正解公式将物方点反投影至像方空间;③ 在物方空间高程范围内,取不同的地面高程,右场景中得到一系列对应像点,像点的集合构成像点 p 的核曲线;④ 左场景中 p 的共轭点应沿着核曲线位于点 q_1 和点 q_2 之间,由其真实的地面高程决定。

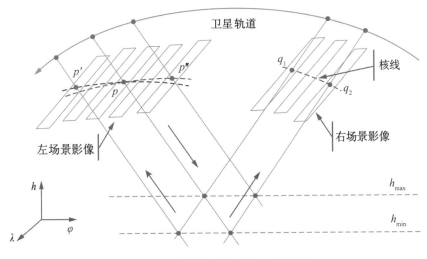

图 4.21　线阵影像核曲线的定义及特性

研究发现无论采用传感器严格模型还是 RPC 模型，在整个推扫场景内，线阵推扫传感器的核曲线形状均为类双曲线（the hyperbolic-like shape）；对基于 RPC 模型产生的核曲线点的直线性拟合实验表明，使用的物方高程范围取值越小，核曲线点的直线拟合的残差越小。因此，可以得出结论，对于给定的 RPC 高程范围的局部影像场景（RPC 仅在根据 RPC 高程偏移和比例计算的地面高程范围内有效，在范围之外无法保证其精度），核曲线可以用子像素精度的直线近似表示，这与 Kim（2000）的结果一致。在图 4.21 中，可以认为局部高程范围 (h_{min}, h_{max}) 产生的核线 q_1q_2 为直线。

除了核线的直线性，另一个要关注的是局部场景、全局场景的立体核线对问题。线阵推扫场景中，全局场景不存在核线对的概念。在图 4.21 中，根据地面高程范围，取右场景中核线上两个影像点 q_1 和 q_2，对应于左场景中的像点 p；影像点 q_1 和 q_2 分别用于确定对应的左场景中的核线 $p'p$ 和 pp''。从图 4.21 中看出，左、右场景中核线不存在一一对应关系。为进一步解释这个性质，使用地面高程范围（ -15000m ， +15000m ）生成 q_1 和 q_2 的核曲线。如图 4.22 所示，反映两条曲线在列方向的偏差。

从图 4.22（a）可以看出：在 p 点附近两条曲线的列方向偏差较小；远离中心的偏差变大；（右场景上 q_1 和 q_2）较大的高程范围相应的偏差增大较快；不存在核线对的概念。

图 4.22（b）反映（左场景）局部高程范围分别为（ 0 ， 1000 ）或（ 0 ， 2000 ）时的曲线的列方向偏差。从图中看出，曲线的列方向偏差均小于 0.1 像元。因此，在给定的局部高程范围内，核线 $p'p$ 和 pp'' 可近似看作一条核曲线。

综合上述分析，得到两个重要结论：

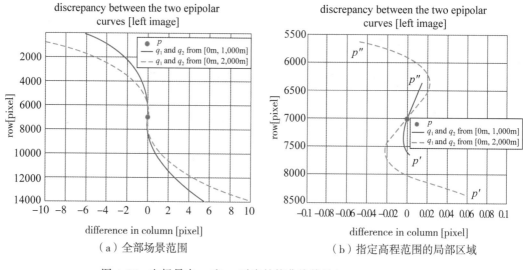

（a）全部场景范围　　　　　　　　　　　（b）指定高程范围的局部区域

图 4.22　左场景中 q_1 和 q_2 对应的核曲线偏差（Oh et al.，2010）

（1）利用地面高程范围计算的局部核曲线，可以近似为一条直线；

（2）在场景局部范围内或仅当核曲线分段生成时，存在近似核曲线对。

　　如图 4.23 所示，选择左场景中心点 p 作为起始点，利用左场景 RPC 反解公式，将其投影到物方最大、最小高程平面上得到两个地面点 P_1 和 P_2；然后，利用右场景 RPC 正解公式，将 P_1 和 P_2 反投影到右场景上，得到影像点 q_1 和 q_2。影像点 q_1 和 q_2 之间的核线近似为直线。同理，从右场景上的 q_1 和 q_2 两个像点出发，可分别得到左影像点 p' 和 p''。p' 和 p'' 之间的核线与 q_1 和 q_2 之间的核线构成立体核线对。用同样的方法进行连续的投影处理，在

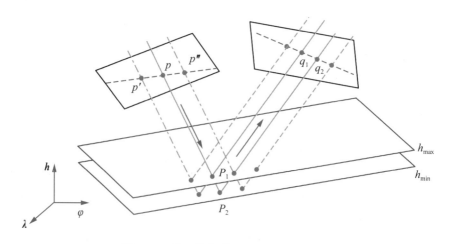

图 4.23　分段核曲线对生成（$p'p''$ 与 q_1q_2）

左、右场景的核线上可分别获得影像点线性序列,即左、右核线对。对左场景上任意其他点,用同样的方法可以获得左、右场景上的核线对。

核线重采样要满足核线影像的条件:重采样影像的 x 轴与卫星轨道的方向一致;y 轴正交于卫星轨道方向;左、右核线影像上不存在 y 视差、x 视差与地面高程成线性比例关系。因此,线阵影像分段核线重采样算法可概括如下(图4.24)。

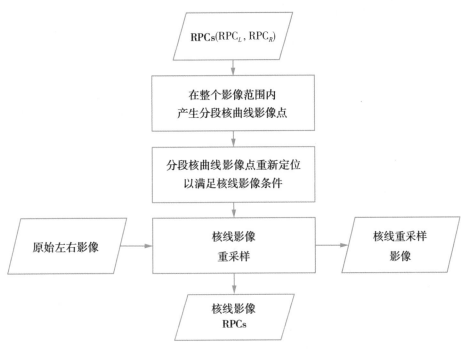

图 4.24 基于 RPC 的分段核曲线产生及影像重采样

1. 产生核曲线点集

影像重采样要求在整个影像场景中生成的核曲线点应分布均匀。如图 4.25 描述了如何选择左影像上的起始点和右影像上的对应点。首先,选择左影像的中心点作为起始点生成左影像的中心核曲线(卫星轨道方向),然后,对中心核曲线进行直线拟合得到正交于直线(中心核曲线)的方向;其次,沿着直线(中心核曲线)的正交方向、按照预定的间隔建立起始点集,在左、右影像上生成分段核曲线对。采用这种方法的原因很简单,由于起始点集与卫星轨道方向正交,因此可以用来建立核线影像的 y 轴。在右影像中,使用固定的地面高程(零高程或最小地面高程)计算起始点的共轭点来设置 y 轴。

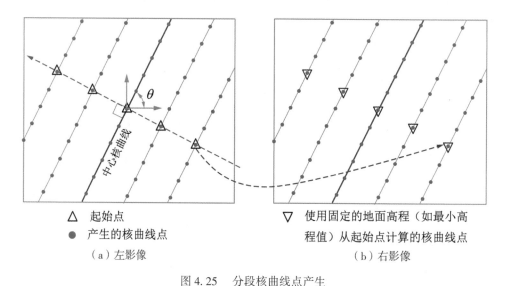

△ 起始点

● 产生的核曲线点

（a）左影像

▽ 使用固定的地面高程（如最小高
程值）从起始点计算的核曲线点

（b）右影像

图 4.25 分段核曲线点产生

2. 重新调整分配核曲线点位，以满足核线影像的条件

为进行核线影像重采样，所有的分段核曲线点应重新定位以满足核线影像的条件。如图 4.26 所示，在核线影像重采样域中，通过将左影像中的起始点与右影像中的对应像点沿 y 轴排列完成左、右影像的对齐，此时，核曲线仍非直线，y 视差仍然存在。两个步骤完成核曲线点重新定位：给左、右影像中的每个核曲线对指定一个相同的行坐标值，消除 y 视差；调整左、右影像中影像点间隔，令所有影像点间隔相等（可取两幅影像中相邻核曲线点之间的平均距离），使得 x 视差与地面高程值成线性比例关系（因为核曲线点是通过固定的高程间隔计算的）。

3. 影像变换或影像重采样

核曲线点重新定位后，在原始的左、右影像与左、右核线重采样影像之间产生大量均匀分布的对应点（格网）。利用这些对应点，按照式（4.56）拟合高次多项式进行影像重采样（简单的仿射变换不能用于曲线到直线的变换）。由于是规则格网，也可以采用内插的方法（图 4.27）进行影像重采样。

$$x' = a_1 + a_2 x + a_3 y + a_4 x^2 + a_5 xy + a_6 y^2 + \cdots$$
$$y' = b_1 + b_2 x + b_3 y + b_4 x^2 + b_5 xy + b_6 y^2 + \cdots \tag{4.56}$$

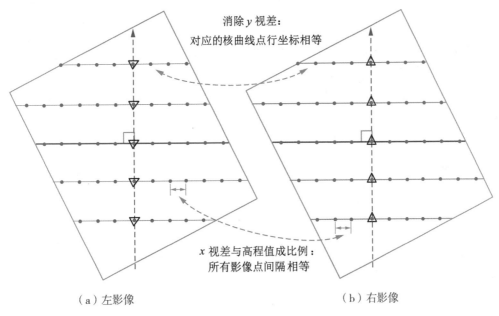

图 4.26 利用核曲线点进行核线重采样

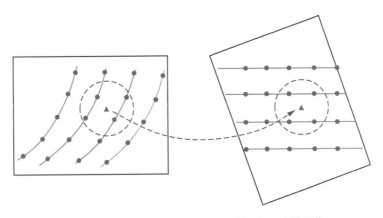

图 4.27 核线影像内插(原始影像到核线重采样影像)

4. 新的核线影像 RPCs 计算

为了进行立体测图,核线影像重采样后,核线影像的 RPCs 必须重新计算。新的 RPC 使用虚拟控制点按照最小二乘法计算得到。主要过程包括:①在归一化的物方空间(立方格网)生成"虚拟控制点";②利用 RPC 正解公式将"虚拟控制点"投影至原始影像上;③利用核线重采样获取每一个投影影像点的核线影像坐标;④单片解算核线影像 RPCs。

4.3.4　基于投影参考平面的核线重采样

本节介绍一种基于物方空间投影参考平面的高分辨率卫星线阵推扫影像的核线模型及核线影像重采样方法（Wang et al.，2011）。以基于物方空间投影参考平面的核线模型为基础，通过传感器模型直接建立原始影像像元与生成的核线影像像元之间的映射关系，完成核线影像重采样任务。

在左、右场景为同轨获取的情况下，基于投影参考平面的卫星立体影像场景对的核线模型原理，如图 4.28 所示。

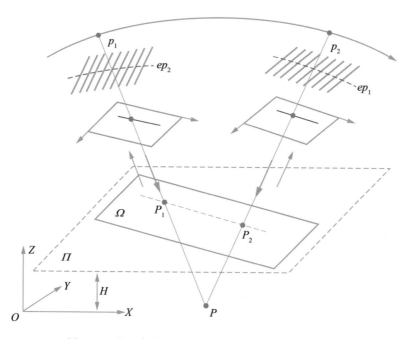

图 4.28　基于参考平面的同轨立体影像对的核线模型

图 4.28 中，定义局部切平面坐标系 $O\text{-}XYZ$（定义同 2.1.8 小节图 2.8）为物方空间坐标系，坐标系原点 O 位于立体模型地面覆盖范围的中心点附近；$\varPi$ 表示物方参考平面，是高程为 H 的物方空间平均高程平面；点 p_1 和点 p_2 为左、右场景上任意一对共轭点（同名像点）；点 P 为点 p_1 和点 p_2 对应的地面点；按照基于投影轨迹法的线阵影像场景核线定义，右场景上 ep_1 表示左场景上 p_1 对应的核曲线，左场景上 ep_2 表示右场景上 p_2 对应的核曲线。

需要指出，由于卫星在轨运行状态稳定，线阵推扫成像过程中，影像场景的扫描行姿态几乎是恒定的，并且投影中心的位置可以认为随曝光时间或扫描行线性变化。卫星线阵推扫影像场景的核曲线具有两个重要几何性质：① 核曲线近似直线性。线阵影像的核曲线在无穷远处呈现类双曲线形状，但在立体影像场景范围内，核曲线近乎为直线。② 核曲线对局部共轭。传统意义上线阵推扫立体影像场景不存在共轭核曲线对，但在局部场景或接近于立体影像共轭像点的区域，可以近似认为仍然存在共轭核曲线对的概念。

因此，图 4.28 中 ep_1 和 ep_2 可近似认为是共轭核线对，并且将 ep_1 和 ep_2 上的点投影到参考平面 Π 上得到的轨迹近乎为一条直线 P_1P_2，直线 P_1P_2 与物方点 P 构成近似核面。此外，不难发现所有共轭核线在参考平面 Π 上的投影轨迹构成近似平行于直线 P_1P_2 的直线集。在核曲线上选取均匀分布的采样点，将其投影到参考平面 Π 上，并计算投影点坐标、获取其投影轨迹，通过轨迹点的直线方程拟合，及拟合残差的分析可以得出结论：① 对于任意共轭核曲线对，其投影轨迹几乎重合且具有高度直线性；② 对于不同的共轭核曲线对，其轨迹近似平行。

综上可知，通过将原始卫星立体影像场景投影到平行于直线 P_1P_2(参考平面上核曲线投影轨迹的方向) 的影像对上，可以生成相互平行的近似核线。由此看出，物方空间参考平面 Π 实际上充当了原始影像与生成的核线影像之间建立像素映射关系的桥梁作用。针对该核线模型，可以采用与数字影像纠正相同的方式实现卫星立体影像的核线重采样。

设(S, L)表示原始影像场景上的像点坐标，(Lat, Lon, Height) 表示对应的物方空间点的大地坐标。像方空间与物方空间的坐标变换关系定义如下：

$$(S, L, \text{Height}) \xrightarrow{FL} (\text{Lat, Lon}) \tag{4.57}$$

$$(\text{Lat, Lon, Height}) \xrightarrow{BL} (S, L) \tag{4.58}$$

$$(S, L, \text{Height}) \xrightarrow{FR} (\text{Lat, Lon}) \tag{4.59}$$

$$(\text{Lat, Lon, Height}) \xrightarrow{BR} (S, L) \tag{4.60}$$

上述关系式中，FL、BL 分别表示左场景影像的正、反变换；FR、BR 分别表示右场景影像的正、反变换。

物方空间局部切平面坐标系与大地坐标系之间的坐标变换定义如下：

$$(\text{Lat, Lon, Height}) \xrightarrow{T} (X, Y, Z) \tag{4.61}$$

$$(X, Y, Z) \xrightarrow{T'} (\text{Lat, Lon, Height}) \tag{4.62}$$

式中，T 表示大地坐标系到局部切平面坐标系的坐标变换；T' 表示局部切平面坐标系到大地坐标系的坐标变换。

下面介绍核线影像重采样的具体方法。

首先确定**核线的方向**，即图 4.28 中直线 P_1P_2 的方向。

如图 4.29 所示，Π 表示局部坐标系中高程为 H 的参考水平面，a 为左场景中随机选取的任意像点，R 表示对应的投影光线。

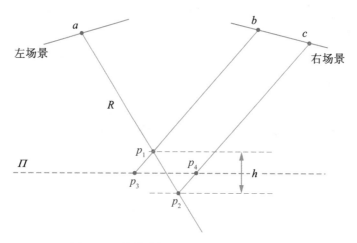

图 4.29　核曲线投影轨迹的近似直线方向

（1）在投影光线上分别选取高于参考平面和低于参考平面、高差为 h 的任意两点 p_1 和点 p_2，利用式（4.57）分别计算其大地坐标；

（2）利用式（4.60）将点 p_1 和点 p_2 反投影到右场景，计算像点 b 和 c 的影像像素坐标；

（3）将右场景中像点 b 和 c 分别投影到参考平面 Π 上，并利用式（4.59）和式（4.61）分别计算参考平面 Π 上投影点 p_3 和 p_4 的局部切平面坐标；

（4）连接投影点 p_3 和 p_4，即得到参考平面上近似核线的方向。

其次，计算核线影像在参考平面上的**覆盖范围**。

（1）利用式（4.57）和式（4.61）计算原始左场景的覆盖范围；

（2）利用式（4.59）和式（4.61）计算原始右场景的覆盖范围；

（3）根据（1）和（2）在参考平面上确定原始立体影像场景覆盖范围的最小外接矩形区域的范围。图 4.28 中，Ω 即表示参考平面 Π 上核线影像的矩形区域范围，且矩形的水平边与核线方向平行。

最后，进行核线影像**重采样**。

图 4.30 解释如何建立核线影像与原始立体影像场景的像素坐标之间的关系。

图 4.30 中，将 Ω 分割成大小均匀的格网单元，这些格网单元与原始立体影像场景的地面采样距离（GSD）相同，然后将 Ω 的格网单元与左、右核线影像的像素进行关联，并且规定所生成的左、右核线影像与 Ω 具有相同的 Π 覆盖范围，即左、右核线影像具有相同的尺寸。从图中可以看出，局部切平面中格网单元的平面坐标与核线影像上像元坐标之间的对应关系可以通过坐标系的旋转、平移和缩放等变换建立。

图 4.30 中，$O\text{-}X'Y'$ 坐标系与 $O\text{-}XYZ$ 坐标系原点重合，X' 坐标轴与核线方向平行。设 (X, Y) 表示在局部切平面坐标系中格网单元的平面坐标，则对应的 $O\text{-}X'Y'$ 坐标系中坐标

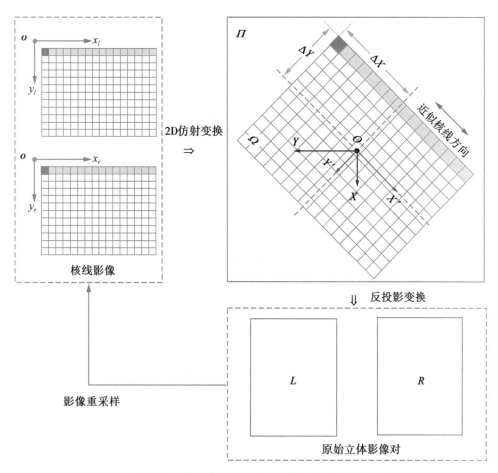

图 4.30　核线影像与原始立体影像对坐标变换关系

(X', Y') 可由式(4.63) 计算得到。

$$\begin{pmatrix} X' \\ Y' \end{pmatrix} = \boldsymbol{R} \begin{pmatrix} X \\ Y \end{pmatrix} \tag{4.63}$$

式中，2D 旋转矩阵 $\boldsymbol{R}$ 可根据参考平面上确定的核线方向确定。

设$(\Delta X, \Delta Y)$ 表示 $O\text{-}X'Y'$ 坐标系原点相对于 Ω 区域左上角的平移量，g 表示格网大小，(x_l, y_l) 和(x_r, y_r) 分别表示左、右核线影像上的像素坐标，则：

$$\begin{pmatrix} x_l \times g \\ y_l \times g \end{pmatrix} = \begin{pmatrix} X' \\ Y' \end{pmatrix} + \begin{pmatrix} \Delta X \\ \Delta Y \end{pmatrix} \tag{4.64}$$

$$\begin{pmatrix} x_r \times g \\ y_r \times g \end{pmatrix} = \begin{pmatrix} X' \\ Y' \end{pmatrix} + \begin{pmatrix} \Delta X \\ \Delta Y \end{pmatrix} \tag{4.65}$$

综合式(4.63)、式(4.64) 和式(4.65)，上述坐标系旋转、平移和尺度缩放变换与式

（4.66）、式（4.67）等价，左、右核线影像像素坐标与参考平面上格网单元坐标满足仿射变换关系，且共享相同的 2D 仿射变换参数 a_0、a_1、a_2、b_0、b_1、b_2。

$$X = a_0 + a_1 \times x_l + a_2 \times y_l$$
$$Y = b_0 + b_1 \times x_l + b_2 \times y_l \tag{4.66}$$
$$X = a_0 + a_1 \times x_r + a_2 \times y_r$$
$$Y = b_0 + b_1 \times x_r + b_2 \times y_r \tag{4.67}$$

对于参考平面 Π 上每个格网单元，其在左原始场景上对应的像素位置可以根据式（4.66）、式（4.62）和式（4.58）计算得到；而在右原始场景上对应的像素位置可以根据式（4.67）、式（4.62）和式（4.60）计算得到。

因此，通过引入物方空间参考平面 Π，建立生成的核线影像与原始立体影像场景像素坐标之间的映射关系后，最后选择合适的内插方法（如双线性内插）完成核线影像的重采样过程。由上述分析可知，该方法本质上与间接法数字微分纠正原理是一样的。需要指出，基于物方空间参考平面的核线影像重采样方法，不仅适用于同轨立体影像场景，对异轨立体影像场景同样适用。异轨立体影像场景核线模型如图 4.31 所示，其核线影像重采样方法与同轨立体影像场景的方法完全一致。

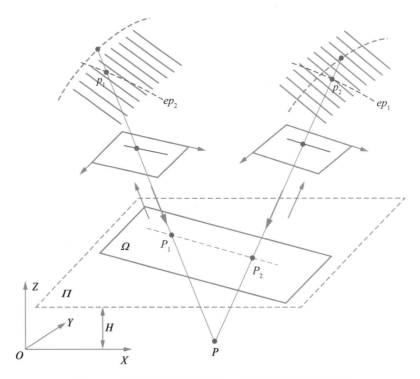

图 4.31　基于参考平面的异轨立体影像对的核线模型

关于投影参考平面的核线影像重采样有如下结论：

（1）实验表明，对于高分辨率光学卫星影像，基于投影参考平面的核线影像重采样方法，立体核线影像的左、右视差达子像素大小，最大值小于 1 像元；

（2）该方法同时适用于同轨立体影像场景和异轨立体影像场景的核线影像重采样；

（3）关于参考平面上近似核线方向的确定，为了使处理过程简单、可靠，建议采用图 4.29 方法。理论上，也可利用立体影像场景先验共轭点确定参考平面上近似核线方向，但是，当影像场景先验共轭点的物方点位于参考平面上或在参考平面附近时，核线近似方向不能正确确定。

◎ 思考题

1. 简述框幅式相机与 CCD 推扫式相机成像的特点。

2. 框幅式影像的核线的定义是什么？有何特点？核线影像重采样的目的是什么？

3. 框幅式影像的核线的获取方法有哪些？推导框幅式影像的核线几何模型。

4. 推扫式相机影像的核线如何定义？推扫式相机影像的核线有什么特点？

5. 推扫式影像的核线的获取方法有哪些？推导线阵推扫影像的核线模型。

6. 如何理解立体影像核线对的概念？

7. 线阵推扫影像上，局部场景和全局场景的核线有何特点？

8. 平行投影影像上核线有什么特点？

9. 理解平行投影影像场景与平行投影影像归一化场景的概念。

10. 平行投影影像归一化场景中核线方向如何确定？

11. 简述利用平行投影模型进行核线重采样的主要过程。

12. 简述线性平行投影模型与非线性平行投影模型在核线重采样中的作用。

13. 线阵推扫影像核曲线获取原理是什么？核曲线与物方高程范围有何关系？

14. 分段立体核曲线对的生成原理是什么？

15. 分段核线影像重采样的方法有哪些？

16. 简述基于 RPC 的分段核线影像生成的主要过程。

17. 简述基于投影参考平面的核线影像重采样的原理。

18. 基于参考平面的核线模型中如何确定生成核线的方向？

第 5 章　光学卫星影像匹配

影像匹配是数字摄影测量实现自动化的核心，在影像相对定向、影像区域网平差特别是影像密集匹配生产 DSM 中具有重要作用，影像匹配也广泛应用于多光谱卫星影像之间的配准、卫星影像控制点影像库建设等工作。卫星立体影像主要采取同轨立体获取和异轨立体获取两种方式。同轨立体影像对大基高比、大倾角，导致影像几何变形大，立体影像对几何差异显著；由于受卫星重访周期的影响，异轨立体影像对获取的时间间隔较长，影像辐射差异、几何差异大。因此，倾角不同引起的大的几何变形和成像时间不同引起的影像辐射畸变都对影像匹配产生重要影响。此外，高分辨率卫星成像传感器具有长焦距、窄视场角的特点，影像投影差较大，容易产生地形遮挡和地物遮挡，特别是城市高层建筑物的遮挡；低纹理和重复纹理问题也引起匹配的歧义性。本章主要学习卫星影像立体匹配基础、稀疏连接点影像匹配、影像密集匹配等内容。

5.1　卫星影像匹配基础

5.1.1　影像匹配测度

数字摄影测量中，以影像匹配的方法代替传统的人工观测，实现数字影像中寻找左、右同名像点的目的。早期影像匹配是利用相关技术实现的。由于原始的像片中灰度信息可分别转化为电子、光学和数字等不同形式的信号，因此可构成电子相关、光学相关及数字相关等不同方式。电子相关利用电子线路构成相关器通过电子信号（灰度信号）的相关完成影像相关；作为光学信息处理的一部分，光学相关的理论基础是光的干涉和衍射，以及由此而导出的透镜的傅里叶变换特性；数字相关则利用现代计算机对数字影像进行数值计算的方法完成影像的相关（或匹配）。本质上，影像相关就是利用两个信号的互相关函数，评价两块影像的相似性以确定影像上的同名点。如图 5.1 所示，以左影像上待匹配点为中心取一窗口，称为目标窗口或模板，然后将左影像上目标窗口在右影像上沿着行、列两个方向滑动，每移动一次得到对应右影像上一个相同大小的窗口，称为搜索窗口，针对目标窗口和多个搜索窗口的像元灰度计算一系列相似性测度（如相关系数），根据影像窗口灰度分布的相似性，最终确定匹配窗口的位置，目标窗口与匹配窗口的中心像元被认为是同名点。

1. 归一化互相关 NCC

设 $f(i, j)$、$g(i, j)$ 分别表示目标窗口与搜索窗口的灰度值，则两个窗口对应像元灰度差的平方和 SSD(Sum of Squared Differences)最小时，目标窗口与搜索窗口的灰度分布差异最小，搜索窗口即为匹配窗口。此时，灰度差的平差和即为相似性测度，如式(5.1)所示。

目标窗口
(模板)

匹配窗口

图 5.1 影像相关窗口

$$\text{SSD} = \sum_{[i, j] \in R} (f(i, j) - g(i, j))^2 \qquad (5.1)$$

将式(5.1)展开，得到下式：

$$\text{SSD} = \sum_{[i, j] \in R} (f - g)^2 = \sum_{[i, j] \in R} f^2 + \sum_{[i, j] \in R} g^2 - 2 \sum_{[i, j] \in R} fg \qquad (5.2)$$

令

$$C_{fg} = \sum_{[i, j] \in R} f(i, j) g(i, j) \qquad (5.3)$$

式(5.3)即为 f 与 g 的互相关函数。由式(5.2)与式(5.3)可知，灰度差的平方和(SSD)最小等价于互相关函数 C_{fg} 最大。

需要指出，当立体影像场景由不同传感器成像时，或即使是同一传感器成像，但成像照度不同时，针对场景中表示同一区域的两个窗口，其灰度差的平方和 SSD 及对应的互相

153

关函数 C_{fg} 的值可能都较大，此时可能意味着出现影像的误匹配。为避免该现象的发生，有效的解决方法是在计算目标窗口与搜索窗口的相似性测度前，对两个窗口的灰度分别进行归一化处理，再计算相似性测度。具体计算过程如下：

$$\hat{f} = \frac{f - \bar{f}}{\sqrt{\sum (f - \bar{f})^2}} \tag{5.4}$$

$$\hat{g} = \frac{g - \bar{g}}{\sqrt{\sum (g - \bar{g})^2}} \tag{5.5}$$

式中，$\bar{f}$ 和 $\bar{g}$ 分别表示两个窗口灰度的均值（数学期望）；$\sqrt{\sum (f - \bar{f})^2}$ 与 $\sqrt{\sum (g - \bar{g})^2}$ 分别表示两个窗口灰度的均方差。

由式(5.3)、式(5.4) 及式(5.5)，可得到归一化互相关函数 NCC(Normalized Cross Correlation)，即相关系数 $\rho(c, r)$。

$$\text{NCC}(f, g) = C_{fg}(\hat{f}, \hat{g}) = \sum_{[i, j] \in R} \hat{f}(i, j) \hat{g}(i, j) \tag{5.6}$$

由式(5.6) 进一步变形，即得式(5.7)：

$$\rho(c, r) = \frac{\sum\limits_{i=1}^{m} \sum\limits_{j=1}^{n} (f_{i, j} \cdot f_{i+r, j+c}) - \frac{1}{m \cdot n} \left(\sum\limits_{i=1}^{m} \sum\limits_{j=1}^{n} f_{i, j} \right) \left(\sum\limits_{i=1}^{m} \sum\limits_{j=1}^{n} g_{i+r, j+c} \right)}{\sqrt{\left(\sum\limits_{i=1}^{m} \sum\limits_{j=1}^{n} f_{i, j}^2 - \frac{1}{m \cdot n} \left(\sum\limits_{i=1}^{m} \sum\limits_{j=1}^{n} f_{i, j} \right)^2 \right) \left(\sum\limits_{i=1}^{m} \sum\limits_{j=1}^{n} g_{i+r, j+c}^2 - \frac{1}{m \cdot n} \left(\sum\limits_{i=1}^{m} \sum\limits_{j=1}^{n} g_{i+r, j+c} \right)^2 \right)}} \tag{5.7}$$

根据上述分析，可得到 5 个相似性测度：① 差平方和测度；② 相关函数测度(与差平方和测度等价)；③ 协方差函数测度(灰度中心化的相关函数测度)；④ 相关系数测度(归一化相关函数测度)；⑤差的绝对值和测度。

2. 非参数化局部变换

Ramin Zabih 和 John Woodfill 在 1994 年提出一种基于区域的、非参数化局部变换(Nonparametric Local Transforms)的影像相关的方法，被广泛用于匹配代价计算。该方法依赖局部影像窗口强度值的相对顺序，而非强度值本身。使用非参数化局部变换的影像相关方法能够容忍大量视差异常值(outliers)的存在，与 NCC 等传统的方法相比提高了对象边缘视差不连续处影像匹配的性能。非参数化局部变换主要包括 Rank 变换和 Census 变换，其中，Rank 变换是影像局部强度的非参数度量，而 Census 变换则可以检测影像局部空间结构。

设 p 表示影像像元，$I(p)$ 表示像素强度（灰度），$N(p)$ 表示像元 p 的局部邻域窗口内像素的集合。非参数化变换取决于像元 p 与邻域 $N(p)$ 中像元的强度比较，比较关系定义如下：

$$\xi(p,\ p') = \begin{cases} 1; & \text{if}(I(p') < I(p)) \\ 0; & \text{otherwise} \end{cases} \tag{5.8}$$

像元 p 与邻域 $N(p)$ 中像元的强度比较的有序对集定义为：

$$\varXi(p) = \bigcup_{p' \in N(p)} (p',\ \xi(p,\ p'))$$

所有非参数化局部变换仅取决于强度比较的有序对集 $\varXi(p)$。

非参数化局部变换如图 5.2 所示。其中，（a）表示局部影像窗口像元强度值；（b）表中心像素的秩变换；（c）表示 Census 变换。

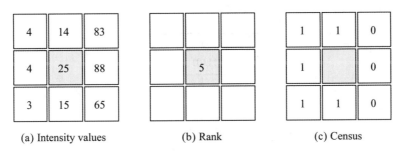

(a) Intensity values   (b) Rank   (c) Census

图 5.2 非参数化局部变换

Rank 变换：定义为局部区域中小于中心像元强度的像素的个数。如图 5.2（b）所示，形式上，秩变换定义为：

$$R(p) = \| \{p' \in N(p) \mid I(p') < I(p)\} \|$$

利用 Rank 变换进行匹配代价的计算包括：① 对影像进行秩变换，获得秩变换影像；② 将差的绝对值和最小作为相似性准则（L_1 范数最小），对秩变换影像进行相关计算。

Census 变换：Census 变换将像元 p 的局部邻域像素映射为描述邻域像素集合的 bit 二进制位串（bit 位串）。进一步根据二进制位串可计算匹配代价。具体算法如下：

（1）Census 变换：局部窗口内像素编码。

对于一个局部窗口（如 7×7 的窗口），中心像素 p 灰度为 $I(p)$，$N(p)$ 表示像素 p 的邻域像素的集合，$p' \in N(p)$ 为窗口内任意一个像素，按如下公式进行编码：

$$C(p) = \bigotimes_{p' \in N(p)} \xi(p,\ p') \tag{5.9}$$

式中，$\otimes$ 表示字符串的连接。

当像素 p' 的灰度 $I(p')$ 小于中心像素 p 的灰度 $I(p)$ 时，$\xi(p,\ p')$ 为 1；否则，为 0。通

过编码，得到一个由 0 和 1 组成的比特字符串。

（2）计算 Hamming 距离：像素相似性比较。

通过对 Census 变换影像中两个像素对应的比特位串进行异或运算，即计算 Hamming 距离完成对 Census 变换影像中两个像素的相似性比较。示例如图 5.3 所示。

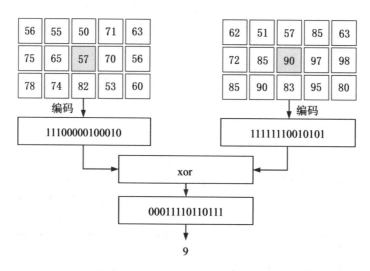

图 5.3 Hamming 距离计算示例

当对应两个编码值即二进制位不相同时，则异或结果为 1；否则，异或结果为 0。统计出结果为 1 的个数，即为 Hamming 距离。计算公式如下：

$$D_H(C_L, \ C_R) = \sum_{i=1}^{n} C_L^i \oplus C_R^i \tag{5.10}$$

式中，$\oplus$ 为异或操作符。相同的编码值越多时，匹配相似性越高，此时 Hamming 距离越小。

Census 变换值是基于局部窗口运算，每个像素可以独立运算，这个特性适用于多线程并行计算模型，无论是 CPU 并行还是 GPU 并行都能达到非常高的并行效率。

3. 互信息

在概率论和信息论中，两个随机变量的互信息（Mutual Information，MI）度量了两个变量之间相互依赖的程度，互信息取决于两个随机变量的信息熵与联合信息熵，是两个随机变量统计相关性的测度。在立体影像匹配中，随机变量则表示立体影像对中影像像素的灰度，互信息可作为影像匹配相似性测度。Viola 和 Wells（1997）最早将互信息引入计算机视觉领域（研究医学 MR 影像的配准）；Chrastek 和 Jan（1998）将其作为立体匹配的相似性测度；Kim 等（2003）利用泰勒级数展开将联合信息熵的计算转换为像素和的形式，提出利用初始视差图迭代计算互信息的方法；Hirschmüller（2005，2006，2008）使用基于金字塔影像多层计算逐像素互信息的方法，将互信息匹配代价作为相似性测度，提出著名的半全局匹配算法（Semi-Global Matching stereo method，SGM）。

对于影像 I_1 和 I_2，互信息定义为影像各自的信息熵之和与联合信息熵之差。如式（5.11）所示：

$$MI_{I_1, I_2} = H_{I_1} + H_{I_2} - H_{I_1, I_2} \tag{5.11}$$

式中，H_{I_1} 和 H_{I_2} 分别表示影像 I_1 和 I_2 的信息熵；H_{I_1, I_2} 表示影像 I_1 和 I_2 的联合信息熵。影像信息熵根据其灰度值的概率密度函数 P 计算得到；联合信息熵则是根据影像灰度值的联合概率密度函数计算。信息熵和联合信息熵的计算公式为式（5.12）和式（5.13）。

$$H_I = -\int_0^1 P_I(i) \log P_I(i) \, \mathrm{d}i \tag{5.12}$$

$$H_{I_1, I_2} = -\int_0^1 \int_0^1 P_{I_1, I_2}(i_1, i_2) \log P_{I_1, I_2}(i_1, i_2) \, \mathrm{d}i_1 \mathrm{d}i_2 \tag{5.13}$$

当影像对齐较好时，它们之间的联合信息熵较低，此时可根据一幅影像预测另一幅影像的信息，根据式（5.11）可知，此时影像 I_1 和 I_2 之间的互信息较大。对于立体影像匹配，影像的视差图即反映影像间的对齐关系，根据基准影像 I_b 的视差图 D 对待匹配影像 I_m 进行"warping"处理，即 $I_1 = I_b$，$I_2 = f_D(I_m)$，此时在两幅影像上对应像素位于影像上相同的位置（两幅影像实现逐像素匹配），因此基于互信息的立体匹配问题的实质为寻找基准影像的视差图。

式（5.11）针对整幅影像计算互信息值，妨碍了互信息作为逐像元匹配代价的影像匹配相似性测度的使用。Kim 等（2003）使用泰勒级数展开将影像联合信息熵 H_{I_1, I_2} 的计算转化为所有像素的联合信息熵的和，因此，通过计算每一个像素 p 所对应的同名像点的联合信息熵之和实现影像联合熵的计算。即

$$H_{I_1, I_2} = \sum_p h_{I_1, I_2}(I_{1p}, I_{2p}) \tag{5.14}$$

式中，I_{1p} 表示基准影像上像素 p 的影像灰度级；I_{2p} 表示基准影像上像素 p 对应的匹配影像 $I_2 = f_D(I_m)$ 上像素灰度级。

对于基准影像上的任一像点 p，当该点的视差为 d 时，则其在匹配影像上的同名像点为 $q = e_{bm}(p, d) = (p_x - d, p_y)^\mathrm{T}$，其中，函数 $e_{bm}(p, d)$ 表示匹配影像上的核线方程，参数 p 表示基准影像上的像素。任一同名像点（在基准影像和匹配影像上的灰度值分别为 i 和 k）的联合信息熵 h_{I_1, I_2} 可根据两幅影像所有对应像素（同名像点）的联合概率密度函数 P_{I_1, I_2} 计算得到，如下式所示：

$$h_{I_1, I_2}(i, k) = -\frac{1}{n}\log(P_{I_1, I_2}(i, k) \otimes g(i, k)) \otimes g(i, k) \tag{5.15}$$

式中，n 表示同名点对个数；$\otimes$ 表示卷积运算；$g(i, k)$ 为高斯卷积核，用于有效地执行 Parzen 估计。

联合概率密度 P_{I_1, I_2} 由操作符 $T[\ ]$ 进行定义，表达式为真时，运算结果为 1，否则为 0。

$$P_{I_1, I_2}(i, k) = \frac{1}{n} \sum_p T[(i, k) = (I_{1p}, I_{2p})] \tag{5.16}$$

需要指出，为了避免影像 I_1 和 I_2 的非重叠区域及遮挡区域像素对互信息计算产生影响，在统计影像概率分布时，应该排除这些区域的像素；计算影像的信息熵应使用联合概率分布函数的边缘函数，如式(5.17a)、式(5.17b) 所示。

$$P_{I_1}(i) = \sum_k P_{I_1, I_2}(i, k) \tag{5.17a}$$

$$P_{I_2}(k) = \sum_i P_{I_1, I_2}(i, k) \tag{5.17b}$$

根据式(5.17a)、式(5.17b) 影像灰度概率密度函数，计算基准影像和匹配影像上同名像点信息熵：

$$h_{I_1}(i) = -\frac{1}{n} \log(P_{I_1}(i) \otimes g(i)) \otimes g(i) \tag{5.18a}$$

$$h_{I_2}(k) = -\frac{1}{n} \log(P_{I_2}(k) \otimes g(k)) \otimes g(k) \tag{5.18b}$$

互信息定义为：

$$MI_{I_1, I_2} = \sum_p mi_{I_1, I_2}(I_{1p}, I_{2p}) \tag{5.19a}$$

$$mi_{I_1, I_2}(i, k) = h_{I_1}(i) + h_{I_2}(k) - h_{I_1, I_2}(i, k) \tag{5.19b}$$

根据式(5.19b) 可计算出两幅影像的互信息查找表。互信息计算的可视化过程如图 5.4 所示。

由此可以定义互信息匹配代价：

$$C_{MI(p, d)} = -mi_{I_b, f_D(I_m)}(I_{bp}, I_{mq}) \tag{5.20a}$$

$$q = e_{bm}(p, d) \tag{5.20b}$$

最后一个关键问题是如何获取计算互信息查找表时涉及的视差图。kim 等(2003)建议了一种迭代计算视差图的方法：①为每个像素随机生成一个视差值得到随机视差图；②利用该视差图计算互信息查找表；③利用互信息查找表进行影像匹配计算新的视差图，将该视差图作为下一次迭代的基础。因为像素个数较多，即使是错误的视差图像(如随机图像)也能得到很好的估计概率分布 P，因此，重复②和③过程迭代三次即可。此方法非常适用于图割(Graph Cuts)等迭代立体算法，但它会增加不必要的非迭代算法的运行时间。

由于初始视差的粗略估计足以估计概率分布 P，因此可以在第一次迭代中使用快速影

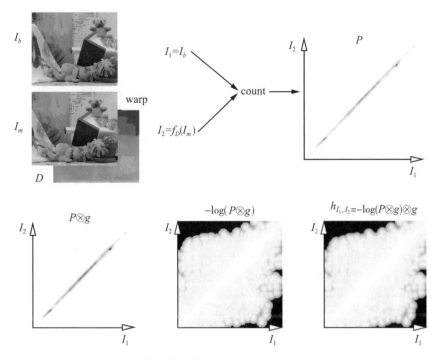

图 5.4　联合信息熵计算可视化过程(Hirschmüller, 2008)

像相关方法。在此情况下，仅最后一次迭代将通过更精确、更耗时的立体匹配方法完成，这将涉及实现两种不同的立体方法。因此，SGM 建议了一种分级计算互信息的方法：①计算影像(1/2 分辨率，at half resolution)的视差图并将其作为初始视差图；②递归使用(up-scaled)初始视差图。

下面总结计算影像互信息查找表的主要过程：

(1)计算两幅影像灰度值联合概率密度(统计直方图)。

利用基准影像 I_b 的视差图 D 将匹配影像 I_m 与基准影像 I_b 进行对齐，即 $I_1 = I_b$，$I_2 = f_D(I_m)$，此时在两幅影像上对应像素位于影像上相同的位置。以基准影像 I_1 的灰度值为横轴，匹配影像 I_2 的灰度值为纵轴建立查找表，坐标的取值范围为 0 ~ 255。按式(5.16)计算统计直方图。

(2)分别计算基准影像和匹配影像的概率密度直方图。

计算影像联合概率密度的边缘概率密度函数。根据式(5.17a)、式(5.17b)分别计算基准影像和匹配影像的概率密度直方图。

(3)计算信息熵。

按照式(5.15)、式(5.18a)和式(5.18b)，分别根据联合概率密度、边缘概率密度计算影像的联合信息熵和信息熵。

（4）生成互信息查找表。

按照式（5.19b）计算查找表中每一个单元的值。

此外，互信息作为相似性测度（匹配代价）具有如下特点：

（1）互信息的计算使用了灰度值的统计直方图，具有一定的抗噪特性。

根据基准影像、匹配影像及先验视差图，可以计算互信息查找表。因此，给定立体影像上任意两个像素，即可通过查找表得到相应的互信息测度，特别适合于逐像素匹配。

（2）互信息可以逐点对应，计算费用少。

利用相关系数等计算时，预处理过程通常需要根据先验的视差信息消除待匹配影像间的几何变形，影像窗口的重采样将耗费大量的计算时间。

（3）互信息作为相似性测度，鲁棒性好。

利用局部窗口进行匹配时，必须考虑窗口的大小和形状，窗口尺寸越大，匹配的鲁棒性越好。可是，窗口内常量视差的隐含假设在影像不连续处被破坏，将导致对象边界和细节结构的模糊。因此，互信息放弃了在待匹配像素附近存在常量视差的假设，仅利用两个像素的灰度值计算匹配代价（Hirschmüller，2008）。

5.1.2　影像增强处理

影像的增强处理主要是指影像平滑、降噪，以及灰度和反差增强。图像平滑降噪通常是在对图像进行分析处理之前进行预处理的重要步骤，如边缘和特征检测、形状恢复、图像分割等。当图像由多个边缘包围的区域组成时，人们期望图像平滑降噪算法在进行图像平滑的同时能够具备保留边缘的能力。如果在不考虑边缘的情况下执行平滑处理，将导致后续阶段的图像处理质量退化，或导致在检测特征、恢复形状、分割区域等方面的结果失真。因此，在减少区域噪声的同时保留区域边缘，进行图像自适应平滑是十分必要的，图像自适应平滑一直是图像处理和计算机视觉中最活跃的研究领域之一。

1. 自适应平滑滤波器

自适应平滑滤波器由 Saint Marc 等（1991）提出，目的是在平滑图像的同时保留不连续性。自适应平滑滤波器是一种非线性滤波器，实际是一种加权平均算法。该方法使用非常小的平均掩膜（3×3 像素），利用每个像素的连续性度量进行加权，通过对图像重复卷积完成图像的平滑处理。特征提取可以在几次迭代后执行，并且从平滑后的图像中提取的特征可以被没有任何偏差地正确定位。设 n 表示迭代次数，该滤波器在图像 $I(x, y)$ 中的一次迭代概括如下：

（1）计算梯度 $G_x(x, y)$ 和 $G_y(x, y)$。

$$G_x(x, y) = \frac{1}{2}(I^{(n)}(x + 1, y) - I^{(n)}(x - 1, y)) \tag{5.21a}$$

$$G_y(x, y) = \frac{1}{2}(I^{(n)}(x, y + 1) - I^{(n)}(x, y - 1)) \tag{5.21b}$$

(2) 计算连续性系数 $w(x, y)$。

$$w(x, y) = \exp\left(-\frac{G_x^2(x, y) + G_y^2(x, y)}{2\sigma^2}\right) \tag{5.22}$$

(3) 完成加权平均更新 $I^{(n)}(x, y)$。

$$I^{(n+1)}(x, y) = \frac{\sum_{i=-1}^{+1}\sum_{j=-1}^{+1} I^{(n)}(x + i, y + j) w^{(n)}(x + i, y + j)}{\sum_{i=-1}^{+1}\sum_{j=-1}^{+1} w^{(n)}(x + i, y + j)} \tag{5.23}$$

由式(5.22) 可知，加权函数取决于梯度 $G_x(x, y)$、$G_y(x, y)$ 和参数 σ。参数 σ 用于控制平滑处理过程中对边界保留的程度。参数 σ 选择太大，所有边缘将消失，结果与使用传统的平均平滑算法一样；参数 σ 选择太小，所有边缘包括噪声引起的边缘都将被保留，图像不能被平滑。参数 σ 应该是估计噪声 σ_S 的简单函数，通常取 1.5 ~ 2 倍的 σ_S。

2. Wallis 滤波器

Wallis 滤波器是局部自适应反差滤波器(Locally Adaptive Contrast Enhancement)。Wallis 滤波器适用于影像中存在显著的明暗色调的局部灰度变化差异的情况。典型的全局对比度增强(例如，线性、归一化)不能同时在亮度范围的两端产生良好的局部对比度，全局对比度增强在拉伸暗区域细节的同时，可能使得明亮区域饱和；反之，亦然。

Wallis 滤波器将影像局部区域的灰度均值，特别是影像灰度方差(即影像灰度的动态范围)映射到用户给定的灰度均值和方差值，使影像反差小的区域反差增大，影像反差大的区域反差减小，在整个图像中产生良好的局部对比度，同时降低明暗之间的整体对比度。由于成像光学镜头的限制，图像边界部分的灰度均值和对比度比图像的中间部分低很多；有太阳和阴影的图像区域灰度动态范围有很大差异，阴影区域影像细节微弱。Wallis 滤波器适用于影像中存在显著的明暗色调的局部灰度变化差异的情况，还可以在增强影像反差的同时抑制影像噪声。Wallis 滤波器表示如下：

$$g^w(x, y) = g(x, y)r_1 + r_0 \tag{5.24a}$$

$$r_1 = \frac{cs_f}{cs_g + \dfrac{s_f}{c}} \tag{5.24b}$$

$$r_0 = bm_f + (1 - b - r_1) m_g \qquad (5.24c)$$

式中，g^w 和 g 分别为滤波后的影像和原始影像；r_1 和 r_0 分别为乘性系数和加性系数；m_g 和 s_g 分别为原始影像的灰度均值和标准差；m_f 和 s_f 分别为目标影像的灰度均值和标准差；c 为影像反差扩展常数；b 为影像亮度常数。

该算法使用影像分块和插值方案加快影像处理的速度。输出影像是用户控制的 Wallis 滤波器输出和原始图像的加权平均值。

对陆地卫星部分场景(波段 3，红色)的影像增强处理实例如图 5.5 所示。图 5.5(a)为标准化对比度增强结果，在明亮的盐滩和暗的熔岩流的地区，几乎看不到局部细节；图 5.5(b)为对同一场景应用 Wallis 滤波器滤波的结果，对比度被改变，在整个图像中色调均匀，明亮和黑暗区域的局部对比度得到改善。

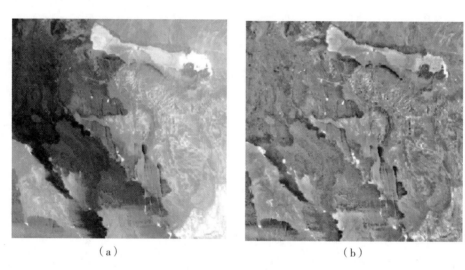

(a) (b)

图 5.5　陆地卫星部分场景(波段 3，红色)影像增强对比

5.1.3　影像金字塔建立

为了提高影像相关的可靠性及准确性，影像匹配广泛采用从粗到精的相关策略。即通过低通滤波，进行初相关，找到同名点的粗略位置，然后利用高频信息进行精确相关。首先对原始影像进行低通滤波，进行粗相关；其次将其结果作为预测值，逐渐加入较高的频率成分，在逐渐变小的搜索区中进行相关；最后在原始影像上相关，即分频道相关的方法。对于二维影像逐次进行低通滤波，并增大采样间隔，得到一个像元总数逐渐变小的影像序列，依次在这些影像对中相关，即对影像的分频道相关。将这些影像叠置起来，形成

金字塔影像结构。

影像金字塔的建立可采用两种方法。基于 $l \times l$(通常 l 取 2 或 3)窗口的多像元平均的方法或高斯金字塔方法。

如图 5.6 所示。底层为原始影像,定义为 0 层金字塔,第一层中每个像元由金字塔 0 层 2×2 或 3×3 窗口的多像元平均得到,第二层中每个像元由金字塔第一层 2×2 或 3×3 窗口的多像元平均得到,以此类推,生成影像金字塔结构。

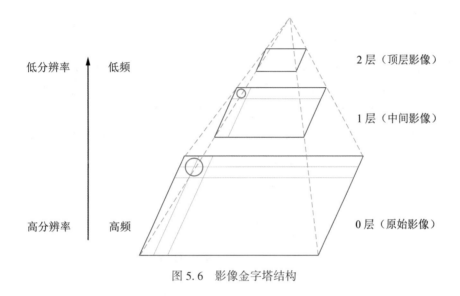

图 5.6　影像金字塔结构

此外,还可以构造高斯金字塔结构。具体方法为:底层为原始影像,定义为 0 层金字塔;首先对金字塔 0 层影像利用高斯滤波器进行平滑处理,然后降采样,生成金字塔第一层;对金字塔第一层影像利用高斯滤波器进行平滑处理,再次降采样,生成第二层金字塔影像;以此类推,生成影像金字塔结构。在这种结构中,金字塔的影像层由低一级的影像与尺度为 σ 的高斯函数卷积形成的,因此,金字塔结构反映了影像的多尺度特征,模拟人眼距离目标由近到远时的视觉形成过程。

实际应用中,影像金字塔层数 k 可根据影像的长度 n、像元平均时的像元个数 l 和匹配窗口大小 w 决定。这些参数之间应满足如下关系:

$$w < \mathrm{int}\left[\frac{n}{l^{k}} + 0.5\right] < l \cdot w \tag{5.25}$$

根据上述方法对立体影像对左、右影像分别构建影像金字塔结构后,即可按照由粗到精的影像匹配策略,将匹配结果逐级传递直至原始影像,完成金字塔影像匹配。金字塔影像匹配的主要过程概括如下：

（1）建立影像金字塔。

从原始图像开始，通过对前一级图像高斯滤波器平滑并进行影像降采样，创建影像金字塔分级结构。在这种分级结构中，较高级别的图像具有较粗的分辨率，并且由于平滑而丢失了细节。

（2）特征点提取。

针对立体影像匹配，兴趣点由 Förstner 算子（Förstner，1986）或 Harris 算子在左影像金字塔的每个尺度上生成。

（3）金字塔影像分级匹配。

如图 5.7 所示。首先在最低分辨率上进行立体图像的兴趣点匹配。然后将匹配的点传递到下一个级别（更高的分辨率），在该级别上匹配其他兴趣点。这个过程会不断重复，直到达到原始图像。在每个尺度级别上，基于高一级别的视差信息约束立体图像中共轭点的搜索区域。需要指出，当生成更多的兴趣点并将其从较高的级别匹配到较低的级别时，关于视差信息的更好的知识可用于缩小搜索范围和控制连接点的匹配质量。

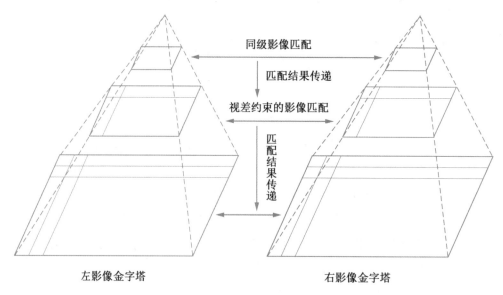

图 5.7 金字塔影像匹配

（4）在后续分级匹配过程中，来自高一级别的兴趣点将再次匹配，以实现更高的匹配精度。

关于影像分级匹配过程，视差信息约束或匹配点位预测问题可以采用计算单应矩阵或构造不规则三角网的方法解决。

5.2 稀疏连接点影像匹配

5.2.1 特征点提取

特征提取是影像分析和影像匹配的基础，是摄影测量与计算机视觉的重要组成部分。数字影像可以看作关于像元位置的三维曲面函数，如图 5.8 所示。图 5.8(a)为原始的无人机影像，图 5.8(b)为影像的三维可视化表达，即表示影像灰度分布的 DSM。

（a）数字影像 （b）DSM

图 5.8 数字影像可视化表示

因此，在地形分析中一些基本概念如上坡/下坡、坡度、峰/谷，以及切平面、法向量、曲率、梯度等数学概念，同样适用于对影像进行分析。此外，从影像可视化看出，影像特征尤其是影像边缘表现为影像灰度曲面的不连续、影像灰度的突变。影像特征可分为影像点特征、线特征、面特征。点特征的检测和匹配在影像配准、拼接、立体影像对应点匹配及 3D 重建等工作中具有重要作用。本节主要介绍一些摄影测量中重要的点特征算子。

1. Moravec 算子

Hans Moravec 1977 年提出利用灰度差的平方和提取特征点的兴趣算子。Moravec 算子是最早的角点检测算子之一，它将角点定义为自相似性低的点。在影像上沿 4 个方向(水平、垂直、两个对角线)平移固定大小的小窗口(3×3、5×5、7×7)，通过分析窗口内的灰度变化，即平移前后两个窗口灰度的相似性测试是否存在角点。如图 5.9 所示，将窗口分别沿水平、垂直、两个对角线 4 个方向移动一个像素，分别计算窗口移动前后对应像素灰度差的平方和，取最小值作为窗口的兴趣值。

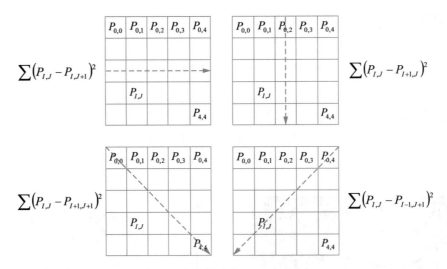

图 5.9　兴趣算子窗口(四个方向)

将窗口分别沿水平、垂直、两个对角线 8 个方向移动一个像素, 围绕某一像元 (i, j) 的局部影像窗口灰度的变化可用下式描述:

$$V_{u, v}(i, j) = \sum_{\forall a, b \in \text{Window}} (f(i + u + a, j + v + b) - f(i + a, j + b))^2$$

$(u, v) \in \{(-1, -1), (-1, 0), (-1, 1), (0, -1), (0, 1), (1, -1),$
$(1, 0), (1, 1)\}$

如图 5.10 所示, 仅考虑 4 个方向的窗口平移, 具体算法总结如下:

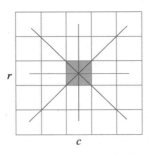

图 5.10　兴趣值计算

(1) 计算窗口的兴趣值 IV。在以 (c, r) 为中心的窗口内, 计算 4 个方向相邻像素灰度差的平方和, 如式(5.26) 所示。

$$V_1 = \sum_{i=-k}^{k-1} (g_{c+i, r} - g_{c+i+1, r})^2$$

$$V_2 = \sum_{i=-k}^{k-1} (g_{c+i, r+i} - g_{c+i+1, r+i+1})^2$$

$$V_3 = \sum_{i=-k}^{k-1} (g_{c, r+i} - g_{c, r+i+1})^2 \qquad (5.26)$$

$$V_4 = \sum_{i=-k}^{k-1} (g_{c+i, r-i} - g_{c+i+1, r-i-1})^2$$

取最小值作为兴趣值:

$$IV_{c, r} = \min\{V_1, V_2, V_3, V_4\} \qquad (5.27)$$

(2)给定阈值,大于该阈值的作为候选点。

(3)"抑制局部非最大"。一定大小的窗口内取极值点。

Moravec 算子由于采用二值窗口函数,因此对噪声敏感。增大窗口尺寸可抑制噪声,但是计算的工作量增大;Moravec 算子的计算仅考虑了窗口 4 个方向(水平、垂直、两个对角线),因此,Moravec 算子是各向异性的。当边缘与计算方向(水平、垂直和两个对角线)不一致时,最小 SSD 的值会很大,边缘将被错误地选择为兴趣点。Moravec 算子的优点是算法简单、计算高效、实时性好。

2. Förstner 算子

特征提取包括特征检测和特征定位两个步骤。Moravec 算子仅是选择了最优窗口,并将窗口中心作为特征点,这样确定的特征点实际是存在位置偏差的。Förstner 算子与 Moravec 算子相比,Förstner 算子在选择的窗口内实现了特征点的定位,因此特征提取能力更强大,1986 年提出的 Förstner 算子是摄影测量领域著名的定位算子。

Förstner 算子通过在数字影像上计算以像素(r, c)为中心的窗口内每一个像素的 Robert's 梯度及窗口的梯度协方差矩阵,在影像中寻找尽可能小且接近于圆的误差椭圆的点作为特征点。如图 5.11 所示。

特征检测(最优窗口搜素)算法概括如下:

(1)计算每一个像素的 Robert's 梯度。

$$g_u = \frac{\partial g}{\partial u} = g_{i+1,j+1} - g_{i,j} \qquad (5.28a)$$

$$g_v = \frac{\partial g}{\partial v} = g_{i,j+1} - g_{i+1,j} \qquad (5.28b)$$

(2)计算窗口(如 5×5)中梯度协方差矩阵。

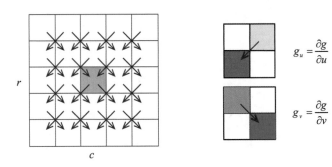

图 5.11　Robert's 梯度计算

$$\boldsymbol{Q} = \boldsymbol{N}^{-1} = \begin{pmatrix} \sum g_u^2 & \sum g_u g_v \\ \sum g_u g_v & \sum g_v^2 \end{pmatrix}^{-1} \tag{5.29}$$

$$\sum g_u^2 = \sum_{i=c-k}^{c+k-1} \sum_{j=r-k}^{r+k-1} \left(g_{i+1,j+1} - g_{i,j} \right)^2$$

$$\sum g_v^2 = \sum_{i=c-k}^{c+k-1} \sum_{j=r-k}^{r+k-1} \left(g_{i,j+1} - g_{i+1,j} \right)^2 \tag{5.30}$$

$$\sum g_u g_v = \sum_{i=c-k}^{c+k-1} \sum_{j=r-k}^{r+k-1} \left(g_{i+1,j+1} - g_{i,j} \right) \left(g_{i,j+1} - g_{i+1,j} \right)$$

式中, $k = \mathrm{int}(l/2)$。

（3）建立误差椭圆。

将 $\boldsymbol{N}$ 矩阵进行特征值分解：

$$\boldsymbol{N} = \boldsymbol{R}^{-1} \begin{pmatrix} \mu_1 & \\ & \mu_2 \end{pmatrix} \boldsymbol{R} \tag{5.31}$$

$\mu_1 > \mu_2$, 定义椭圆方向为：$\tan 2\varphi = \dfrac{2N_{12}}{N_{11} - N_{22}}$; 椭圆的长半轴 $a = \dfrac{\sigma_n}{\sqrt{\mu_2}}$; 椭圆的短半轴

$b = \dfrac{\sigma_n}{\sqrt{\mu_1}}$（图 5.12）。

（4）计算兴趣值 $q(r, c)$ 和 $w(r, c)$。

$q = 1 - \left(\dfrac{\mu_1 - \mu_2}{\mu_1 + \mu_2} \right)^2 = \dfrac{\mathrm{tr}^2 \boldsymbol{N}}{4 \cdot \det \boldsymbol{N}}$, $q \in [0, 1]$, 表示椭圆的圆度。

$q = 1$, 意味着 $\mu_1 = \mu_2$, 即椭圆为圆;

$q = 0$, 意味着 $\mu_1 = 0$ 或 $\mu_2 = 0$, 窗口位于边缘上。

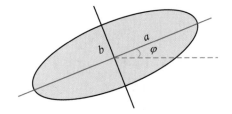

图 5.12　误差椭圆计算

$w = \dfrac{1}{\mathrm{tr}\boldsymbol{N}^{-1}} = \dfrac{\mathrm{tr}\boldsymbol{N}}{\det\boldsymbol{N}}$，$w$ 定义为 (r, c) 的权（$\boldsymbol{N}^{-1}$ 为协因数），表示椭圆的尺寸。

（5）确定待选点。

$q_{\lim} = 0.5 \sim 0.75 \left(2 < \dfrac{\mu_1}{\mu_2} < \sqrt{3} \right)$，避免选择的点位于边缘上。

$w_{\lim} = \begin{cases} f \cdot \bar{w} & (f = 0.5 \sim 1.5) \\ cw_c & (c = 5) \end{cases}$，$\bar{w}$ 表示权平均值；w_c 表示权中值。

$\left. \begin{array}{l} q > q_{\lim} \\ w > w_{\lim} \end{array} \right\}$，$(r, c)$ 为待选点。

（6）选极值点。

以权值 w 为依据，选择极值点。即在一个适当窗口内选择 w 最大的待选点。根据上述算法确定的待选点，其所在的小窗口被称为最优窗口。

最优窗口确定后，利用边缘求交点的原理确定最优点位。

如图 5.13 所示。l 为原点到过像素 (r, c) 的直线的距离，ϕ 为 l 的方向。角点坐标 (r_0, c_0) 可以通过计算窗口内所有边缘直线的交点进行估计。过任意像元 (r, c) 的直线方程可表示为：

$$r\cos\phi + c\sin\phi - l = 0 \tag{5.32}$$

像元 (r, c) 处的梯度为：

$$\nabla\boldsymbol{g}^{\mathrm{T}}(r, c) = (g_r(r, c), g_c(r, c)) \tag{5.33a}$$

由图 5.13 可知，梯度方向与 l 平行，式（5.33a）可改写为：

$$\nabla\boldsymbol{g}^{\mathrm{T}}(r, c) = |\nabla g| \cdot (\cos\phi, \sin\phi) \tag{5.33b}$$

由式（5.33a）、式（5.33b）推导得到：

$$\begin{cases} \cos\phi = \dfrac{g_r(r, c)}{|\nabla g|} \\[3mm] \sin\phi = \dfrac{g_c(r, c)}{|\nabla g|} \end{cases} \tag{5.33c}$$

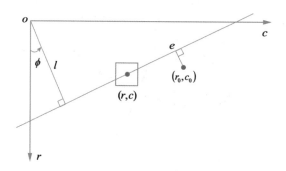

图 5.13　边缘直线方程

将式(5.33c) 代入式(5.32)，得到下式：

$$l(r,\ c) = \begin{pmatrix} \dfrac{g_r(r,\ c)}{|\nabla g|} & \dfrac{g_c(r,\ c)}{|\nabla g|} \end{pmatrix} \begin{pmatrix} r \\ c \end{pmatrix} \tag{5.34}$$

设最优窗口内原点到边缘直线的距离 l 为观测值，则过任意点$(r,\ c)$ 的边缘可列误差方程：

$$l(r,\ c) + el(r,\ c) = \cos\phi(r,\ c) \cdot r_0 + \sin\phi(r,\ c) \cdot c_0 \tag{5.35a}$$

将式(5.33c) 代入式(5.35a)，得到下式：

$$l(r,\ c) + el(r,\ c) = \begin{pmatrix} \dfrac{g_r(r,\ c)}{|\nabla g|} & \dfrac{g_c(r,\ c)}{|\nabla g|} \end{pmatrix} \begin{pmatrix} r_0 \\ c_0 \end{pmatrix} \tag{5.35b}$$

设 σ_l^2 为观测值 l 的方差，σ_n^2 为灰度级噪声的方差。

从图 5.13 中观测到沿 l 的方向导数为 $|\nabla g| = \left| \dfrac{\mathrm{d}g}{\mathrm{d}l} \right|$，可推得 $\sigma_l = \dfrac{\sigma_n}{|\nabla g|}$。进一步推得观测值 l 的权为：

$$wl(r,\ c) = \frac{\sigma_n^2}{\sigma_l^2} = |\nabla g|^2 \tag{5.36}$$

由式(5.34)、式(5.35b)、式(5.36) 得法方程式：

$$\begin{pmatrix} \sum g_r^2 & \sum g_r g_c \\ \sum g_r g_c & \sum g_c^2 \end{pmatrix} \begin{pmatrix} r_0 \\ c_0 \end{pmatrix} = \begin{pmatrix} \sum g_r^2 r + \sum g_r g_c c \\ \sum g_r g_c r + \sum g_c^2 c \end{pmatrix} \tag{5.37}$$

最小二乘法解算角点$(r_0,\ c_0)$ 坐标。

3. Harris 算子

Moravec 算子通过分析图像中局部窗口在不同方向上移动而导致的图像灰度变化进行角点检测。如图 5.14 所示，考虑三种情况：

（1）如果局部窗口的灰度近似不变，则所有偏移将仅导致微小变化；

（2）如果局部窗口跨在图像的边缘上，则沿边缘移动将导致小的变化，但垂直于边缘的移动将导致大的变化；

（3）如果局部窗口内存在角点，则所有移位都将导致较大的变化。

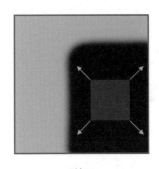 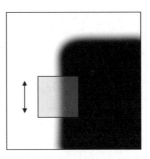 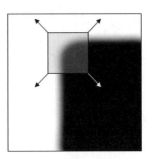

"平坦"：　　　　　　　　　"边缘"：　　　　　　　　　"角点"：
任意方向移动灰度无变化　　沿边缘方向移动灰度无变化　　任意方向移动灰度变化显著

图 5.14　局部窗口灰度变化测试

局部窗口移动引起灰度变化的一般数学公式表示如下：

$$E(u, v) = \sum_{x, y} w(x, y) \left[I(x + u, y + v) - I(x, y) \right]^2 \qquad (5.38)$$

式中，$I(x, y)$ 表示影像灰度；$I(x + u, y + v)$ 表示窗口平移后的影像灰度；u, v 表示平移量；$w(x, y)$ 表示窗函数。Moravec 算子的窗函数为二值窗口函数，如图 5.15 所示。

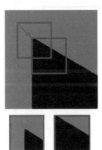 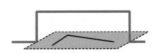

二值窗函数：窗口内为 1，窗口外为 0

Gaussian

图 5.15　窗函数

因此，Moravec 兴趣点检测算法可以描述为：局部窗口分别沿水平、垂直和两个对角线方向平移 4 次，即 $(u, v) = (1, 0)$，$(0, 1)$，$(1, 1)$，$(-1, 1)$；在一定大小的窗口中寻找 $\min\{E\}$ 局部极大值。

由分析可知，Moravec算子各向异性(仅考虑45°间隔的方向)，对噪声敏感(二值矩形窗函数)，以及容易受边缘影响。针对这些问题，Harris(1987)对式(5.38)进行了重新推导，充分利用了 E 随位移方向的变化。

将 $I(x + u, y + v)$ 按泰勒级数展开，并一阶近似：

$$I(x + u, y + v) \approx I(x, y) + uI_x(x, y) + vI_y(x, y) \tag{5.39a}$$

将式(5.39a)代入 $\sum \left[I(x + u, y + v) - I(x, y) \right]^2$，得下列关系式：

$$\sum \left[I(x + u, y + v) - I(x, y) \right]^2 = \sum (u^2 I_x^2 + 2uv I_x I_y + v^2 I_y^2) \tag{5.39b}$$

$$\sum \left[I(x + u, y + v) - I(x, y) \right]^2 = (u \quad v) \left(\sum \begin{pmatrix} I_x^2 & I_x I_y \\ I_x I_y & I_y^2 \end{pmatrix} \right) \begin{pmatrix} u \\ v \end{pmatrix} \tag{5.39c}$$

令

$$M = \sum_{x, y} w(x, y) \begin{pmatrix} I_x^2 & I_x I_y \\ I_x I_y & I_y^2 \end{pmatrix} \tag{5.40a}$$

式(5.38)变形为：

$$E(u, v) = (u \quad v) M \begin{pmatrix} u \\ v \end{pmatrix} \tag{5.40b}$$

暂不考虑窗函数 $w(x, y)$，对式(5.40a)进行特征值分解：

$$M = \begin{pmatrix} \sum I_x^2 & \sum I_x I_y \\ \sum I_x I_y & \sum I_y^2 \end{pmatrix} = R^{-1} \begin{pmatrix} \lambda_1 & 0 \\ 0 & \lambda_2 \end{pmatrix} R \tag{5.40c}$$

如图5.16所示，将 M 可视化为误差椭圆，轴长由特征值 λ_1 和 λ_2 决定，方向由 R 决定。

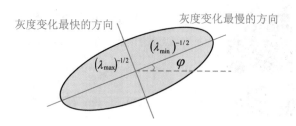

图 5.16 M 可视化为误差椭圆

由式(5.40c)分析可知，作为角点检测的特例(an axis - aligned corner)，图5.17中，R 为单位矩阵；两个主梯度方向分别与 x，y 轴一致，垂直方向上 $I_x \neq 0$，$I_y = 0$，而水平方向上 $I_x = 0$，$I_y \neq 0$；M 矩阵为对角矩阵，λ_1 和 λ_2 值都较大。因此，Harris特征检测可以看

作根据特征值 λ_1 和 λ_2 对影像进行分类的问题，如图 5.18 所示。

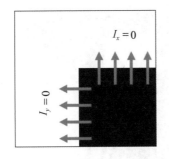

图 5.17 坐标轴方向与角点对齐

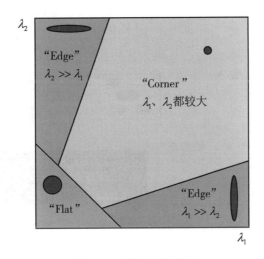

图 5.18 影像分类测试

对于实对称矩阵 $\boldsymbol{M}$，$\det(\boldsymbol{M}) = \lambda_1 \lambda_2$，$\mathrm{trace}\,(\boldsymbol{M})^2 = (\lambda_1 + \lambda_2)^2$，构造角点检测响应函数(式(5.41))，函数曲线如图 5.19 所示。该响应函数构造巧妙，避免了计算特征值，可用于快速近似计算($k = 0.04 \sim 0.06$)。

$$R = \det(\boldsymbol{M}) - k \cdot \mathrm{trace}\,(\boldsymbol{M})^2 = \lambda_1 \lambda_2 - k\,(\lambda_1 + \lambda_2)^2 \tag{5.41}$$

改写式(5.40a)，将窗函数与梯度协方差矩阵乘积的和改写为梯度协方差矩阵与高斯窗函数的卷积运算，得到 Harris 检测模型如下：

$$\boldsymbol{M} = g(\sigma) * \begin{pmatrix} I_x^2 & I_x I_y \\ I_x I_y & I_y^2 \end{pmatrix} \tag{5.42}$$

Harris 检测算法概括如下：

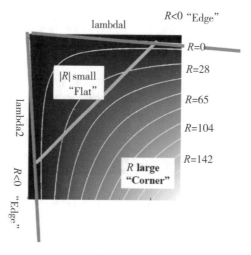

图 5.19　角点检测响应函数

（1）计算影像的一阶偏导数。

$$I_x = G_\sigma^x * I$$

$$I_y = G_\sigma^y * I$$

（2）计算影像中每个像素的偏导数乘积。

$$I_x^2 = I_x \cdot I_x$$

$$I_y^2 = I_y \cdot I_y$$

$$I_{xy} = I_x \cdot I_y$$

（3）高斯滤波。

$$g(I_x^2) = g(\sigma) * I_x^2$$

$$g(I_y^2) = g(\sigma) * I_y^2$$

$$g(I_x I_y) = g(\sigma) * I_{xy}$$

（4）计算每个像素的角点响应，并抑制非最大值。

由式（5.40c）可知，Harris 算子的重要性质是具有旋转不变性。

5.2.2　相关窗口"warping"

影像匹配的本质是根据给定参考图像中的一个像点，在其他影像上寻找对应点，使这些对应点成为物方空间同一个目标点的投影，即同名像点。因此，影像匹配过程首先应考虑点位的预测问题；此外，考虑到地形起伏及成像几何因素等的影响，影像相关过程应考虑影像的几何变形，搜索窗口的形状及大小应自适应确定。

如图5.20所示。在参考影像上，以待匹配点 p_0 为中心定义一个小窗口 W，称为相关窗口(通常取 5×5、7×7 或 9×9 大小等)，I_0 和 I_1 分别表示参考影像和搜索影像。假定已知近似的 DSM 及影像的定向参数，其中，DSM 可以是一个常量高程平面，也可以是根据高一级影像金字塔匹配生成或直接利用全球 DEM(图5.21)。利用传感器成像模型，将参考影像上小窗口 W 内的所有像元通过投影光线与 DSM 求交计算得到一个目标点集，此时，目标点集实际就是小窗口 W 在 DSM 上的投影；然后将这些目标点集反投影至搜索影像，得到一个对应窗口。一般而言，由于成像几何和地形起伏等原因，对应窗口在参考影像和搜索影像上形状、大小是不同的。因此，参考影像上的矩形窗口，在搜索影像上则表现为四边形窗口。这个过程称为相关窗口"warping"。

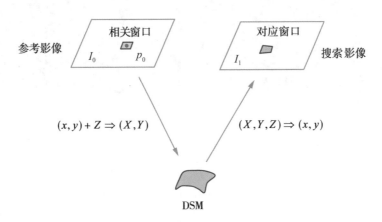

图5.20 相关窗口"warping"过程

此外，由于搜索影像上对应窗口内的像元位置是根据近似 DSM 及影像定向参数，通过相关窗口的"warping"过程计算得到的，因此，对应窗口内的这些像元的灰度应使用双线性内插的方法进行重采样。

以卫星三线阵相机为例，如图5.22所示。I_0、I_1 和 I_2 分别表示卫星三线阵相机的下视、后视及前视影像；I_0、I_1 和 I_0、I_2 分别组成两个立体影像对。以下视影像 I_0 作参考影像，前视及后视影像 I_1 和 I_2 为搜索影像。将参考影像上以待匹配点 p_0 为中心的相关窗口 W，利用卫星的姿轨参数及线阵相机的成像模型投影至物方空间，然后再反投影至搜索影像，完成相关窗口 W 的"warping"过程。

如前所述，相关窗口的"warping"过程是近似 DSM 和影像定向参数的函数。只要在参考影像上定义了相关窗口，搜索影像上的对应窗口就能够利用近似 DSM 和影像定向参数进行确定。可以假定近似 DSM 是平面或由高一级影像金字塔产生。理论上，相关窗口内

（a）SRTM SIR-C (NASA)和X-SAR (DLR)
（30m全球DEM）

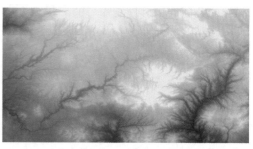

（b）ASTER Global Digital Elevation Model
（90m全球DEM\30m美国DEM）

（c）JAXA's Global ALOS 3D World
（30m全球DSM）

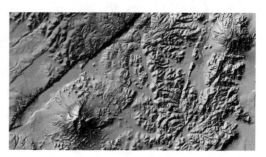

（d）TanDEM-X-Digital Elevation Model (DEM)
（90m/30m/12m全球DEM/高程误差1m）

图 5.21　全球 DEM

的所有像素在搜索影像上的所有对应点都可以计算得到，但是相关窗口"warping"过程的直接实现需要很高的计算费用，不利于实时应用。为减少计算费用，相关窗口的"warping"过程可以采用内插算法快速实现：首先，计算参考影像上相关窗口 4 个角点在搜索影像上的对应像素坐标；然后，相关窗口内其余像素在搜索影像上的对应像素坐标利用双线性内插方法计算得到；最后，在搜索影像上的对应像素的灰度值用双线性内插方法进行计算。在简化算法中，相关窗口对应的物方空间对象表面假定为一个局部平面(或者为一个空间四边形)。由于对象表面可以看作分片光滑的(除影像上的不连续处)，因此大多数情况下这种假设是合理的。

通过相关窗口的"warping"过程，参考影像上正方形的相关窗口能够与搜索影像上不同尺寸、不同形状及不同方向的对应窗口进行影像相关。因此，不同比例尺、不同方向的多线阵影像能够直接匹配；由地形起伏、成像几何等引起的影像变形能够被实时补偿；另外，飞行速度不均匀引起的地面非正方形采样也能够得到有效补偿。

5.2.3　稀疏点匹配

对卫星影像进行区域网平差时，需要利用稀疏点匹配的方法提取影像之间公共连接

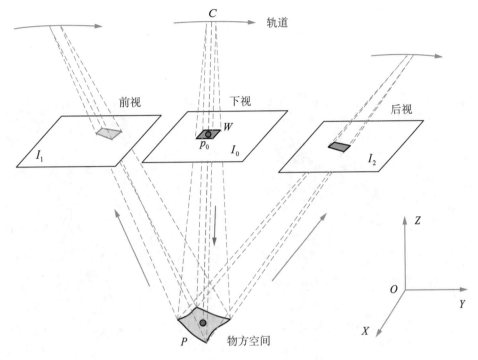

图 5.22　卫星线阵影像相关窗口"warping"

点。稀疏点匹配主要包括特征点提取、利用近似 DSM 和卫星姿轨参数进行点位预测和影像相关等过程。

1. 特征点提取

采用 Moravec 算子、Förstner 算子或 Harris 算子等在参考影像上进行特征点提取。为了获得均匀分布的特征点，还可以将参考影像划分格网，利用特征点提取算子，在每个格网单元内提取一个或几个特征点。

2. 点位预测

特征点提取完成后，利用相关窗口的"warping"过程进行点位预测。由图 5.20 分析可知，由于相关窗口 W 的"warping"过程取决于近似 DSM（如 SRTM-DEM）及影像定向参数，因此，如果 DSM、影像定向参数精度较差，将导致搜索影像上预测点位偏离正确点位较远。

如图 5.23 所示。针对参考影像上的任意一个特征点，相应的参考影像上相关窗口"warping"后，在搜索影像上的对应窗口明显偏离正确位置，为确保匹配成功必须在搜索影像上合理确定搜索范围。具体方法为：①将相关窗口进行适当放大；②对放大后的窗口进行"warping"处理，在搜索影像得到对应窗口，即为确定的搜索范围；③在参考影像上放大后的窗口与搜索影像上确定的搜索窗口之间建立仿射变换关系，如式(5.43)所示。

（a）参考影像　　　　　　　　　　　　　　（b）搜索影像

图 5.23　点位预测

$$x'_i = a_0 + a_1 x_i + a_2 y_i$$
$$y'_i = b_0 + b_1 x_i + b_2 y_i$$

(5.43)

式中，(x_i, y_i) 和 (x'_i, y'_i) 分别表示参考影像上放大后的窗口与搜索影像上搜索窗口对应的角点坐标，$i \in [1, 4]$；a_0，a_1，a_2，b_0，b_1，b_2 表示仿射变换系数。

3. 二维影像相关

在确定参考影像与搜索影像上窗口之间的仿射变换关系后，如图 5.22 中，以相关窗口为模板进行影像相关时，需根据仿射变换关系式(5.43)对搜索窗口影像重采样，进行几何变形纠正。

如图 5.24 所示，对搜索窗口几何纠正之后，以相关系数最大为影像匹配的相似性测度，将相关窗口在纠正窗口的范围内沿着影像的行、列逐像素移动进行二维影像相关，获得同名影像像点。

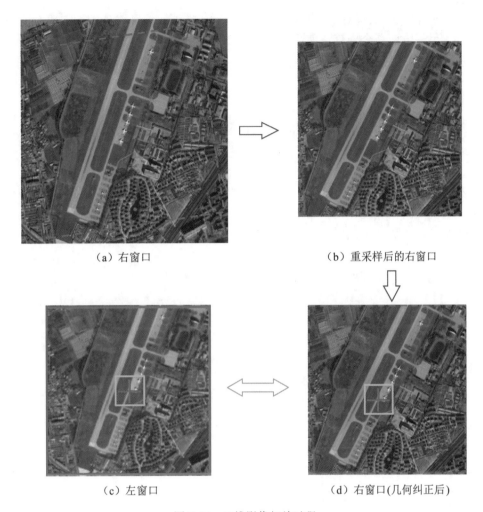

（a）右窗口　　　　　　　　　　　　　　　（b）重采样后的右窗口

（c）左窗口　　　　　　　　　　　　　　　（d）右窗口(几何纠正后)

图 5.24　二维影像相关过程

5.3　影像密集匹配

　　任何视觉算法，都会显式或隐式地对物理世界和图像形成过程作出一定假设。影像匹配问题通常有如下假设：①物理世界为朗伯曲面，即外观不随视点变化的曲面；②物理世界由分片光滑的曲面组成，影像匹配算法内置有隐式的分片光滑的假设；③影像匹配大多数算法基于核线几何的一维影像匹配。立体影像匹配实际可转化为关于参考影像的单值视差函数 $d(x, y)$ 的计算问题。

　　Scharstein 和 Szeliski(1996)通过对各种立体影像匹配算法的分析观察，指出匹配算法通常执行以下四个步骤：①匹配代价计算；②匹配代价聚合(支持)；③视差计算/优化；④视差精化。算法实际步骤执行的顺序取决于具体算法。例如，基于窗口的局部算法，对给定像素的视差计算仅仅取决于有限窗口内的像元灰度值，通常隐式地通过聚合支持实现平滑假设。另一方面，全局算法使用显式的平滑假设解决优化问题。此类算法典型地不执行聚合步骤，而是通过最小化全局代价函数(组合数据项和光滑项)进行计算视差。

1. 匹配代价计算

匹配代价是判断影像像素之间相关性的依据，匹配代价函数值越小，表示像素之间相关性越大，属于同名点的可能性越大。影像密集匹配过程中，为了缩小搜索范围、提高匹配效率，通常根据影像的重叠范围、成像几何等设定**视差搜索范围** $D(d_{\min}, d_{\max})$。若 W、H 分别表示参考影像的**宽度**和**高度**，则可定义维数为 $W \times H \times D$ 的三维矩阵 $\boldsymbol{C}$ 存储每个像素在设定视差范围内相应视差的匹配代价。矩阵 $\boldsymbol{C}$ 称为视差空间图(Disparity Space Image, DSI)或称为代价立方体。如图 5.25 所示。

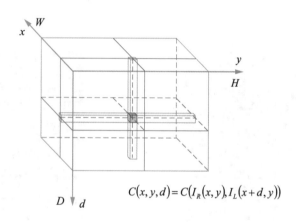

$$C(x,y,d)=C(I_R(x,y),I_L(x+d,y))$$

图 5.25　视差空间图 $C(x, y, d)$

(参考影像像素 (x, y) 在视差为 d 时的匹配代价)

匹配代价计算(matching cost computation)的方法有多种。摄影测量中常用的基于像素的匹配代价包括灰度差的平方和(SSD)、灰度差的绝对值(SAD)，以及归一化的互相关函数(NCC)等；计算机视觉领域则使用互信息(MI)、Census 变换(Census Transform, CT)、Rank 变换(RT, Rank Transform)、BT(Birchfield and Tomasi)等方法作为匹配代价的计算方法。匹配代价的计算方法不同，对不同数据的像素之间的相关性程度表现各异。因此，在立体影像匹配时，应选择合适的匹配代价计算方法。

2. 匹配代价聚合

对参考影像的所有像素在所有视差下的匹配代价计算完成后，即形成初始视差空间图(DSI) $C_0(x, y, d)$。由于匹配代价计算时仅考虑像素邻域内局部窗口的信息，受影像噪声、影像弱纹理或重复纹理等因素的影响，计算的匹配代价难以准确反映像素之间的相关性，从而可能直接导致误匹配。匹配代价聚合的目的就是要使得匹配代价值尽可能准确地反映像素之间的相关性。

代价聚合（cost/support aggregation）可以理解为建立邻接像素之间的约束关系，假设相邻像素的视差应满足连续的条件，以此为约束对代价矩阵进行优化，生成新的视差空间图 $C(x, y, d)$。代价矩阵的优化通常是全局性的，每个像素在某个视差下的新代价值应根据其相邻像素在同一视差或者附近视差值下的代价值重新计算。

代价聚合可理解为视差的传播。信噪比高的区域初始代价值能够较好地反映像素之间的相关性，能够获得更准确的最优视差；利用代价聚合将最优视差传播至信噪比低的区域，使所有像素的代价值都能够有效反映真实相关性。代价聚合方法主要包括扫描线法、动态规划法、路径聚合法（SGM 算法）等。

基于局部或窗口的匹配方法通过对视差空间图像 $M(x, y, d)$ 的支持域取和或计算平均实现聚合匹配代价。支持域可以是固定视差的二维平面或 $(x\text{-}y\text{-}d)$ 三维空间。

3. 视差计算/优化

视差计算及优化（disparity computation/optimization）通常采用局部计算和全局优化两个阶段完成。

1）局部算法

在局部算法中，重点是匹配代价计算和匹配代价聚合步骤。根据匹配代价聚合后生成的新的视差空间图 $C(x, y, d)$，计算每个像素 (x_i, y_i) 的最优视差值。计算最终的视差很简单：只需在每个像素处选择与最小代价值相关的视差。因此，这些方法在每个像素处执行局部的赢者通吃法（Winner-Takes-All，WTA）来确定最优视差。如图 5.26 所示。在单个像素所有视差下的代价值中，选择代价值最小所对应的视差为最优视差。

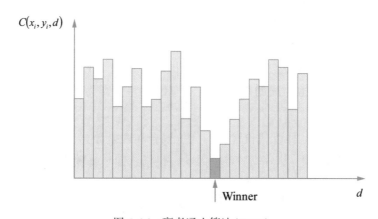

图 5.26 赢者通吃算法（WTA）

2）全局优化

相反，全局方法在视差计算阶段执行几乎所有的工作，并且通常跳过聚合步骤。许多全局方法都是在能量最小化框架中工作。目标是找到一个使全局能量最小化的视差函数 $d(x, y)$。

$$E(d) = E_{\text{data}}(d) + \lambda\, E_{\text{smooth}}(d) \tag{5.44}$$

数据项 $E_{\text{data}}(d)$ 反映视差函数与输入的立体影像对之间的一致性。视差空间公式为：

$$E_{\text{data}}(d) = \sum_{(x, y)} M(x, y, d(x, y)) \tag{5.45}$$

式中，M 表示初始或聚合的匹配代价视差空间图 DSI。

平滑项 $E_{\text{smooth}}(d)$ 对算法所做的平滑假设进行编码。为了使优化在计算上易于处理，平滑项通常仅限于测量相邻像素的视差之间的差异。

$$E_{\text{smooth}}(d) = \sum_{(x, y)} \rho(d(x, y) - d(x+1, y)) + \rho(d(x, y) - d(x, y+1)) \tag{5.46}$$

式中，ρ 为关于视差的单调增函数。

在基于正则化的处理中，ρ 是一个二次函数，这使得 d 在任何地方都是平滑的，并且可能导致在对象边界处也被平滑的结果。基于鲁棒 ρ 函数的能量函数称为 discontinuity-preserving 函数（不连续保持函数），不存在过度平滑的问题。

4. 视差精化

视差精化（disparity refinement）的目的是通过对整像素视差图进一步优化，改善视差图的质量，包括剔除误匹配点（错误视差）、适当平滑及子像素精度优化等步骤。一般采用左右一致性检查（Left-Right Check）算法剔除由遮挡和噪声而导致的错误视差；采用剔除小连通区域算法来剔除孤立异常点；采用中值滤波（Median Filter）、双边滤波（Bilateral Filter）等平滑算法对视差图进行平滑。此外，还经常采用平面拟合（Robust Plane Fitting）、亮度一致性约束（Intensity Consistent）、局部一致性约束（Locally Consistent）等方法来提高视差图质量。

WTA 算法所得到的视差是整像素精度，根据最优视差下的代价值及其邻域视差下的代价值进行抛物线拟合，抛物线的极小值点对应的视差值即为子像素视差值。如图 5.27 所示。

局部匹配算法一般包括匹配代价计算、代价聚合和视差计算；全局算法包括匹配代价计算、视差计算及视差优化；半全局算法 SGM 则包括这四个步骤。

5.3.1　核线影像密集匹配

半全局立体匹配（SGM）方法基于互信息像素级匹配的思想，通过组合多个一维约束实

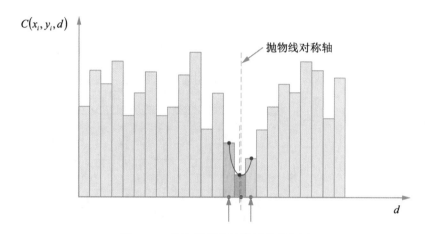

图 5.27 抛物线拟合计算子像素位置

现全局的、二维平滑约束。该算法具体包括：①互信息分级计算匹配代价（which calculates the matching cost hierarchically by Mutual Information）；②代价聚合。利用图像各个方向的路径优化近似全局能量函数实现代价聚合；③视差计算（赢者通吃算法、一致性检查和子像素插值）；④视差精化（包括峰值滤波、强度一致性视差选择和 gap 插值）。其中一些步骤是可选的，主要取决于具体应用。

1. 逐像素匹配代价计算

假设输入的两幅影像的核线几何已知。针对基准影像中的任意一个像素 $p(p_x, p_y)$，当视差值为 d 时，对应匹配影像上的像点为 $q(p_x - d, p_y)$，像素 p、q 的互信息即匹配代价可根据式(5.20a)进行计算。若给定像素的视差搜索范围，则可计算得到该像素所有视差取值对应的匹配代价，并将其存储于代价立方体中。如图 5.28 所示，为逐像素计算匹配代价(pixelwise matching cost calculation)构建代价立方体的过程。图中，基准影像大小为 $W \times H$，视差范围为 D。

局部匹配算法，不考虑邻域像素的影响，能量函数中仅利用数据项，此时，对于视差空间中的所有像素，在视差轴向（d 轴）分别取最小匹配代价(WTA)，可以获得每一个像素的最优视差，所有像素的最优视差构成视差曲面。全局匹配算法则需要考虑邻域像素对匹配结果的约束。

2. 匹配代价聚合

由于噪声等的影响，像素匹配代价计算通常是模糊的，错误匹配的代价可能比正确匹配的代价更低。因此，添加附加约束，通过惩罚邻域像素视差的变化支持平滑。像素匹配

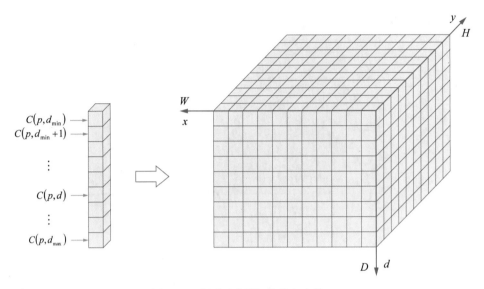

图 5.28　视差空间图(代价立方体)

代价计算和平滑约束通过定义能量函数 $E(D)$ 表示，能量 $E(D)$ 取决于视差图 D。

$$E(D) = \sum_p \left(C(p,\, D_p) + \sum_{q \in N_p} P_1 T[\,|D_p - D_q| = 1\,] + \sum_{q \in N_p} P_2 T[\,|D_p - D_q| > 1\,] \right)$$

$$(5.47)$$

式中，p 为参考影像上任意像素，D_p 为像素 p 的视差，$C(p,\, D_p)$ 为像素 p 在视差为 D_p 时对应的匹配代价；q 属于像素 p 的邻域 N_p 像素，D_q 为像素 q 的视差；P_1 和 P_2 为惩罚系数。

能量函数由数据项和光滑约束项组成。第一项是图像像素匹配代价；第二项对于 p 的邻域 N_p 中视差变化较小的(即 1 个像素)所有像素 q，增加一个常量惩罚 P_1，以适应倾斜平面或曲面；第三项对于视差变化较大的所有像素增加一个较大的常数惩罚 P_2，保留视差的不连续性。不连续性通常在影像的强度变化时可见，影像灰度变化越大，影像的梯度越大，出现视差断裂的可能性越高，此时可进行较小的惩罚。因此 P_2 通常根据影像的梯度进行设定。

$$P_2 = \frac{P_2'}{|I_{b_p} - I_{b_q}|}$$

$$(5.48)$$

式中，P_2' 为常量，I_{b_p} 和 I_{b_q} 分别表示基准影像(参考影像)上像素 p 和邻域像素 q 的灰度。

由式(5.47)可知，立体匹配问题可以表述为寻找使能量 $E(D)$ 最小的视差图 D 的问题。

2D 图像不连续的全局能量最小化问题是 NP 完全问题。使用动态规划可以在多项式时间内有效地沿单个图像行(即 1D)进行最小化。然而，动态规划解决方案很容易出现条纹，因为在 2D 图像中很难将单个图像行的 1D 优化相互关联。

SGM 算法中，从均匀分布的 16 个方向对 1D 匹配代价进行聚合实现能量函数最优解约束。任意像素 p 针对视差 d 的聚合(平滑)代价 $S(p, d)$，可通过在视差 d 处以像素 p 结束的所有 1D 最小代价路径的代价相加来计算，如图 5.29 所示。通过视差空间的路径作为直线投影到基准图像(参考影像)中，而路径上的视差变化作为非直线投影到相应的匹配图像中。

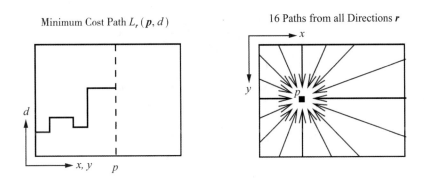

图 5.29　视差空间代价聚合(Hirschmüller，2008)

对于像素 p，在方向 r 上视差为 d 处的路径代价 $L_r'(p, d)$ 递归定义如下：

$$L_r'(p, d) = C(p, d) + \min\begin{pmatrix} L_r'(p - r, d), \\ L_r'(p - r, d - 1) + P_1, \\ L_r'(p - r, d + 1) + P_1, \\ \min_i L_r'(p - r, i) + P_2 \end{pmatrix} \tag{5.49}$$

式中，$C(p, d)$ 为匹配代价，可以是 C_{BT} 或 C_{MI}；方程的其余部分增加了方向 r 上路径的前一个像素 $p - r$ 的最小代价，包括对不连续性的适当惩罚。式(5.49)实现了式(5.47)沿任意一维路径的行为。累积代价沿着路径不断增加会导致数值很大，因此，在整个路径代价中减去路径中前一个像素的最小路径代价，得到式(5.50)：

$$L_r(p, d) = C(p, d) + \min\begin{pmatrix} L_r(p - r, d), \\ L_r(p - r, d - 1) + P_1, \\ L_r(p - r, d + 1) + P_1, \\ \min_i L_r(p - r, i) + P_2 \end{pmatrix} - \min_k L_r(p - r, k) \tag{5.50}$$

该修改不会更改通过视差空间的实际路径，由于减去的值对于像素 p 的所有视差而言是一个常量，因此，最小值的位置不会改变。可以给出上限为 $L < (C_{max} + P_2)$。

利用多个方向上的动态规划实现邻域像素的视差对中心像素的视差的约束，产生相容性好的视差图。多方向动态规划中方向 r 表示中心像素的邻域像素，如图 5.30 所示。8 方向的动态规划实际对应 3×3 影像窗口内邻域像素的约束；16 方向则对应 5×5 影像窗口内邻域像素的约束。

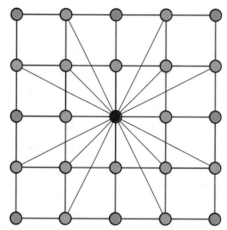

图 5.30　多方向中心像素邻域关系图

（与中心像素的连线表示方向 r）

将所有方向的路径代价按式(5.50)进行计算、取和，生成聚合代价立方体。

$$S(\boldsymbol{p},\ d) = \sum_r L_r(\boldsymbol{p},\ d) \tag{5.51}$$

由式(5.51)容易看出，对于 16 方向路径，S 的上限为 $S < 16(C_{max} + P_2)$。

对于式(5.51)，有效的实现方式是将预先计算的像素匹配代价映射至 11 位整数值范围，即 $C_{max} < 2^{11}$；若 $P_2 = C_{max}$，则由 $S < 16(C_{max} + P_2)$ 可推得 $S < 2^{16}$，因此，聚合代价可以用无符号 16 位整数表示。

将设定视差范围内所有像素的匹配代价 $C(\boldsymbol{p},\ d)$ 存储在大小为 $W \times H \times D$ 的 16bit 三维整数数组 $C[\ ]$ 中，即 $C(\boldsymbol{p},\ d) = sC(\boldsymbol{p},\ d)$，其中 s 表示 11 位数值的映射因子。同样大小的第二个 16bit 的三维整数数组用于存储聚合代价值。该数组用 0 初始化；首先在影像边界的所有像素 $\boldsymbol{b}$ 处针对每个方向 r 按照 $L_r(\boldsymbol{b},\ d) = C(\boldsymbol{b},\ d)$ 开始计算代价；按照式(5.50)沿着路径的方向遍历计算；对于路径上的每个访问的像素 $\boldsymbol{p}$，代价 $L_r(\boldsymbol{p},\ d)$ 按相应视差被累加到 $S(\boldsymbol{p},\ d)$。

3. 视差计算(disparity computation)

如图 5.31 所示，表示在像素 p 处针对所有视差的来自不同方向的 8 路径匹配代价。

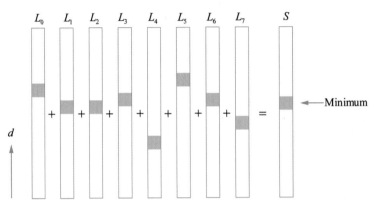

图 5.31　像素 8 路径代价和(Hirschmüller et al.，2012)

与基准图像 I_b 对应的视差图 D_b，可以通过 WTA 算法选择每个像素 p 对应于最小代价处的视差 d 确定，即取 $\min_d S(p, d)$ 对应的视差 d 为该像素的视差。为获得子像素精度的视差，可利用二次曲线对邻域视差的代价值进行拟合，并计算代价最小值处的视差为最优视差，该方法计算简单、支持快速计算。

匹配影像 I_m 的视差图 D_m 可以利用与视差图 D_b 相同的聚合代价获取。首先找到对应匹配影像 I_m 上像素 q 的核线，然后对应最小代价，即 $\min_d S(e_{mb}(q, d), d)$，视差 d 被选择。但是，对于基准影像和匹配影像而言，代价聚合的结果是不对称的，因此，为了得到好的视差图 D_m，应重新执行逐像素匹配及代价聚合的计算过程步骤。此外，可以利用小窗口中值滤波算法(例如 3×3)去除视差图上的噪声。

根据视差图 D_m 和视差图 D_b，通过视差一致性检查可以有效地检测场景遮挡和误匹配。视差图 D_b 中的每一个视差与视差图 D_m 中对应的视差进行比较完成一致性检查。

$$D_p = \begin{cases} D_{bp}, & \text{if } |D_{bp} - D_{mq}| \leqslant 1 \\ D_{inv}, & \text{otherwise} \end{cases} \tag{5.52a}$$

$$q = e_{bm}(p, D_{bp}) \tag{5.52b}$$

包括分级互信息计算在内的 SGM 核心算法框图如图 5.32 所示。

4. 视差精化

经过视差一致性检查后的视差图仍然可能包含某些类型的错误，此外，通常还存在无

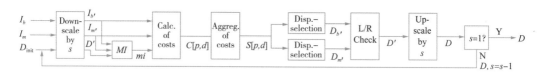

图 5.32　SGM 算法总体框图(Hirschmüller, 2008)

效值的区域，需要对视差图进行后处理，即视差精化(disparity refinement)。由于低纹理、反射及噪声等原因，视差图上的错误视差表现为与周围视差异常不同的小的视差块，即峰值(peaks)，可以利用图像分割算法对视差图进行分割、检测和剔除误匹配。

5. 金字塔分级匹配策略

影像匹配经常采用由粗到精(coarse-to-fine)的金字塔分级匹配策略(hierarchical strategy)。首先，构建影像金字塔之后，影像匹配从分辨率最低的金字塔顶层影像开始，相对于原始影像，搜索空间的减小能够降低大的搜索范围导致的误匹配发生的概率；其次，将匹配的结果作为初始值逐级向下传递并引导下一级匹配，利用“视差初始值+缓冲”的方式确定匹配搜索范围(搜索范围是影像匹配的重要参数，过小的搜索范围容易导致匹配失败，过大的搜索范围则会产生匹配的多义性)，提高了匹配算法的可靠性及计算效率。此外，影像金字塔分级是通过影像降采样过程完成的，降采样实际是对影像进行低通滤波处理，因此，这个过程也有效地消除了影像噪声。

Heiko Hirschmuller(2008)在 SGM 算法中，提出一种初始化和精化互信息匹配代价的分级方法。通过高一级金字塔影像匹配(低分辨率)计算初始视差图，产生的视差被用于之后的金字塔影像层，进一步精化互信息匹配代价。半全局匹配算法中，每个像素的视差范围在整个图像上是固定的，对于每个像素，在代价立方体中视差范围是完全相同的，如图 5.33 所示。按照匹配代价(相似性度量)最优(低)的原则，可以从该立方体中提取视差曲面。原始的半全局匹配算法适用于航空图像和低分辨率图像，对于近景或高分辨率的图像等，图像视差范围较大，如果仍然使用固定的视差范围，将导致高内存消耗和长计算时间。

Mathias Rothermel 等(2012)提出一种改进的分级 SGM 算法，金字塔影像 l 层的视差被用于限制 $l-1$ 层金字塔影像匹配的视差搜索范围，通过分级为基准影像上每个像素分别确定视差搜索范围。设 D^l 表示影像金字塔 l 层匹配视差图，每个像素 x_b 的新的视差搜索范围可通过对 $D^l(x_b)$ 邻域的有效视差进行评估加以确定。如果像素 x_b 正确匹配，则包含在 7×7 邻域小窗口内的最小、最大视差(d_{min} 和 d_{max})被计算并存储在两个附加图像 R_{min}^l 和 R_{max}^l 中；如果像素 x_b 未成功匹配，则对较大 31×31 邻域小窗口进行搜索以获得有

效视差估计值 $d_{\min}$ 和 $d_{\max}$。而且，当前影像金字塔 l 层的 $d(x_b)$ 的视差估计值被更新为搜索窗口中包含的所有视差的中值，有效和无效像素的最大视差搜索范围限制为 16 和 32。下一步，将图像 D^l、$R_{\min}^l$ 和 $R_{\max}^l$ 放大(upscaled)，根据这些图像定义 $l-1$ 层金字塔影像匹配的视差搜索范围。在 $l-1$ 层金字塔影像匹配时，潜在点对应的视差搜索范围设定为：

$$[2(x_b + d - d_{\min})\,,\ 2(x_b + d + d_{\max})]$$

这意味着对有效像素和无效像素而言，最终搜索范围分别限制为 32 像素和 64 像素。处理第一层(最高)金字塔级影像时，没有可用的初始视差估计，在这种情况下，沿着水平核线方向的匹配图像中的所有像素都被视为潜在的对应点。通过视差搜索范围的逐像素自适应，包含局部匹配代价 $C(x_b, d)$ 和聚合代价 $S(x_b, d)$ 的数据阵列不再是立方体形状(图 5.33)，在视差空间中，这些结构表示为一个包含潜在视差曲面的带状结构，可以将这些结构的所有值存储在一维阵列中，并且使用提供相应偏移的图像来访问与基准图像像素相关联的代价字符串。

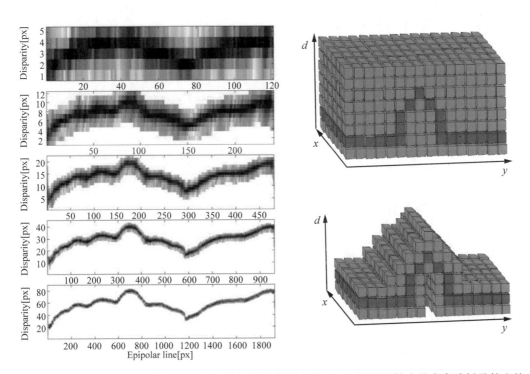

左图：从低分辨率到高分辨率，每个像素的搜索范围由大变小，可以用较小的内存消耗及较少的计算费用处理较大的深度变化。右上图：SGM 算法代价立方体。右下图：动态视差搜索概念

图 5.33　分级策略，利用分级分辨率减小每个像素的视差搜索范围(Wenzel et al.，2013a)

实际应用中，按 1/4 分辨率(图像宽度和高度的一半)构建影像金字塔，并根据图像的分辨率确定分级层数，图像金字塔每一级，复杂性减少因子为 2^3。使用金字塔影像分级匹配策略时，每个像素的视差搜索范围不同，视差搜索限制在真值附近的较小范围内，实验表明，改进算法可节约 70% 的内存占用、提高 30% 的计算效率。

5.3.2　多视影像密集匹配

立体摄影测量用于三维空间目标重建或定位具有局限性。小冗余导致目标几何定位点坐标的可靠性较低，且定位精度容易受弱几何条件的制约。在重复目标模式(影像重复纹理)的情况下，影像的误匹配难以有效控制；影像上的遮挡可能导致目标点的丢失；影像上目标边缘的不连续处匹配困难等。利用具有一定公共重叠区域的多视影像进行匹配，可以提高影像匹配的可靠性及定位精度。低空无人机倾斜摄影技术及航空航天三线阵或多线阵推扫成像技术的广泛应用，多视影像匹配技术获得了快速发展，多基线、多视角的影像匹配已成为摄影测量与计算机视觉的一个重要研究方向。多视影像匹配利用物方引导(matching guided from object space)和几何条件约束的多视角影像同时匹配(simultaneously multiple images (≥2) with geometrically constrained cross-correlation)，替代传统的双像立体影像匹配算法，通过匹配直接获得物方空间目标点三维坐标。此外，多视影像匹配可针对不同分辨率、不同传感器的多源影像进行影像匹配。

数字表面模型(DSM)利用大量采样点及反映表面不连续性的特征线，以数字形式表示地形表面。生成的 DSM 的质量主要取决于点和特征线的测量精度，以及对点和特征线的最优性选择。摄影测量中，影像匹配技术被应用于数据点的自动采集及 DSM 的自动生成。然而，从影像生成密集、精确和可靠的三维点云是一项困难的任务，首先，需要进行密集点提取，包括随机分布的特征点、规则分布的格网点的提取；然后，利用图像匹配技术找到这些点的对应关系。特征点一般利用局部兴趣算子进行提取，特征点周围的图像窗口通常包含足够的图像强度变化，可产生精确可靠的匹配。与特征点相比，格网点可能位于纹理较弱或没有纹理的区域，格网点的匹配可能产生歧义，因此，匹配过程必须集成更多的全局信息，而不仅仅是局部信息。

1. 多视匹配的物方引导模式

随机采样点(arbitrarily distributed points)不在格网上，而是随机分布模式。利用兴趣算子在基准影像上提取特征点，特征点的选择应有利于自动影像匹配。

规则格网采样模式(grid sampling)有两种方式。通常在物方空间中定义规则格网，即格网点的物方平面 X、Y 坐标是固定(已知)的，然后在这些位置测量高程 Z，通常用于直接生成数字地形模型(DTM)。这种定位模式称为 Z 模式(MPGC 算法，relief displacement)。

如图 5.34 所示，物方空间中的点 P 位于过其已知 X、Y 坐标的铅垂线上，即位于固定的已知线上。对于任何近似值 Z_p，物方点定义为其铅垂线与垂直于 Z 轴在 Z_p 处的平面的交点，将该物方点 P 投影到影像上。当 P 点沿其铅垂线在 Z 方向移动时，物方点的投影在每幅图像上沿"投影差的方向"(relief displacement)直线移动。该直线即为过 P 点的铅垂线在每幅影像上的投影，可以将其定义为图像平面与过 P 点的铅垂线与下视线的铅垂面的交线。分析图 5.34 可知，对于一幅影像，像底点为物方空间所有铅垂线在像方投影的交点；下视线为所有过物方点的铅垂面的交线。

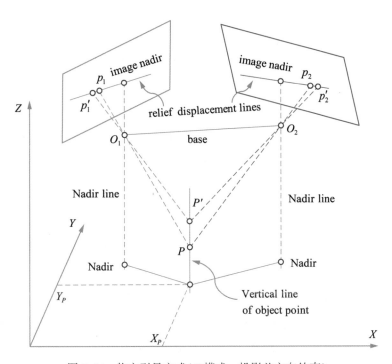

图 5.34　物方引导方式(Z 模式，投影差方向约束)

另一种采样模式是在像方空间(其中一幅图像)定义格网，通过影像匹配确定格网点在其余图像中的对应点，格网点的物方空间位置位于投影光线上，这种模式称为 XYZ 模式 (MPGC 算法，the epipolar line)(图 5.35)。如果物方点 P 的 Z 坐标的近似值已知，则利用参考光线与 Z 平面求交点，可计算物方点 P 的 X、Y 坐标的近似值。将 P 点的近似物方空间位置反投影到除参考影像外的其余所有影像上，可以得到 P 点在每幅影像上的投影及近似像素坐标。当 P 点沿着参考光线移动时，在每幅影像上 P 点的投影则沿着核线移动，或者可以认为这些 P 点的投影轨迹即形成核线。核线是影像匹配的重要几何约束条件。

上述两种物方匹配引导模式可以由两幅影像推广至多幅影像。

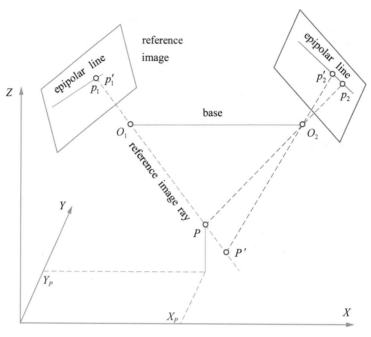

图 5.35　物方引导方式(XYZ 模式，核线几何约束)

2. GC^3 匹配算法

具有公共重叠区域的一组影像(2 幅以上)进行多视影像匹配时，应选择其中一幅影像为基准影像(参考影像)，其余影像为搜索影像。对于基准影像上给定的像点，在其他影像中的对应点可以使用基于灰度的影像匹配(ABM)算法进行搜索。张力(2005)提出一种几何约束互相关(Geometrically Constrained Cross-Correlation，GC^3)算法，该算法运用物方空间引导的基于 XYZ 定位模式的多视匹配概念，同时匹配任意多幅影像，且隐式集成核线几何约束以限制匹配搜索空间。结合自适应相关参数确定方法，它能够极大地减少由表面不连续、遮挡和重复纹理结构产生的匹配问题，生成密集可靠的点匹配结果。

GC^3算法中，归一化互相关(NCC)被用作参考图像窗口和搜索图像窗口之间的相似性度量。与传统的互相关方法相比，GC^3算法中的 NCC 是根据物方空间中物方点的高程值而不是像方空间中的视差来计算的，可以看作传统归一化互相关(NCC)方法的一个扩展，因此，所有单个立体图像对的 NCC 函数都可以集成到一个框架中。GC^3算法的先决条件是表示像方空间像素坐标与物方空间坐标关系的传感器模型和影像定向参数必须已知。

以卫星三线阵相机成像为例，如图 5.36 所示，选择卫星三线阵影像的下视影像 I_0 作为参考图像，前视影像I_1及后视影像I_2作为搜索图像。图中，$I_0 \sim I_1$和$I_0 \sim I_2$分别组成两个立体影像对。假定三视影像的定向参数已知或者已由空三计算得到。参考影像上给定像点p_0，根据影像定向参数可得到投影光线Cp_0（这里C表示与p_0相关的瞬时透视中心），图中可以看到p_0在物方空间的所有可能的对应物点P_0均位于投影光线Cp_0上。物方空间$P_0(X_0, Y_0, Z_0)$通过投影光线Cp_0与近似高程Z_0的平面求交点计算获得。由于近似高程Z_0存在误差ΔZ，因此，物点P_0在投影光线Cp_0上的正确位置应位于物点$P_{\min}$与$P_{\max}$之间，且高程范围应在$Z_0 - \Delta Z$与$Z_0 + \Delta Z$之间。如果将位于$P_{\min}$与$P_{\max}$之间的物点反投影到搜索影像，则可定义像点p_0的局部核线对（线阵影像核曲线，局部可视为直线），像点p_0在搜索影像上的同名点即正确的匹配$p_i (i = 1, 2)$必位于像点p_0的局部核线上。

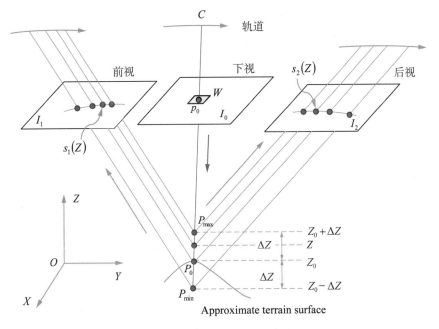

图 5.36　多视影像匹配（GC³ 算法）

设$I_0(p)$和$I_i(p)$分别表示参考影像和第i幅搜索影像的灰度值。在参考影像上定义相关窗口W，假定近似 DSM 已知（或常量水平面或由高一级金字塔影像匹配得到）。按照5.2.2 小节相关窗口"warping"的方法，在搜索影像上可计算得到相关窗口W的对应窗口$\bar{W}$。

在参考影像与第i幅搜索影像上，像点p_0的高程为Z时，相关窗口W与$\bar{W}$之间的 NCC 值计算公式如下：

$$\mathrm{NCC}_i(p_0,\ Z) = \frac{\sum\limits_{s \in W}(I_0(s) - \bar{I}_0) \times (I_i(s_i(Z)) - \bar{I}_i)}{\sqrt{\sum\limits_{s \in W}(I_0(s) - \bar{I}_0)^2}\ \sqrt{\sum\limits_{s \in W}(I_i(s_i(Z)) - \bar{I}_i)^2}} \tag{5.53}$$

式中，$\bar{I}_0 = \dfrac{1}{m \times n}\sum\limits_{s \in W} I_0(s)$，$\bar{I}_i = \dfrac{1}{m \times n}\sum\limits_{s \in W} I_i(s_i(Z))$；$W$ 和 s 表示在参考影像上围绕 p_0 的相关窗口和相关窗口内的像素；m 和 n 表示相关窗口 W 的大小；$s_i(Z)$ 表示 s 在第 i 幅搜索影像上对应像素。$s_i(Z)$ 可以使用近似 DSM 和影像的定向参数通过相关窗口"warping"过程计算或使用双线性内插方法从第 i 幅搜索影像内插得到。

从上述公式看出，NCC_i 是高程 Z 的函数，且 $Z \in (Z_0 - \Delta Z,\ Z_0 + \Delta Z)$，因此，给定参考图像中的一个点，以及其近似高程 Z_0 和物方空间中可能的误差 ΔZ，所有单个立体影像对的 NCC 函数可以在一个唯一的框架内定义。然后，代替通过评估参考影像 I_0 和搜索影像 $I_i(i = 1,\ 2)$ 之间的单个 NCC 函数来计算点 p_0 的正确匹配，定义点 p_0 相对于 Z 的 NCC 之和（SNCC）。

$$\mathrm{SNCC}(p_0,\ Z) = \frac{1}{2}\sum_{i=1}^{2}\mathrm{NCC}_i(p_0,\ Z) \tag{5.54}$$

因此，通过查找使函数 SNCC 最大的 Z：$Z \in (Z_0 - \Delta Z,\ Z_0 + \Delta Z)$，可以得到点 p_0 的真实高程。此处，高程误差 ΔZ 的大小决定了沿相应的核线搜索的距离。根据 SNCC 函数的定义，SNCC 函数通过简单地累加所有立体影像对的互相关度量 NCC，对于参考图像中的给定点，可以获得物方空间中的正确匹配或正确高程。换句话说，该方法综合了来自所有单个立体影像对的贡献（证据），以决定最终的匹配结果。

对于参考图像中的每个点 p_0，产生一个相关函数 $\mathrm{SNCC}(p_0,\ Z)$。Z 按与参考图像具有最大立体交会角的图像中一个像元变化对应的步长递增。匹配的候选点在此函数中显示最大值。对相关函数 $\mathrm{SNCC}(p_0,\ Z)$ 进行二次函数拟合确定函数峰值的位置。最终，函数 SNCC 的每个峰值对应于具有特定高程值的一个物方点。在 GC³ 算法中，这些物方点被定义为给定点的匹配候选点。需要注意的是，这些候选对象是在物方空间中定义的，通过将这些候选对象反向投影到搜索图像上，可以确定像方空间中的匹配候选对象，即同名点。该方法可以很容易地推广到更一般的方法，适用于 $n + 1(n \geq 1)$ 影像。

$$\mathrm{SNCC}(p_0,\ Z) = \frac{1}{n}\sum_{i=1}^{n}\mathrm{NCC}_i(p_0,\ Z) \tag{5.55}$$

GC³ 算法概括如下：

（1）对于参考图像中的每个点，确定其物方空间近似高程和可能的高程误差。近似高度和误差可由用户指定或使用从较高级别的金字塔影像生成。可以进一步通过已知的影像定向参数确定搜索图像中对应的核线。

（2）确定相关窗口的参数及其"warping"函数；针对每个单独的立体影像对的高程值，计算关于 Z 的 NCC 函数。

（3）通过对所有单个 NCC 函数求和，计算 SNCC。

（4）确定 SNCC 函数局部最大值的位置，在每个局部最大值的局部邻域内，为每个局部最大值拟合光滑二次曲线函数。

（5）质量检测程序确定给定点的正确高程值。基本上有以下两个质量标准：

①正确的匹配应具有显著的最大 SNCC 值。所以，如果有唯一候选者或有多个候选者，以及第二个候选者的 SNCC 峰值小于第一个 SNCC 峰值的一半或 1/3，则具有最大的 SNCC 值的峰值应表示正确的匹配。

②使用相同的匹配参数，从搜索图像匹配到参考图像的点，且如果其逆向匹配，与正常匹配的差异小于 1.5 像素，则候选匹配应该是正确的匹配。该质量标准也称为双向一致性检查，可以用于检测由遮挡引起的误匹配。

无法通过质量检查的点可以有多种解决方案。通过在物方空间增加局部分片平滑约束，利用全局影像匹配的方法进一步解决这种匹配模糊性。最多选取 5 个高于规定阈值的匹配候选对象，按 SNCC 值递减的顺序排列。对于参考图像中的每个给定点，可以获得多个匹配候选。

GC³算法本质上是一种 ABM 方法，但是，匹配是从物方空间引导的，因此可以同时匹配任意数量的影像（两个以上）并隐式集成核线几何约束。每个立体影像对的相似性度量 NCC 是根据高程定义的，不同立体影像对的 NCC 函数被集成到一个统一的框架中，它们可以组合成一个新的相似性度量，即 NCC 之和（SNCC）。通过 SNCC 函数的定义，可以整合来自所有立体影像对的证据进行最终决策。

GC³算法的基本原理是隐式引入核线几何约束、通过评估 SNCC 函数来确定正确的匹配。有几个控制函数和参数会影响基本 GC³ 算法的性能，例如，相关窗口"warping"函数、相关窗口的大小和形状、搜索距离和 SNCC 阈值等相关参数。此外，由于影像定向参数误差，必须处理正确匹配不位于核线上的情况。一般来说，只要使用 NCC 作为相似性度量，则属于局部图像匹配算法，因此，GC³算法与其他传统的局部匹配算法和技术存在类似的问题。虽然可以使用多视图来减少重复纹理模式引起的匹配模糊的可能性，但通常无法完全避免模糊问题。此外，还必须处理由曲面不连续和遮挡引起的匹配问题。

3. MPVLL 匹配算法

如图 5.37 所示，为物方 Z 模式引导的多视匹配原理图，该方法也称为多视铅垂线轨迹法（Multi-Photo Vertical Line Locus，MPVLL）。以卫星三线阵相机成像为例，三线阵影像分别为下视影像 I_0、前视影像 I_1 及后视影像 I_2，假定三视影像的定向参数已知或者已由空三计算得到。在图 5.37 中，铅垂线通过物方空间格网点，即铅垂线的物方平面 X、Y 坐标是已知的。根据摄影测量原理可知，物方空间的铅垂直线的投影位于像方空间的投影差方向上，物方空间 P 点在铅垂线沿着 Z 方向移动时，P 点的投影必位于该铅垂线在每幅图像上的"投影差的方向"（relief displacement）上。此外，当且仅当多视影像上像点是同一真实物方空间目标点的影像平面投影时，这些像点才能够正确匹配。因此，MPVLL 算法匹配的本质是在铅垂线上寻找物方空间物点正确的 Z 坐标。与 GC³ 算法核线几何约束不同，MPVLL 算法隐式集成了"投影差"方向的几何约束。

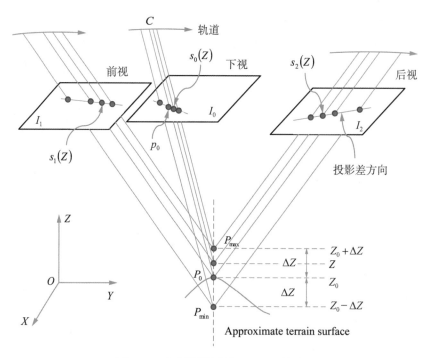

图 5.37　多视影像匹配（MPVLL 算法）

与 GC³ 类似，MPVLL 算法概括如下：

（1）给定物方空间格网点平面坐标 (X, Y)，确定其物方空间近似高程和可能的高程误差。近似高度和误差可由用户指定或使用从较高级别的金字塔影像生成。可以进一步通过已知的影像定向参数确定过平面坐标 (X, Y) 的铅垂线在多视影像上的投影差方向。

（2）根据格网点平面坐标 (X, Y) 及可能的高程坐标 $Z = Z_{\min} + i \times D_Z (i = 0, 1, \cdots, n)$，将其依次反投影至下视影像 I_0、前视影像 I_1 及后视影像 I_2 上，分别获得像方投影 $s_0(Z)$、$s_1(Z)$ 和 $s_2(Z)$。

（3）选择下视影像 I_0 为参考影像，确定相关窗口的参数及其"warping"函数（或者根据像方投影$s_0(Z)$、$s_1(Z)$和$s_2(Z)$的位置，沿着各自投影差方向确定相关窗口的大小及方向）；针对$I_0 \sim I_1$和$I_0 \sim I_2$两个立体影像对，分别计算关于Z的 NCC 函数。

（4）通过对所有单个 NCC 函数求和，计算 SNCC。

（5）确定 SNCC 函数局部最大值的位置，在每个局部最大值的局部邻域内，为每个局部最大值拟合光滑二次曲线函数。

（6）质量检测程序确定给定点的正确高程值。

◎ 思考题

1. 光学卫星影像立体匹配的主要难点是什么？

2. 推导归一化互相关立体影像匹配测度 NCC。

3. 非参数化局部变换的影像相关方法的优点是什么？

4. 解释 Hamming 距离的含义。Hamming 距离作为立体影像匹配测度的优点是什么？

5. 解释互信息的含义。简述立体影像互信息的主要计算过程。

6. 简述自适应平滑滤波器算法的基本原理。

7. 简述影像 Wallis 滤波的主要过程。

8. 影像金字塔在影像匹配中的主要作用是什么？如何建立？

9. 简述相关窗口"warping"过程的原理。其主要作用是什么？

10. 给定初始 DEM，简述卫星影像稀疏立体匹配点位预测的主要过程。

11. 简述卫星影像匹配时如何进行几何变形改正。

12. 简述光学影像密集匹配的一般过程。

13. 局部匹配方法的缺点是什么？

14. 简述半全局立体匹配(SGM)方法的原理及主要过程。

15. 简述多视影像匹配的两种物方引导模式各有什么特点？

16. 如何克服多视影像匹配的重复纹理问题？

17. 如何确定多视卫星影像物方匹配的搜索空间和搜索步距？

第6章 光学卫星在轨几何定标

影响光学卫星几何定位精度的因素很多，误差源可以分为四个类别：①传感器本身误差，主要有内方位元素误差、光学系统成像几何畸变，以及 CCD 线阵排列、旋转、弯曲、像元尺寸误差等；②有效载荷安装误差，包括卫星定轨接收天线、星敏感器、惯性测量单元，以及光学相机在卫星本体坐标系中的安装测量参数等误差；③卫星轨道、姿态测量误差；④时间同步误差。尽管传感器内方位元素等参数及有效载荷安装参数在卫星发射前已进行实验室精确的检校测量，但是，由于卫星在轨运行时的微重力环境、卫星发射时产生的机械震动、空间环境的温度变化等因素，将影响相机的光学特性及导致载荷安装参数变化，因此，利用地面控制点或几何约束等条件，对光学卫星进行在轨几何定标，对提高光学卫星影像几何定位精度具有重要意义。

本章的学习内容主要包括：①光学卫星在轨定标几何模型；②光学卫星几何定位误差分析；③光学卫星在轨几何定标基本概念、原理及定标方法。

6.1 在轨定标几何模型

对地观测卫星在轨运行时，GNSS（Global Navigation Satellite System；GPS/GLONASS/Compass/Galileo）全球导航卫星系统能够提供接收机天线相位中心在 WGS-84 坐标系下的位置及速度矢量，用于对地观测卫星轨道测定；恒星相机等星敏感器可以测定其相对于基准方位的姿态信息，用于测量卫星运行姿态。通常选择 J2000 惯性空间作基准参照系，姿态控制系统测量卫星相对于基准方位的姿态信息，利用本体坐标系与基准坐标系之间的相对关系，即可确定卫星姿态。此外，SPOT 等对地观测卫星，通过测量卫星本体坐标系相对于卫星轨道坐标系的相对姿态来完成卫星姿态测量。

如图 6.1 所示，地球为研究对象，相机、GNSS 接收机天线及星敏感器为卫星上的三个主要用于对地观测定位的设备。$O\text{-}X_{\text{WGS-84}}Y_{\text{WGS-84}}Z_{\text{WGS-84}}$ 为 WGS-84 坐标系；$O\text{-}X_{\text{J2000}}Y_{\text{J2000}}Z_{\text{J2000}}$ 为 J2000 地心惯性坐标系；$O_C\text{-}X_C Y_C Z_C$ 为星上对地观测相机的坐标系；$O_{\text{SC}}\text{-}X_{\text{SC}}Y_{\text{SC}}Z_{\text{SC}}$ 为卫星本体坐标系；$O_S\text{-}X_S Y_S Z_S$ 为星敏感器坐标系。

根据载荷之间的位置偏移、坐标系之间旋转等安置参数，建立如下传感器严格几何定

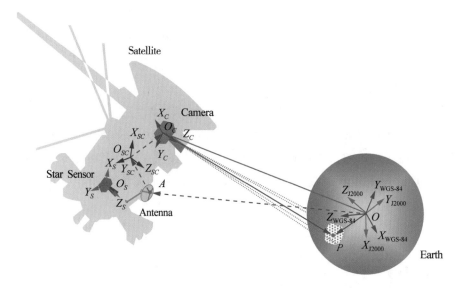

图 6.1　在轨定标几何模型

位模型：

$$
\begin{pmatrix} X \\ Y \\ Z \end{pmatrix}_{\text{WGS-84}} = \begin{pmatrix} X_{\text{GPS}} \\ Y_{\text{GPS}} \\ Z_{\text{GPS}} \end{pmatrix} + \boldsymbol{R}_{\text{J2000}}^{\text{WGS-84}}(t)\, \boldsymbol{R}_{\text{star}}^{\text{J2000}}(t)\, \boldsymbol{R}_{\text{body}}^{\text{star}} \left\{ \begin{pmatrix} a_x \\ a_y \\ a_z \end{pmatrix} + \begin{pmatrix} c_x \\ c_y \\ c_z \end{pmatrix} + \lambda \cdot \boldsymbol{R}_{\text{camera}}^{\text{body}} \begin{pmatrix} \tan(\varphi_Y) \\ \tan(\varphi_X) \\ -1 \end{pmatrix} \cdot f \right\}
$$

$$(6.1)$$

式中，$(X \quad Y \quad Z)_{\text{WGS-84}}^{\text{T}}$ 表示地面点坐标；

$(X_{\text{GPS}} \quad Y_{\text{GPS}} \quad Z_{\text{GPS}})^{\text{T}}$ 表示 GNSS 天线相位中心的 WGS-84 坐标；

$(a_x \quad a_y \quad a_z)^{\text{T}}$ 表示 GNSS 天线相位中心在卫星本体坐标系中的偏心矢量；

$(c_x \quad c_y \quad c_z)^{\text{T}}$ 表示相机投影中心在卫星本体坐标系中的偏心矢量；

$\boldsymbol{R}_{\text{J2000}}^{\text{WGS-84}}(t)$ 表示 t 时刻 J2000 坐标系到 WGS-84 坐标系的旋转矩阵，与时间相关；

$\boldsymbol{R}_{\text{star}}^{\text{J2000}}(t)$ 表示 t 时刻星敏感器坐标系到 J2000 坐标系的旋转矩阵；

$\boldsymbol{R}_{\text{body}}^{\text{star}}$ 表示卫星本体坐标系与星敏感器坐标系之间的安置（旋转）矩阵；

$\boldsymbol{R}_{\text{camera}}^{\text{body}}$ 表示相机坐标系与本体坐标系之间的安置（旋转）矩阵；

$(\tan(\varphi_Y) \quad \tan(\varphi_X) \quad -1)^{\text{T}}$ 表示相机观测视向量；λ 为比例系数。

实际应用中，离散的卫星轨道、姿态数据由航天飞控部门按照等时间采样间隔提供；任意时刻卫星轨道、姿态数据可内插计算。

式（6.1）中，相机外方位线元素表示如下：

$$\begin{pmatrix} X_S \\ Y_S \\ Z_S \end{pmatrix}_{\text{WGS-84}} = \begin{pmatrix} X_{\text{GPS}} \\ Y_{\text{GPS}} \\ Z_{\text{GPS}} \end{pmatrix} + \boldsymbol{R}^{\text{WGS-84}}_{\text{J2000}}(t)\,\boldsymbol{R}^{\text{J2000}}_{\text{star}}(t)\,\boldsymbol{R}^{\text{star}}_{\text{body}} \left\{ \begin{pmatrix} a_x \\ a_y \\ a_z \end{pmatrix} + \begin{pmatrix} c_x \\ c_y \\ c_z \end{pmatrix} \right\} \tag{6.2}$$

相机外方位角元素用旋转矩阵表示如下：

$$\boldsymbol{R}^{\text{WGS-84}}_{\text{camera}} = \boldsymbol{R}^{\text{WGS-84}}_{\text{J2000}}(t)\,\boldsymbol{R}^{\text{J2000}}_{\text{star}}(t)\,\boldsymbol{R}^{\text{star}}_{\text{body}}\,\boldsymbol{R}^{\text{body}}_{\text{camera}} \tag{6.3}$$

相机内方位元素由相机焦平面上像元指向角 φ_Y、φ_X 表示。如图 6.2 所示，此处，指向角 φ_Y 可理解为视向量 $\boldsymbol{u}_1$ 在 XZ 平面内的投影与 Z 轴的夹角，即绕 Y 轴旋转形成的；同理，指向角 φ_X 可理解为视向量 $\boldsymbol{u}_1$ 在 YZ 平面内的投影与 Z 轴的夹角，即绕 X 轴旋转形成的。

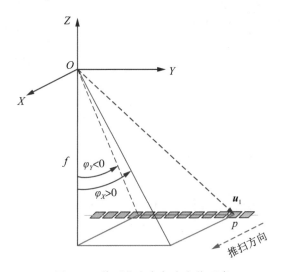

图 6.2　像元指向角与内方位元素

如图 6.2 所示，像平面坐标系与指向角的关系如下：

$$\begin{cases} \dfrac{x - x_0 - \Delta x}{f} = \tan(\varphi_Y) \\[3mm] \dfrac{y - y_0 - \Delta y}{f} = \tan(\varphi_X) \end{cases} \tag{6.4}$$

式中，x_0，y_0，f 分别表示相机主点及主距；Δx，Δy 分别表示相机镜头畸变；$(x,\ y)$ 表示像平面坐标；φ_Y，φ_X 分别表示相机焦平面上像元指向角。

在 WGS-84 坐标系中，相机视向量表示如下：

$$\begin{pmatrix} X_{\text{camera}} \\ Y_{\text{camera}} \\ Z_{\text{camera}} \end{pmatrix}_{\text{WGS-84}} = \boldsymbol{R}^{\text{WGS-84}}_{\text{J2000}}(t)\,\boldsymbol{R}^{\text{J2000}}_{\text{star}}(t)\,\boldsymbol{R}^{\text{star}}_{\text{body}}\,\boldsymbol{R}^{\text{body}}_{\text{camera}} \begin{pmatrix} \tan(\varphi_Y) \\ \tan(\varphi_X) \\ -1 \end{pmatrix} \tag{6.5}$$

由式(6.1)也可以看出，卫星对地几何定位的精度主要取决于：①卫星轨道、姿态测量误差；②有效载荷安装误差；③内方位元素误差、物镜几何畸变等因素。

6.2 几何定位误差分析

光学卫星几何定位误差源主要有内方位元素误差、卫星姿、轨测量误差、载荷安装误差，以及时间同步误差等。本节将对各类误差源进行误差建模及误差特性分析，为制定在轨几何定标策略提供理论依据。

6.2.1 内方位元素误差模型

线阵推扫式相机内方位元素误差包括 CCD 线阵几何误差和相机光学系统误差。CCD 线阵几何误差主要指 CCD 线阵平移误差、像元尺寸误差、主点和主距误差、CCD 线阵旋转等误差；光学系统误差主要指径向(对称)畸变和切向(非对称)畸变。

如图 6.2 所示，以 CCD 单线阵为例建立像平面坐标系。相机焦平面上 CCD 线阵中心位于相机像主点 o，y 轴与影像扫描线平行，x 轴垂直于 y 轴，与飞行方向一致。

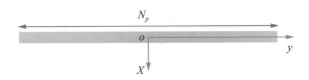

图 6.3　理想 CCD 线阵定义

对于线阵推扫影像中任意像元的影像坐标 (u, v)，在无物镜光学畸变和无 CCD 线阵几何误差的理想情况下，像平面坐标 (x, y) 计算公式如下：

$$y = \left(v - \frac{N_p}{2}\right)p_y \tag{6.6}$$

式中，N_p 表示 CCD 线阵像元个数；p_y 表示 y 轴方向的像元尺寸；v 表示扫描行上像元的位置。x 坐标为定值，$x = 0$。

根据参考行影像的获取时间及相机积分时间，线阵推扫影像中第 i 行影像的获取时间 t_i 可计算如下：

$$t_i = t_0 + (u_i - u_0)\,\Delta t \tag{6.7}$$

式中，t_0 表示参考影像扫描行获取时间；u_i，u_0 分别表示第 i 行影像和参考行影像的行数；Δt 表示积分时间。

1. CCD 线阵平移误差

如图 6.4 所示，CCD 线阵在 x，y 轴方向的平移误差可以用常量建模。

$$\Delta x = \Delta x_C$$
$$\Delta y = \Delta y_C \tag{6.8}$$

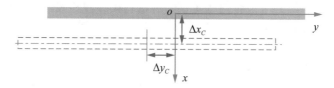

图 6.4　CCD 线阵平移误差

2. 像元尺寸误差

如图 6.5 所示，像元尺寸变化对 y 坐标的影响。

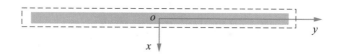

图 6.5　像元尺寸变化对 y 坐标的影响

受测量误差及卫星在轨期间温度等空间环境变化的影响，CCD 线阵像元在轨实际尺寸与设计值不一致。对式(6.6)两边取微分，得式(6.9)，进一步推导得式(6.10)：

$$\Delta y = \left(v - \frac{N_p}{2}\right)\Delta p_y \tag{6.9}$$

$$\Delta y = \frac{y}{p_y}\Delta p_y \tag{6.10}$$

由式(6.10)可知，像元尺寸误差引起扫描行方向的比例误差。

3. CCD 线阵旋转误差

如图 6.6 所示，CCD 线阵在相机焦平面上安装时，水平旋转角在 x，y 轴方向均产生误差。旋转产生的在 x，y 轴方向误差如下：

$$\Delta x = y\sin\theta$$
$$\Delta y = y(1 - \cos\theta) \tag{6.11}$$

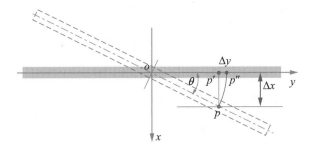

图 6.6　CCD 线阵旋转误差

4. 主点误差

主点误差用在 x, y 轴方向的常量偏移建模。其作用与 CCD 线阵平移误差一致。

$$\Delta x = \Delta x_0$$
$$\Delta y = \Delta y_0 \tag{6.12}$$

5. 主距误差

仅考虑主距 f 误差，对式(2.61b)两边取微分，得到下式：

$$\Delta x = -\Delta f \frac{a_1(X - X_S) + b_1(Y - Y_S) + c_1(Z - Z_S)}{a_3(X - X_S) + b_3(Y - Y_S) + c_3(Z - Z_S)}$$
$$\Delta y = -\Delta f \frac{a_2(X - X_S) + b_2(Y - Y_S) + c_2(Z - Z_S)}{a_3(X - X_S) + b_3(Y - Y_S) + c_3(Z - Z_S)} \tag{6.13}$$

进一步推导得：

$$\Delta x = -\frac{\bar{x}}{f}\Delta f$$
$$\Delta y = -\frac{\bar{y}}{f}\Delta f \tag{6.14}$$

式中，$\bar{x} = x - x_0$，$\bar{y} = y - y_0$；(x_0, y_0) 为像主点坐标。主距 f 误差引起 x, y 方向的对称误差，即比例误差。

6. 物镜畸变差

相机光学镜头加工制造、光学系统装配过程中，产生的误差会导致成像的几何误差，称为物镜畸变差。畸变差包括对称的径向畸变和非对称的切向畸变两部分。

对称的径向畸变用畸变系数 k_1，k_2 描述，模型如下：

$$\Delta x_r = \bar{x}(k_1 r^2 + k_2 r^4)$$
$$\Delta y_r = \bar{y}(k_1 r^2 + k_2 r^4)$$

(6.15)

非对称的切向畸变用系数 p_1，p_2 描述，模型如下：

$$\Delta x_d = p_1(r^2 + 2\bar{x}^2) + 2p_2 \bar{x}\,\bar{y}$$
$$\Delta y_d = 2p_1 \bar{x}\,\bar{y} + p_2(r^2 + 2\bar{y}^2)$$

(6.16)

式(6.15)、式(6.16) 中，$r = \sqrt{\bar{x}^2 + \bar{y}^2}$。

6.2.2 轨道误差模型

在地心坐标系中，将卫星位置矢量沿轨道方向、垂直轨道方向和卫星的地心指向三个相互正交的方向进行分解。轨道位置误差(ΔX，ΔY，ΔZ) 分别表示卫星沿轨道方向误差、垂直轨道误差及径向误差。卫星位置分量的变化反映在像方平面上影像点位的变化。

1. 沿轨道方向误差

假设局部范围内地形为平面，如图 6.7 所示，反映卫星沿轨道方向的误差分量对几何定位的影响。当仅存在沿轨道方向误差 ΔX 且姿态不变时，相机主光轴方向不变，此时 ΔX 误差引起影像像点平移误差。

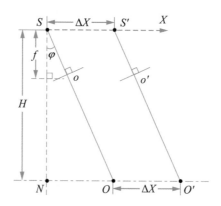

图 6.7 ΔX 误差分量对几何定位的影响(沿轨道方向)

当相机主光轴指向星下点时 $\varphi = 0$，地面采样距离为：

$$\mathrm{GSD}_0 = p_S \frac{H}{f}$$

(6.17)

式中，f 表示相机主距；H 表示卫星轨道高；p_s 表示像元尺寸。

当相机主光轴指向 $\varphi \neq 0$ 时，可推得地面采样距离为：

$$\text{GSD}_1 = p_s \frac{H}{\cos\varphi \cdot f} \tag{6.18a}$$

$$\cos\varphi = \frac{\text{GSD}_1}{\text{GSD}} \tag{6.18b}$$

$$\text{GSD} = \frac{\text{GSD}_0}{\cos^2\varphi} \tag{6.18}$$

ΔX 误差引起影像像点平移误差近似表示如下：

$$\Delta x = \frac{\Delta X \cos^2\varphi}{\text{GSD}_0} \tag{6.19}$$

2. 垂直轨道误差

同理，ΔY 误差引起影像像点平移误差近似表示如下：

$$\Delta y = \frac{\Delta Y \cos^2\omega}{\text{GSD}_0} \tag{6.20}$$

3. 轨道径向误差

以沿轨道方向为例，分析轨道位置径向误差 ΔZ 在沿轨道方向对几何定位的影响。如图6.8所示，ζ 表示光线的方向。光线的方向由卫星姿态角及相机视场决定。

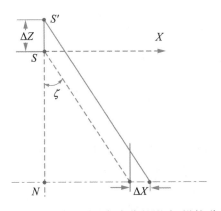

图 6.8 ΔZ 误差分量对几何定位的影响(沿轨道方向)

$$\zeta = \varphi + \psi \tag{6.21}$$

式中，φ 表示相机姿态；ψ 表示相机视场角。

$$\Delta x = \frac{\Delta Z \tan(\varphi + \psi)}{\text{GSD}} \quad\quad (6.22)$$

高分辨率卫星视场角较小，即 ψ 值较小，将 $\tan(\varphi + \psi)$ 用泰勒公式展开，则：

$$\tan(\varphi + \psi) = \tan\varphi + \frac{1}{\cos^2\varphi}\psi \quad\quad (6.23)$$

将式(6.23)代入式(6.22)，并考虑式(6.18)得到下式：

$$\Delta x = \frac{\Delta Z}{2\text{GSD}_0}\sin(2\varphi) + \frac{\Delta Z}{\text{GSD}_0}\psi \qu\quad (6.24)$$

由式(6.24)可知，径向误差 ΔZ 在沿轨道方向引起的定位误差为平移误差和比例误差，比例误差与相机视场角 ψ 成正比。

6.2.3　姿态误差模型

卫星是"三轴稳定"的，理想状态下，卫星本体坐标系与轨道坐标系是一致的。其中一个方向对应于卫星和地球质心之间的连线，称为"地心方向"（或"位置矢量"）；另一个方向在地心方向和卫星速度矢量形成的平面内，垂直于该地心轴；第三个方向根据右手法则确定。位于"地心方向"的坐标轴定义为 Z 轴；垂直于位置矢量和速度矢量平面的坐标轴为 Y 轴；位于 Z 轴和速度矢量平面内的坐标轴 X 轴。卫星姿态分别定义为绕 X 轴的 roll 角（侧滚角）、绕 Y 轴的 pitch 角（俯仰角）及绕 Z 轴的 yaw 角（偏航角）。卫星姿态角误差分为侧滚角误差、俯仰角误差及偏航角误差。

1. 侧滚角误差

如图 6.9 所示，表示侧滚角误差对几何定位的影响。SA 表示实际光线；SA' 表示引入误差后的光线；$\Delta\omega$ 为侧滚动误差；ψ 为相机视场角。根据图中几何关系可推得，侧滚角引起的垂直轨道方向上的像点偏移为：

$$\Delta y = \frac{f}{p_s\cos\psi}\Delta\omega \quad\quad (6.25)$$

由上式可知，侧滚角引起的像点偏移与相机视场角有关，进一步分析表明全视场内由侧滚角误差引起的像点偏移差异较小，因此，可以认为侧滚角误差引起的几何定位误差为平移误差。

2. 俯仰角误差

原理上，俯仰角误差对几何定位的影响与滚动角误差一致。俯仰角误差引起的沿轨道方向上像点偏移为：

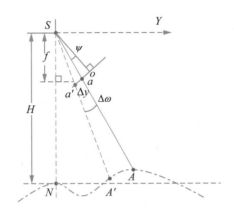

图 6.9 侧滚角误差对几何定位的影响(垂直轨道方向)

$$\Delta x = \frac{f}{p_s \cos\eta}\Delta\varphi \tag{6.26}$$

式中，$\Delta\varphi$ 为俯仰角误差；η 为 CCD 阵列偏场角。

由于 CCD 阵列的偏场角通常远小于相机视场角，俯仰角误差引起的几何定位误差也可视为平移误差。

3. 偏航角误差

偏航角误差对几何定位的影响与 CCD 线阵的旋转误差等价。误差模型为：

$$\begin{aligned}
\Delta x &= y\sin\Delta\kappa \\
\Delta y &= y(1 - \cos\Delta\kappa)
\end{aligned} \tag{6.27}$$

式中，$\Delta\kappa$ 为航偏角误差。

6.2.4 安装误差与时间同步误差

有效载荷安装误差主要包括 GNSS 相位中心在卫星本体坐标系中的平移误差、相机投影中心在卫星本体坐标系中的平移误差、光学相机在卫星本体坐标系中的安装角等误差。其中，载荷安装中的平移误差与轨道位置误差等效，相机安装角误差与姿态误差等效。

由于卫星时钟、相机积分时间等因素，轨道、姿态测量、光学相机成像时刻之间存在时间同步误差。对于线阵推扫成像的光学卫星而言，时间同步误差可以视为轨道误差和姿态数据的误用，因此，时间同步误差对几何定位精度的影响规律等同于轨道误差和姿态误差。

6.3　在轨几何定标

发达国家的光学卫星在轨几何定标起步早，技术相对成熟。法国是最早研究并应用在轨几何定标的国家之一，从 SPOT-1 到 SPOT-5，积累了 40 多年的在轨几何定标经验，在全球范围内建立了 21 个几何检校场，实现了对 SPOT 系列卫星高精度的几何检校。采用外定标、内定标等分步定标的方法，利用地面检校场对 SPOT-5 卫星影像进行几何定标处理后，SPOT-5 单片无地面控制平面定位精度达到 50m(RMS)，无控多立体像对高程定位精度达到 15m(RMS)。

高分辨率商业卫星 IKONOS 卫星，自 1999 年 9 月成功发射后，Space Imaging 将在轨几何定标作为精化相机几何参数、提高定位精度的关键，进行了一系列在轨几何定标工作，无地面控制条件下达到平面 12m(RMS)、高程 10m(RMS)的定位精度。

日本 ALOS 卫星 2006 年发射之后，ALOS 几何标定组开发了一套软件系统 SAT-PP (Satellite Image Precision Processing)，利用附加参数的自检校区域网平差方法进行整体定标，针对 PRISM 三线阵相机设置 30 个附加参数进行系统误差补偿，利用分布于日本、意大利、瑞士、南非等地的多个地面定标场进行在轨几何定标试验。无地面控制平面定位精度达到 8m，高程定位精度达到 10m。

利用几何定标场控制数据可以实现光学卫星高精度几何定标。我国光学卫星在轨几何定标起步较晚，目前国内已建立了嵩山航空航天综合实验场，可用于部分光学卫星在轨几何定标工作。

为了克服光学卫星几何定标时内外参数之间的强相关，在几何定位误差分析的基础上，在轨几何定标采用分步定标的方法，首先利用地面检校场的控制点进行几何外定标，然后进行相机几何内定标，提高几何定标的可靠性及几何定位精度。

6.3.1　几何外定标

根据 6.2 节几何定位误差的分析可知，轨道误差、姿态误差，以及安装误差与时间同步误差，对几何定位的影响具有相关性。载荷安装误差与姿轨测量误差等效，因此仅需根据姿轨测量误差特性构建误差补偿模型。

对于高分辨率光学卫星而言，其视场较小，轨道位置误差引起的几何定位误差为平移误差，与俯仰角误差、侧滚角误差具有等效性。如图 6.10 所示，S 为卫星实际位置，S' 为引入垂直轨道误差的卫星位置；垂直轨道误差 ΔY 对几何定位的影响与俯仰角误差 $\Delta\omega$ 对几何定位的影响是等价的；可采用姿态误差模型补偿轨道误差等平移误差。

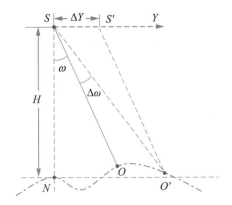

图 6.10　轨道误差与姿态误差等效性影响(以垂直轨道方向为例)

因此，外定标的主要任务是利用地面控制点数据，求解偏置矩阵 ΔR、补偿姿态误差，改正成像光线的偏差。

根据上述分析，传感器严格几何定位模型式(6.1)可简化如下：

$$
\begin{pmatrix} X \\ Y \\ Z \end{pmatrix}_{\text{WGS-84}} = \begin{pmatrix} X_{\text{GPS}} \\ Y_{\text{GPS}} \\ Z_{\text{GPS}} \end{pmatrix} + \lambda \boldsymbol{R}_{\text{J2000}}^{\text{WGS-84}}(t)\, \boldsymbol{R}_{\text{body}}^{\text{J2000}}(t) \cdot \Delta \boldsymbol{R} \cdot \boldsymbol{R}_{\text{camera}}^{\text{body}} \begin{pmatrix} f \cdot \tan(\varphi_Y) \\ f \cdot \tan(\varphi_X) \\ -f \end{pmatrix} \tag{6.28}
$$

式中，ΔR 为偏置矩阵，

$$
\Delta \boldsymbol{R} = \boldsymbol{R}_{\varphi} \boldsymbol{R}_{\omega} \boldsymbol{R}_{\kappa} = \begin{pmatrix} a_1 & a_2 & a_3 \\ b_1 & b_2 & b_3 \\ c_1 & c_2 & c_2 \end{pmatrix} \tag{6.29}
$$

将式(6.28)变形为：

$$
(\boldsymbol{R}_{\text{J2000}}^{\text{WGS-84}}(t)\, \boldsymbol{R}_{\text{body}}^{\text{J2000}}(t))^{-1} \left\{ \begin{pmatrix} X \\ Y \\ Z \end{pmatrix}_{\text{WGS-84}} - \begin{pmatrix} X_{\text{GPS}} \\ Y_{\text{GPS}} \\ Z_{\text{GPS}} \end{pmatrix} \right\} = \lambda \cdot \Delta \boldsymbol{R} \cdot \left\{ \boldsymbol{R}_{\text{camera}}^{\text{body}} \begin{pmatrix} f \cdot \tan(\varphi_Y) \\ f \cdot \tan(\varphi_X) \\ -f \end{pmatrix} \right\} \tag{6.30}
$$

引入中间变量，令：

$$
\begin{pmatrix} U \\ V \\ W \end{pmatrix} = (\boldsymbol{R}_{\text{J2000}}^{\text{WGS-84}}(t)\, \boldsymbol{R}_{\text{body}}^{\text{J2000}}(t))^{-1} \left\{ \begin{pmatrix} X \\ Y \\ Z \end{pmatrix}_{\text{WGS-84}} - \begin{pmatrix} X_{\text{GPS}} \\ Y_{\text{GPS}} \\ Z_{\text{GPS}} \end{pmatrix} \right\} \tag{6.31}
$$

$$
\begin{pmatrix} \bar{x} \\ \bar{y} \\ \bar{z} \end{pmatrix} = \left\{ \boldsymbol{R}_{\text{camera}}^{\text{body}} \begin{pmatrix} f \cdot \tan(\varphi_Y) \\ f \cdot \tan(\varphi_X) \\ -f \end{pmatrix} \right\} \tag{6.32}
$$

由式(6.30)得：

$$
\begin{pmatrix} U \\ V \\ W \end{pmatrix} = \lambda \cdot \Delta \boldsymbol{R} \cdot \begin{pmatrix} \bar{x} \\ \bar{y} \\ \bar{z} \end{pmatrix} \tag{6.33}
$$

式(6.33)进一步变形：

$$
F_x = \frac{U}{W} - \frac{a_1 \bar{x} + a_2 \bar{y} + a_3 \bar{z}}{c_1 \bar{x} + c_2 \bar{y} + c_3 \bar{z}} = 0
$$
$$
F_y = \frac{V}{W} - \frac{b_1 \bar{x} + b_2 \bar{y} + b_3 \bar{z}}{c_1 \bar{x} + c_2 \bar{y} + c_3 \bar{z}} = 0
\tag{6.34}
$$

将式(6.34)用泰勒级数展开，保留至未知数一次项，得到如下误差方程：

$$
v_x = \begin{pmatrix} \dfrac{\partial F_x}{\partial \varphi} & \dfrac{\partial F_x}{\partial \omega} & \dfrac{\partial F_x}{\partial \kappa} \end{pmatrix} \begin{pmatrix} \Delta\varphi \\ \Delta\omega \\ \Delta\kappa \end{pmatrix} - \left(\frac{U}{W} - \left(\frac{U}{W}\right)^0 \right)
$$
$$
v_y = \begin{pmatrix} \dfrac{\partial F_y}{\partial \varphi} & \dfrac{\partial F_y}{\partial \omega} & \dfrac{\partial F_y}{\partial \kappa} \end{pmatrix} \begin{pmatrix} \Delta\varphi \\ \Delta\omega \\ \Delta\kappa \end{pmatrix} - \left(\frac{V}{W} - \left(\frac{V}{W}\right)^0 \right)
\tag{6.35}
$$

式中，将 $\frac{U}{W}$、$\frac{V}{W}$ 视为观测值，$\left(\frac{U}{W}\right)^0$、$\left(\frac{V}{W}\right)^0$ 分别为未知数近似值代入式(6.33)计算得到。

上述平差问题仅有 $\Delta\varphi$、$\Delta\omega$、$\Delta\kappa$ 三个未知数，利用间接法最小二乘平差求解偏置矩阵时，理论上只需 2 个地面控制点。

此外，针对卫星定轨定姿测量数据中存在的漂移误差，还可以采用顾及误差时间特性的偏置矩阵模型。时间相关的偏置矩阵形式如下：

$$
\Delta \boldsymbol{R} = \boldsymbol{R}(\varphi_0 + \varphi_1 t) \boldsymbol{R}(\omega_0 + \omega_1 t) \boldsymbol{R}(\kappa_0 + \kappa_1 t) \tag{6.36}
$$

式中，偏置角未知数分别为 φ_0，ω_0，κ_0，φ_1，ω_1，κ_1。

6.3.2 几何内定标

内定标是指通过建立相机内方位元素误差、光学系统成像几何畸变，以及 CCD 线阵排列、旋转、弯曲、像元尺寸误差等的相机补偿模型，改正相机焦平面上像点坐标观测值的系统误差，恢复摄影瞬间光线在相机坐标系中的指向。

1. 畸变模型内检校

根据6.2.1小节对内方位元素等误差的分析，单线阵CCD相机内定标补偿模型可概括如下：

$$\Delta x = \Delta x_C - \frac{\Delta f}{f} \bar{x} + \bar{x}(k_1 r^2 + k_2 r^4) + p_1(r^2 + 2\bar{x}^2) + 2p_2 \bar{x}\bar{y} + \bar{y}\sin\theta$$

$$\Delta y = \Delta y_C - \frac{\Delta f}{f} \bar{y} + \bar{y}(k_1 r^2 + k_2 r^4) + 2p_1 \bar{x}\bar{y} + p_2(r^2 + 2\bar{y}^2) + \bar{y}(1 - \cos\theta) + \bar{y}\frac{\mathrm{d}p_y}{p_y}$$

$$(6.37)$$

式中，$\frac{\Delta f}{f}\bar{y}$ 和 $\bar{y}\frac{\mathrm{d}p_y}{p_y}$ 性质相同，均引起 y 轴方向的尺度误差，合并为 $s_y\bar{y}$；焦平面上CCD线阵旋转角通常较小，$\bar{y}\sin\theta \approx \theta\bar{y}$，等价于 x 轴方向的尺度误差，表示为 $s_x\bar{y}$；$\bar{y}(1 - \cos\theta) \approx 0$，引起的误差可忽略。

对式(6.37)简化处理，得到下列内定标补偿模型：

$$\Delta x = \Delta x_C + (k_1 r^2 + k_2 r^4)\bar{x} + p_1(r^2 + 2\bar{x}^2) + 2p_2 \bar{x}\bar{y} + s_x\bar{y}$$

$$\Delta y = \Delta y_C + (k_1 r^2 + k_2 r^4)\bar{y} + 2p_1 \bar{x}\bar{y} + p_2(r^2 + 2\bar{y}^2) + s_y\bar{y}$$

$$(6.38)$$

式中，模型参数为 Δx_C、Δy_C、k_1、k_2、p_1、p_2、s_x、s_y 共8个参数。

对于单镜头多线阵CCD相机，每个CCD线阵的主距误差、光学畸变误差相同，而每个CCD线阵平移误差、旋转误差则不同。每一个CCD线阵 j，内定标补偿模型表示如下：

$$\Delta x_j = \Delta x_{C_j} + (k_1 r^2 + k_2 r^4)\bar{x} + p_1(r^2 + 2\bar{x}^2) + 2p_2 \bar{x}\bar{y} + s_{x_j}\bar{y}$$

$$\Delta y_j = \Delta y_{C_j} + (k_1 r^2 + k_2 r^4)\bar{y} + 2p_1 \bar{x}\bar{y} + p_2(r^2 + 2\bar{y}^2) + s_{y_j}\bar{y}$$

$$(6.39)$$

上述内定标补偿模型可以利用自检校光束法平差进行解算。

2. 指向角模型内检校

利用上述模型解算附加参数时，附加参数之间的相关性影响解的稳定性及部分误差难以建模等，因此，可以采用基于像元指向角的检校模型进行相机内定标。

将式(6.28)进行变形：

$$
\begin{pmatrix} \tan(\varphi_Y) \\ \tan(\varphi_X) \\ -1 \end{pmatrix} = \lambda \cdot (\boldsymbol{R}_{\mathrm{J2000}}^{\mathrm{WGS\text{-}84}}(t)\, \boldsymbol{R}_{\mathrm{body}}^{\mathrm{J2000}}(t) \cdot \Delta\boldsymbol{R} \cdot \boldsymbol{R}_{\mathrm{camera}}^{\mathrm{body}})^{-1} \left(\begin{pmatrix} X \\ Y \\ Z \end{pmatrix}_{\mathrm{WGS\text{-}84}} - \begin{pmatrix} X_{\mathrm{GPS}} \\ Y_{\mathrm{GPS}} \\ Z_{\mathrm{GPS}} \end{pmatrix} \right) \quad (6.40)
$$

令

$$
\begin{pmatrix} \bar{X} \\ \bar{Y} \\ \bar{Z} \end{pmatrix} = (\boldsymbol{R}_{\mathrm{J2000}}^{\mathrm{WGS\text{-}84}}(t)\, \boldsymbol{R}_{\mathrm{body}}^{\mathrm{J2000}}(t) \cdot \Delta\boldsymbol{R} \cdot \boldsymbol{R}_{\mathrm{camera}}^{\mathrm{body}})^{-1} \left(\begin{pmatrix} X \\ Y \\ Z \end{pmatrix}_{\mathrm{WGS\text{-}84}} - \begin{pmatrix} X_{\mathrm{GPS}} \\ Y_{\mathrm{GPS}} \\ Z_{\mathrm{GPS}} \end{pmatrix} \right) \quad (6.41)
$$

$$
\begin{pmatrix} \tan(\varphi_Y) \\ \tan(\varphi_X) \\ -1 \end{pmatrix} = \lambda \cdot \begin{pmatrix} \bar{X} \\ \bar{Y} \\ \bar{Z} \end{pmatrix} \quad (6.42)
$$

将式(6.42)进一步表示如下:

$$
\psi_Y = \tan(\varphi_Y) + \frac{\bar{X}}{\bar{Z}} = 0
$$
$$
\psi_X = \tan(\varphi_X) + \frac{\bar{Y}}{\bar{Z}} = 0
$$
$$(6.43)$$

将附加参数模型式(6.38)代入式(6.4),得下列关系式:

$$
\frac{\bar{x} - (\Delta x_C + (k_1 r^2 + k_2 r^4)\bar{x} + p_1(r^2 + 2\bar{x}^2) + 2p_2\bar{x}\bar{y} + s_x\bar{y})}{f - \Delta f} = \tan(\varphi_Y)
$$
$$
\frac{\bar{y} - (\Delta y_C + (k_1 r^2 + k_2 r^4)\bar{y} + 2p_1\bar{x}\bar{y} + p_2(r^2 + 2\bar{y}^2) + s_y\bar{y})}{f - \Delta f} = \tan(\varphi_X)
$$
$$(6.44)$$

式中,线阵CCD的 x 坐标近似为常量, $\tan(\varphi_Y)$、$\tan(\varphi_X)$ 均可认为主要取决于扫描行上的采样序号 s。因此,式(6.44)与如下多项式等效:

$$
\tan(\varphi_Y) = a_0 + a_1 s + a_2 s^2 + \cdots + a_i s^i
$$
$$
\tan(\varphi_X) = b_0 + b_1 s + b_2 s^2 + \cdots + b_j s^j
$$
$$ (i, j \leqslant 5) \quad (6.45)$$

此外,也可直接采用指向角的多项式模型:

$$
\varphi_Y = a_0 + a_1 s + a_2 s^2 + \cdots + a_i s^i
$$
$$
\varphi_X = b_0 + b_1 s + b_2 s^2 + \cdots + b_j s^j
$$
$$ (i, j \leqslant 5) \quad (6.46)$$

将式(6.45)或式(6.46)代入式(6.43),利用足够数量的地面控制点,按间接法最小二乘平差计算多项式模型系数 a_i、$b_j(0 \leqslant i, j \leqslant 5)$。

6.3.3 几何定标策略

实际中,卫星姿轨参数与相机内方位元素存在强相关:卫星俯仰角误差、滚动角误差与线阵平移误差相关;偏航角误差与CCD旋转误差相关;轨道径向误差引起的比例误差与相机主距误差相关等。平差过程中外、内方位元素误差相互干扰、补偿,且区分困难导致检校参数失真。因此,必须研究抗外/内相关性的几何检校策略。①压缩检校时段。一般认为,线阵推扫成像过程中,较短的成像获取时段内,外方位元素的误差主要表现为系统性,这意味着利用少量地面控制点即可进行有效补偿,消除外方位元素误差对内检校的影响。②多检校场、多时相影像联合检校。内方位元素误差属于静态误差,短时间内保持不变;外方位元素误差属于动态误差,单景短时间成像时间段内,外方位元素误差主要表现为系统性误差,对于多区域、多时相影像来说,外方位元素误差更多地表现出随机性。因此,选择多区域、多时相影像进行联合检校可增强外、内方位元素的可区分性,提高几何定标的可靠性。具体方法如下:

(1)构建联合检校模型。

$$\begin{pmatrix} X \\ Y \\ Z \end{pmatrix}_{\text{WGS-84}} = \begin{pmatrix} X_{\text{GPS}} \\ Y_{\text{GPS}} \\ Z_{\text{GPS}} \end{pmatrix} + \lambda \boldsymbol{R}_{\text{J2000}}^{\text{WGS-84}}(t) \, \boldsymbol{R}_{\text{body}}^{\text{J2000}}(t) \cdot \Delta \boldsymbol{R}_k \cdot \boldsymbol{R}_{\text{camera}}^{\text{body}} \begin{pmatrix} \tan(\varphi_Y) \\ \tan(\varphi_X) \\ -1 \end{pmatrix} \quad (6.47)$$

式中,$\Delta \boldsymbol{R}_k$ 表示第 k 幅影像的偏置矩阵。

(2)几何外定标。

不同区域、不同时相的影像偏置矩阵与时间相关,取不同的偏置角参数。假定相机内方位元素已知,按6.3.1小节的方法计算各影像的偏置矩阵。

(3)几何内定标。

将(2)中求解的偏置矩阵作为已知值,按照6.3.2小节方法解算指向角模型参数。此时,所有影像共用相同的指向角模型参数。

(4)重复(2)、(3)过程,直至相邻两次解算的偏置角小于规定阈值。

6.3.4 几何定标控制数据

相机内/外定标通常需要高精度地面控制数据的支持。

控制数据获取的主要方法:

(1)布设移动靶标。采用GPS测量移动靶标的地面坐标。利用高精度影像特征定位算法提取其影像坐标，作为检校控制数据使用。

（2）固定靶标。与移动靶标的方法类似，但其布设后位置固定不动。

（3）高精度的航空正射影像 + 数字高程模型。利用卫星影像与正射影像匹配方法，获取检校用控制点坐标数据。

上述三种方法也存在明显的缺陷。移动靶标方法布设成本较高，重复使用率低，控制点数量较少，不利于几何定位误差分析；固定靶标可重复使用，但控制点数量较少且维护工作复杂、成本较高；方法(3)重复使用率高，但受影像获取的时相、季节等因素影响，影像匹配困难，对控制数据的更新提出较高要求。

6.4　恒星相机定标

航天飞行器定姿的基本方法：首先，选择参照系；其次，姿态控制系统测量卫星等飞行器相对于基准方位的姿态信息；利用卫星本体坐标系与基准坐标系之间的相对关系，确定飞行器姿态。选择惯性空间作基准方位时，通常采用陀螺仪进行姿态测量；选择恒星等天体作基准方位时，姿态测量敏感器则选择恒星相机。美国自 20 世纪 50 年代开始研究恒星相机定姿的原理及方法，并在"Apollo 计划"的月球轨道器上配置了恒星相机。恒星相机定姿的主要过程为：① 获取恒星影像，识别并测量恒星的影像坐标；② 根据卫星星历数据及恒星星表数据库，查找对应恒星天球坐标，按标准历元计算恒星视位置；③ 根据测量的恒星影像坐标及计算的恒星天球视位置，利用摄影测量的单片空间后方交会，计算恒星相机在惯性空间坐标系中的姿态。

同样的原理，利用该方法可以对航天面阵相机进行高精度的几何定标。

像空间坐标系、天球坐标系关系如图 6.11 所示。图中，$O\text{-}XYZ$ 为天球坐标系；γ 为春分点；$o\text{-}xy$ 为恒星相机像平面坐标系，投影中心位于球心；α_0，δ_0 为相机主光轴指向天球上一点的赤经、赤纬坐标；κ 为像平面坐标系 y 轴与子午面之间的夹角；p 为恒星像点；α，δ 为恒星的赤经赤纬坐标。

矢量 op 天球坐标系中坐标分量为：

$$\boldsymbol{P} = \begin{pmatrix} X \\ Y \\ Z \end{pmatrix} = \begin{pmatrix} k\cos\alpha\cos\delta \\ k\sin\alpha\cos\delta \\ k\sin\delta \end{pmatrix} = k\begin{pmatrix} A \\ B \\ C \end{pmatrix} \tag{6.48}$$

式中，$k = \sqrt{x^2 + y^2 + f^2}$。

矢量 op 在像空间坐标系中的坐标分量为：

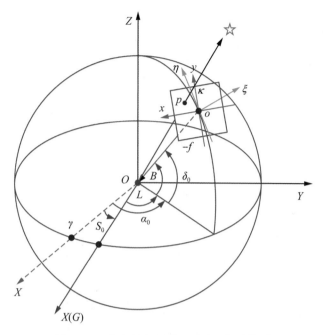

图 6.11 像空间坐标系、天球坐标系关系

$$\boldsymbol{p} = \begin{pmatrix} x \\ y \\ -f \end{pmatrix} \tag{6.49}$$

像空间坐标系与天球坐标系之间的旋转矩阵 $\boldsymbol{S}$，由星像片坐标系依次绕 Z-X-Z 轴旋转形成：

$$\boldsymbol{S} = \boldsymbol{R}_Z\left(\alpha_0 + \frac{3\pi}{2}\right)\boldsymbol{R}_X\left(\delta_0 + \frac{\pi}{2}\right)\boldsymbol{R}_Z(\kappa) \tag{6.50}$$

$$\boldsymbol{S} = \begin{pmatrix} s_{11} & s_{12} & s_{13} \\ s_{21} & s_{22} & s_{23} \\ s_{31} & s_{32} & s_{33} \end{pmatrix} \tag{6.51}$$

组合式(6.49)、式(6.50) 和式(6.51) 得到下列关系：

$$\begin{pmatrix} x \\ y \\ -f \end{pmatrix} = \boldsymbol{S}^{\mathrm{T}}\begin{pmatrix} X \\ Y \\ Z \end{pmatrix} = \boldsymbol{S}^{\mathrm{T}}k\begin{pmatrix} A \\ B \\ C \end{pmatrix} \tag{6.52}$$

$$x = -f\frac{s_{11}A + s_{21}B + s_{31}C}{s_{13}A + s_{23}B + s_{33}C}$$
$$\tag{6.53}$$
$$y = -f\frac{s_{12}A + s_{22}B + s_{32}C}{s_{13}A + s_{23}B + s_{33}C}$$

考虑径向畸变：

$$\Delta x = (x - x_0)(k_1 r^2 + k_2 r^4)$$
$$\Delta y = (y - y_0)(k_1 r^2 + k_2 r^4)$$

$$(6.54)$$

式(6.53)引入畸变改正后得：

$$x - x_0 = -f\frac{s_{11}A + s_{21}B + s_{31}C}{s_{13}A + s_{23}B + s_{33}C} + \Delta x$$

$$y - y_0 = -f\frac{s_{12}A + s_{22}B + s_{32}C}{s_{13}A + s_{23}B + s_{33}C} + \Delta y$$

$$(6.55)$$

将式(6.55)整理变形：

$$F_x = (x - x_0)(1 - k_1 r^2 - k_2 r^4) + f\frac{s_{11}A + s_{21}B + s_{31}C}{s_{13}A + s_{23}B + s_{33}C} = 0$$

$$F_y = (y - y_0)(1 - k_1 r^2 - k_2 r^4) + f\frac{s_{12}A + s_{22}B + s_{32}C}{s_{13}A + s_{23}B + s_{33}C} = 0$$

$$(6.56)$$

需要观测 4 颗以上的星，按照间接法最小二乘平差解算式(6.56)。

平差未知数为 α_0、δ_0、κ、x_0、y_0、f、k_1、k_2。

◎ 思考题

1. 卫星摄影测量常用坐标系有哪些？
2. 推导光学卫星相机严格几何模型。
3. 卫星定姿、定轨的方法有哪些？
4. 光学卫星姿态、轨道等辅助数据如何获取？常用姿轨数据插值方法有哪些？
5. 安置矩阵、偏置矩阵的含义是什么？
6. 写出光学相机内方位元素与 CCD 像元指向角的关系式。
7. 国际天球坐标系(J2000)转换地心地固坐标系(WGS-84)的基本方法是什么？
8. 光学卫星几何定位误差源包括哪些？误差影响规律是什么？如何分析？
9. 推导光学卫星外定标几何模型。
10. 推导光学卫星内定标几何模型。
11. 在轨定标控制数据如何获取？简述几何定标精度分析评价方法。
12. 理解在轨几何定标的策略，如何克服几何定标内外参数的相关性？
13. 简述恒星相机定标原理以及定标的主要过程。
14. 光学卫星在轨定标有哪些方法？

第7章　光学卫星产品分级及制作

高分辨率遥感卫星广泛应用于民用与军事应用领域，1999 年 9 月 24 日 IKONOS 光学卫星的成功发射，标志着高分辨率遥感卫星进入了商业化运行时代。此后，国内外发射了大量的高分辨率光学卫星，国外典型的高分辨率光学卫星包括 QuickBird、SPOT-5、IRS-P5、ALOS、WorldView 等；我国已成功发射了"高分一号""高分二号"等高分专项系列卫星，以及"资源三号""高分七号"等立体测绘卫星。高分辨率光学卫星数据的广泛应用进一步推动了高分卫星的商业化进程。在光学卫星数据产品方面，要求商业卫星运营商根据用户的不同需求定制不同级别的数据产品。由于不同的光学卫星运行轨道、传感器设计、影像获取方式，以及成像特点不同，因此，不同卫星的影像产品分级体系和分级标准不尽相同。

本章将围绕高分辨率光学卫星影像几何处理的一般过程，介绍高分辨率光学卫星的产品分级形式，以及各分级产品的制作和相应的算法模型，最后介绍光学卫星影像的数据处理及应用。

7.1　高分辨率光学卫星产品分级

高分辨率光学卫星依据影像几何处理的一般过程，可将相应的产品分级形式划分为六类：① 原始数据产品(Level0)；② 传感器校正产品(Level1)；③ 系统几何纠正产品(Level2A)；④ 几何精纠正产品(Level2B)；⑤ 正射纠正产品(Level3A)；⑤ 数字正射影像图产品(Level3B)。

1. 原始数据产品

原始数据产品是指直接从卫星上在轨获取、经过分幅分景，但未进行辐射校正和几何纠正处理的数据产品(raw data)，该产品一般不向用户开放。

2. 传感器校正产品

传感器校正产品是指经过辐射校正和传感器校正的数据产品，该级别产品一般附带有影像的轨道、姿态等辅助数据，以及相机等参数文件或 RPC 参数文件。该级别产品（sensor corrected）可提供单片模式、立体模式和核线模式。

3. 系统几何纠正产品

系统几何校正产品是指在传感器校正产品的基础上，首先利用传感器严格成像模型，将传感器校正产品（影像）投影到地球椭球面上，然后再根据选取的地图投影类型，按照一定地面分辨率将地球椭球面上的影像变换至地图投影平面上的产品，该产品带有相应的地图投影信息。该级别产品（geocoded ellipsoid corrected）提供单片模式、立体模式和核线模式，可附带 RPC 模型参数文件。

4. 几何精纠正产品

几何精纠正产品与系统几何校正产品类似。与系统几何校正产品不同，在几何精纠正过程中，利用控制点消除了部分轨道和姿态参数误差。该级别产品（enhanced geocoded ellipsoid corrected）同样提供单片模式、立体模式和核线模式，可附带 RPC 模型参数文件。

5. 正射纠正产品

正射纠正产品是指利用数字高程模型（DEM）和控制点进行正射纠正的产品。由于在正射纠正时，改正了地形起伏引起的像点位移，理论上重叠的影像对上的视差已消除。该级别产品（geocoded terrain corrected）不再提供 RPC 参数文件，但带有相应的地理编码。

6. 数字正射影像图产品

数字正射影像图产品是在正射纠正产品基础上，附加地名、境界等地理要素之后按地形图分幅方式形成的地图产品（DOM）。

7.2　光学卫星几何模型正反变换

根据离散时刻轨道、姿态等光学卫星辅助数据，建立传感器严格成像模型正反变换。这里成像几何模型正变换指从像方到物方的坐标变换（地图投影），即根据原始影像上给定像点的像素坐标及对应的物方高程计算像点的物方平面坐标；反变换指从物方到像方的坐标变换，即将给定地面点的平面位置及其高程转换为原始影像上对应的像素坐标（图 7.1）。

7.2.1　几何模型正变换

几何模型正变换解决像方到物方的坐标变换问题，即 $(l, s, h) \Rightarrow (\lambda, \varphi)$。

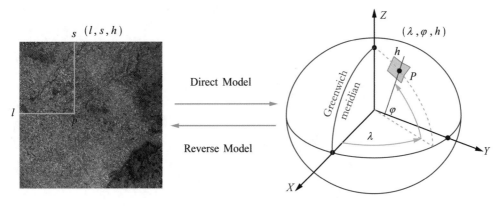

图 7.1　几何模型正反变换

外方位元素是建立传感器成像几何模型的重要参数。首先根据卫星定轨、定姿数据,计算相机的外方位元素。

姿态测量数据是指等时间间隔(UTC 时间系统)获取的星敏感器相对 J2000 坐标系的姿态数据(单位四元数)。时刻 t 卫星本体相对 J2000 坐标系旋转矩阵,由式(7.1)计算得到:

$$\boldsymbol{R}_{\text{body}}^{\text{J2000}}(t) = \boldsymbol{R}_{\text{star}}^{\text{J2000}}(t)\boldsymbol{R}_{\text{body}}^{\text{star}} \tag{7.1}$$

式中:$\boldsymbol{R}_{\text{star}}^{\text{J2000}}(t)$ 表示 t 时刻星敏感器相对 J2000 坐标系旋转矩阵,可由 t 时刻姿态四元数 $[q_1,\ q_2,\ q_3,\ q_4]$ 构造;$\boldsymbol{R}_{\text{body}}^{\text{star}}$ 表示卫星本体与星敏感器坐标系之间的旋转矩阵,即星敏安置矩阵。

卫星定轨数据主要指等时间间隔(UTC 时间系统)获取的 GNSS 天线相位中心在 WGS-84 中的位置、速度。时刻 t 相机外方位线元素由式(7.2)计算得到:

$$\begin{pmatrix} X_C \\ Y_C \\ Z_C \end{pmatrix}_{\text{WGS-84}}^{t} = \boldsymbol{R}_{\text{J2000}}^{\text{WGS-84}}(t)\boldsymbol{R}_{\text{body}}^{\text{J2000}}(t)\left(\begin{pmatrix} a_x \\ a_y \\ a_z \end{pmatrix} + \begin{pmatrix} c_x \\ c_y \\ c_z \end{pmatrix} \right) + \begin{pmatrix} X_{\text{GPS}} \\ Y_{\text{GPS}} \\ Z_{\text{GPS}} \end{pmatrix}_{\text{WGS-84}}^{t} \tag{7.2}$$

式中,$\boldsymbol{R}_{\text{J2000}}^{\text{WGS-84}}(t)$ 表示 t 时刻 J2000 坐标系到 WGS-84 坐标系的旋转矩阵;

$\begin{pmatrix} a_x & a_y & a_z \end{pmatrix}^{\text{T}}$ 表示 GNSS 天线相位中心在本体坐标系中的偏心矢量;

$\begin{pmatrix} c_x & c_y & c_z \end{pmatrix}^{\text{T}}$ 表示相机投影中心在本体坐标系中的偏心矢量;

$\begin{pmatrix} X_{\text{GPS}} \\ Y_{\text{GPS}} \\ Z_{\text{GPS}} \end{pmatrix}_{\text{WGS-84}}^{t}$ 表示 t 时刻 GNSS 天线相位中心的 WGS-84 坐标;

$$\begin{pmatrix} X_C \\ Y_C \\ Z_C \end{pmatrix}^t_{\text{WGS-84}} \quad \text{表示 } t \text{ 时刻相机投影中心的 WGS-84 坐标。}$$

综合式(7.1)、式(7.2) 可得到传感器成像几何模型:

$$\begin{pmatrix} X \\ Y \\ Z \end{pmatrix}_{\text{WGS-84}} = \begin{pmatrix} X_{\text{GPS}} \\ Y_{\text{GPS}} \\ Z_{\text{GPS}} \end{pmatrix}^t_{\text{WGS-84}} + \boldsymbol{R}^{\text{WGS-84}}_{\text{J2000}}(t) \boldsymbol{R}^{\text{J2000}}_{\text{star}}(t) \boldsymbol{R}^{\text{star}}_{\text{body}} \left\{ \begin{pmatrix} a_x \\ a_y \\ a_z \end{pmatrix} + \begin{pmatrix} c_x \\ c_y \\ c_z \end{pmatrix} + \lambda \cdot \boldsymbol{R}^{\text{body}}_{\text{camera}} \begin{pmatrix} \tan(\varphi_Y) \\ \tan(\varphi_X) \\ -1 \end{pmatrix} \right\}$$

$$(7.3)$$

式中, $\boldsymbol{R}^{\text{body}}_{\text{camera}}$ 表示相机到卫星本体坐标系的旋转矩阵, 即相机安置矩阵; λ 表示比例系数; φ_Y、φ_X 表示相机焦平面上 CCD 的像元指向角。

对传感器成像几何模型进行简化, 得到式(7.4):

$$\begin{pmatrix} X \\ Y \\ Z \end{pmatrix}_{\text{WGS-84}} = \begin{pmatrix} X_{\text{GPS}} \\ Y_{\text{GPS}} \\ Z_{\text{GPS}} \end{pmatrix}^t_{\text{WGS-84}} + \lambda \boldsymbol{R}^{\text{WGS-84}}_{\text{J2000}}(t) \boldsymbol{R}^{\text{J2000}}_{\text{body}}(t) \cdot \Delta \boldsymbol{R} \cdot \boldsymbol{R}^{\text{body}}_{\text{camera}} \begin{pmatrix} \tan(\varphi_Y) \\ \tan(\varphi_X) \\ -1 \end{pmatrix} \quad (7.4)$$

式中, $\Delta \boldsymbol{R}$ 为偏置矩阵。

$$\begin{pmatrix} X_{\text{GPS}} \\ Y_{\text{GPS}} \\ Z_{\text{GPS}} \end{pmatrix}^t_{\text{WGS-84}}, \ \boldsymbol{R}^{\text{J2000}}_{\text{body}}(t) \ \text{均与时间相关, 可以参照2.3.5 和2.3.6 小节的方法, 根据成像}$$

时间内插计算。

式(7.4) 进一步简化, 得到式(7.5):

$$\begin{pmatrix} X \\ Y \\ Z \end{pmatrix}_{\text{WGS-84}} = \begin{pmatrix} X_{\text{GPS}} \\ Y_{\text{GPS}} \\ Z_{\text{GPS}} \end{pmatrix}^t_{\text{WGS-84}} + \lambda \boldsymbol{R}^{\text{WGS-84}}_{\text{camera}}(t) \begin{pmatrix} \tan(\varphi_Y) \\ \tan(\varphi_X) \\ -1 \end{pmatrix} \quad (7.5)$$

如图 7.2 所示, 设物方点 $M(X, Y, Z)$, 视向量 $\boldsymbol{u}(t) = \boldsymbol{R}^{\text{WGS-84}}_{\text{camera}}(t) \begin{pmatrix} \tan(\varphi_Y) \\ \tan(\varphi_X) \\ -1 \end{pmatrix}$。

将 $\begin{pmatrix} X \\ Y \\ Z \end{pmatrix}_{\text{WGS-84}}$, $\begin{pmatrix} X_{\text{GPS}} \\ Y_{\text{GPS}} \\ Z_{\text{GPS}} \end{pmatrix}^t_{\text{WGS-84}}$ 分别简写为 $\begin{pmatrix} X \\ Y \\ Z \end{pmatrix}$ 和 $\begin{pmatrix} X_S \\ Y_S \\ Z_S \end{pmatrix}$, 则式(7.5) 进一步表示为式

(7.6), 即相机视向量模型:

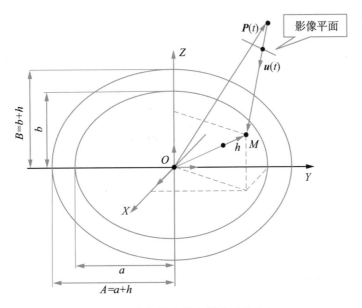

图 7.2 相机视向量与椭球面求交点

$$\boldsymbol{OM} = \boldsymbol{P}(t) + \mu \times \boldsymbol{u} \Rightarrow \begin{cases} X = X_S + \mu \times (\boldsymbol{u})_X \\ Y = Y_S + \mu \times (\boldsymbol{u})_Y \\ Z = Z_S + \mu \times (\boldsymbol{u})_Z \end{cases} \tag{7.6}$$

式中，$\boldsymbol{OM}$ 表示地面上 M 点的向量；μ 表示比例系数；$(\boldsymbol{u})_X$、$(\boldsymbol{u})_Y$、$(\boldsymbol{u})_Z$ 分别表示视向量 $\boldsymbol{u}$ 的三个坐标分量。

设地球椭球体方程为：

$$\frac{X^2 + Y^2}{A^2} + \frac{Z^2}{B^2} = 1 \tag{7.7}$$

式中，$\begin{cases} A = a + h \\ B = b + h \end{cases}$；$a$、$b$ 分别表示初始的椭球体（WGS-84）的赤道半径和极半径；h 表示椭球高；A、B 分别表示迭代过程中椭球体的新的赤道半径和新的极半径。

将式(7.6) 代入式(7.7) 得到：

$$\left(\frac{(\boldsymbol{u})_X^2 + (\boldsymbol{u})_Y^2}{A^2} + \frac{(\boldsymbol{u})_Z^2}{B^2} \right) \times \mu^2 + 2 \times \left(\frac{X_S (\boldsymbol{u})_X + Y_S (\boldsymbol{u})_Y}{A^2} + \frac{Z_S (\boldsymbol{u})_Z}{B^2} \right) \times$$
$$\mu + \left(\frac{X_S^2 + Y_S^2}{A^2} + \frac{Z_S^2}{B^2} \right) = 1 \tag{7.8}$$

若交点 M 的高程 h 已知，则通过求解方程式(7.8) 即可，直接得到地面点的三维地心直角坐标。

若交点 M 的高程 h 未知，也可以令 $h=0$，直接计算视向量与 WGS-84 椭球面的近似交点坐标。

若已知全球 DEM，则可利用迭代算法计算视向量与全球 DEM 的交点坐标。

算法框图如图 7.3 所示。

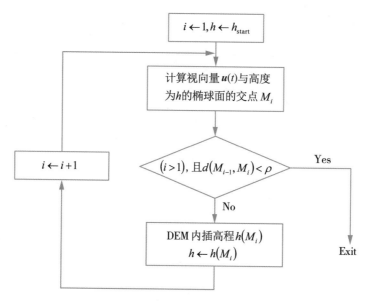

图 7.3　视向量与椭球求交点步骤

下面给出计算视向量与全球 DEM 的交点坐标的算法。

（1）计算视向量与椭球面的初始交点坐标。

令 $h=0$，解算式(7.8)，取比例系数 $\mu=\min\{\mu_1,\mu_2\}$ 并代入式(7.6)，计算交点坐标 $M_k(X_k,Y_k,Z_k)$，下标 k 表示迭代次数，第一次执行(1)步骤时 $k=0$；μ_1、μ_2 分别表示式 (7.8) 的两个根。

（2）内插椭球高 h_k。

将第 k 次计算的用直角坐标表示的交点坐标 $M_k(X_k,Y_k,Z_k)$ 转换为经度、纬度和椭球高表示的交点坐标 $M_k(\lambda_k,\varphi_k,h_k)$，根据计算的经度、纬度坐标$(\lambda_k,\varphi_k)$，对全球 DEM 进行双线性内插，得到新的椭球高 h_k。

（3）重新计算视向量与椭球面的交点坐标。

令 $h=h_k$，解算式(7.8)，取 $\mu_{\min}=\min\{\mu_1,\mu_2\}$ 并代入式(7.6)，计算新的交点坐标 $M_{k+1}(X_{k+1},Y_{k+1},Z_{k+1})$，令 $k=k+1$。

（4）迭代判断。

根据影像分辨率给定阈值 ρ，重复（2）、（3）步骤，直至 $\|M_k M_{k+1}\| < \rho$，此时交点收敛；将视向量与全球 DEM 交点的直角坐标 $M(X, Y, Z)$ 转换为经度、纬度和椭球高表示的大地坐标 $M(\lambda, \varphi, h)$，迭代结束。

7.2.2 几何模型反变换

反变换的目的是根据给定的地面点的大地坐标转换为原始影像上对应的像素坐标，即 $(\lambda, \varphi, h) \Rightarrow (l, s)$。2.3.8 小节传感器严格成像模型中线阵影像反投影算法已实现了物方空间到像方空间的坐标反变换。本节介绍一种利用光学卫星几何模型正变换实现几何模型反变换的算法。

在局部区域范围内，卫星影像与其地面覆盖区域之间的几何关系可以用仿射变换进行描述，并且影像窗口越小，物方与像方之间的仿射变换关系越准确。仿射变换关系为：

$$l = a_0 + a_1 \cdot \lambda + a_2 \cdot \varphi$$
$$s = b_0 + b_1 \cdot \lambda + b_2 \cdot \varphi \tag{7.9}$$

式中，a_0、a_1、a_2、b_0、b_1、b_2 为仿射变换系数；(l, s) 表示影像像素坐标；(λ, φ) 表示地面点的大地经度、纬度。

几何模型反变换算法如下：

（1）根据原始卫星影像的中心点、4 个角点的影像坐标 (l, s) 及其对应的地面点坐标 (λ, φ)，代入式（7.9），最小二乘解算仿射变换系数 a_0、a_1、a_2、b_0、b_1、b_2；

（2）给定任意地面点坐标 $M(\lambda, \varphi)$，代入式（7.9）计算得到卫星影像上预测像点影像坐标 $p(l_p, s_p)$；

（3）重新计算仿射变换系数 a_0、a_1、a_2、b_0、b_1、b_2，建立以预测像点为中心的影像窗口（选择窗口大小）与地面覆盖范围之间的仿射变换关系；

（4）根据预测影像坐标 $p(l_p, s_p)$ 及椭球高 h，按照 7.2.1 小节的几何模型正变换，计算地面点坐标 $M(\lambda_p, \varphi_p)$；

（5）根据影像分辨率设定阈值 δ，残差 $e = (e_\lambda^2 + e_\varphi^2) < \delta$ 迭代结束，$p(l_p, s_p)$ 即为地面点 $M(\lambda, \varphi)$ 对应的像点坐标；否则，重复执行（2）、（3）、（4）步骤。

其中，$e_\lambda = |\lambda_p - \lambda|$，$e_\varphi = |\varphi_p - \varphi|$。

7.3 光学卫星分级产品制作

本节主要介绍传感器校正产品（Level1）、系统几何纠正产品（Level2A）、几何精纠正产品（Level2B）、正射纠正产品（Level3A）、数字正射影像图产品（Level3B）等分级产品的制作过程。

7.3.1　传感器校正产品制作

在对地观测及月球、火星等深空探测领域，高分辨率光学卫星成像传感器广泛使用 TDI 时间延迟积分和多片 CCD 焦平面拼接两项重要的成像技术。首先，高分辨率光学卫星成像传感器具有高轨道、窄视场、光学相机相对孔径小的特点，采用 TDI 技术可以克服成像传感器成像光照度不足的缺点，通过对同一目标多次曝光、延迟积分等技术可有效增加光能的收集；其次，单个 CCD 线阵长度有限，为了有效扩大 CCD 相机视场覆盖宽度，可在焦平面上安置多个 CCD 线阵，通过几何纠正的方法将多片 CCD 连接成一个宽视场探测器，实现多片 CCD 相机的视场拼接。

1. 校正产品几何模型

传感器校正指对原始影像进行传感器辐射校正和传感器几何校正。这里传感器几何校正主要包括焦平面畸变改正和 CCD 线阵影像的拼接处理。传感器辐射校正和传感器几何校正的算法可参见 2.2.3 小节(多片 TDI-CCD 成像原理)。

利用 2.2.3 小节多片 CCD 焦平面影像拼接技术，通过构建理想相机成像模型，在相机焦平面上生成理想无畸变的长 CCD 线阵，将多个 CCD 条带影像拼接成无畸变的宽影像条带，并进行影像的匀光处理，得到亮度、反差适中的影像。该影像产品称为传感器校正产品。

理想相机成像模型即传感器校正产品严格几何模型，如下所示：

$$
\begin{pmatrix} X \\ Y \\ Z \end{pmatrix}_{\text{WGS-84}} = \begin{pmatrix} X_S \\ Y_S \\ Z_S \end{pmatrix}^t_{\text{WGS-84}} + \lambda \cdot \boldsymbol{R}^{\text{WGS-84}}_{\text{camera}}(t) \begin{pmatrix} \tan(\varphi_Y) \\ \tan(\varphi_X) \\ -1 \end{pmatrix} \tag{7.10}
$$

式中，

$\begin{pmatrix} X_S \\ Y_S \\ Z_S \end{pmatrix}^t_{\text{WGS-84}}$ 表示在 t 时刻理想 CCD 线阵投影中心 WGS-84 的坐标；

$\boldsymbol{R}^{\text{WGS-84}}_{\text{camera}}(t)$ 表示在 t 时刻理想 CCD 线阵相对 WGS-84 坐标系的旋转矩阵；

φ_Y，φ_X 表示理想 CCD 线阵上 CCD 像元的指向角；

$\begin{pmatrix} X \\ Y \\ Z \end{pmatrix}_{\text{WGS-84}}$ 表示理想 CCD 线阵上像元指向角 (φ_Y, φ_X) 对应的物方点的 WGS-84 坐标。

按照 7.2.1 小节和 7.2.2 小节几何模型正、反变换算法，传感器校正产品的几何模型正、反变换表示如下：

$$(\lambda,\ \varphi) = \boldsymbol{T}(l,\ s,\ h) \tag{7.11}$$

$$(l,\ s) = \boldsymbol{T}^{-1}(\lambda,\ \varphi,\ h) \tag{7.12}$$

式中，$(l,\ s)$ 表示传感器校正产品影像像素坐标；$(\lambda,\ \varphi)$ 表示地面点大地经度、纬度；h 表示物方点椭球高。

2. RPC 模型参数解算

利用上述传感器校正产品严格几何模型，按照 3.3.1 小节与地形无关的解算方案，计算传感器校正产品的 RPC 模型参数。

3. 校正产品制作流程

利用原始的多片 CCD 条带影像及其传感器严格成像模型、传感器校正产品严格几何模型及全球 DEM，按照间接法微分纠正的原理，建立原始影像条带像元与无畸变宽影像条带像元之间的几何对应关系，然后进行灰度重采样，生成传感器校正产品。

7.3.2　系统几何纠正产品制作

系统几何纠正产品一般认为不考虑 DEM，而是以地球椭球面或常量高程面为基础，也即将影像覆盖的物方空间视为平面的地图投影产品。首先，利用传感器严格成像模型，将传感器校正产品(影像)投影到椭球面($h = 0$)或平均高程面(h)上；然后，根据选择的地图投影类型(如高斯-克吕格投影)及地面分辨率，将投影在椭球面上或平均高程面上的影像变换至地图投影平面。该产品带有相应的投影信息，同时附带 RPC 模型参数。该级别产品可提供三种模式：单片模式、立体模式和核线模式。

1. 纠正产品几何模型

纠正产品几何模型指系统几何纠正产品的像素与相应地面点坐标之间的几何变换关系。系统几何纠正产品由传感器校正产品通过几何纠正得到，因此，系统几何纠正产品成像几何模型可以借助传感器校正产品的严格成像几何模型进行建立。即，首先建立系统几何纠正产品与传感器校正产品之间的像素坐标映射关系，然后利用传感器校正产品的严格成像几何模型将像素映射至物方空间，建立系统几何纠正产品的成像几何模型。

设 $(E,\ N,\ H)$ 表示制图坐标，由高斯-克吕格投影或 UTM 中的二维平面坐标 $(E,\ N)$ 和正高 H 组成。其中，E 表示切平面上的东坐标(Easting)，N 表示切平面上的北坐标(Northing)。

式(7.12)、式(7.13)为地图投影正反变换公式。利用地图投影可以实现椭球面与投影平面间的坐标相互转换。(λ, φ) 表示大地经度、纬度。

$$\begin{cases} E = E(\lambda, \varphi) \\ N = N(\lambda, \varphi) \end{cases} \tag{7.13}$$

$$\begin{cases} \lambda = \lambda(E, N) \\ \varphi = \varphi(E, N) \end{cases} \tag{7.14}$$

式(7.15) 为几何纠正产品的像素坐标与地图投影平面坐标之间的变换关系。

$$\begin{cases} E = a + x \cdot d_x \\ N = b + y \cdot d_y \end{cases} \tag{7.15}$$

式中，(x, y) 表示几何纠正产品的影像像素坐标；a，b 表示坐标偏移量；d_x，d_y 分别表示几何纠正产品的影像分辨率。

综合式(7.13)、式(7.14) 及式(7.15)，纠正产品几何模型的正变换如图 7.4 所示。正变换算法概括如下：

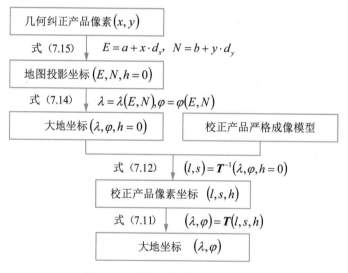

图 7.4　系统几何纠正产品正变换

（1）对于几何纠正产品上任意像素 (x, y)，按照式(7.15) 计算地图投影坐标 (E, N)；

（2）根据地图投影公式(7.14)，将地图投影坐标 (E, N) 变换至椭球面 $(h = 0)$，计算大地经度、纬度 (λ, φ)；

（3）根据校正产品严格成像模型的反变换式(7.12)，将地面点 $(\lambda, \varphi, h = 0)$ 反投影至传感器校正产品影像，得到对应的像素坐标 (l, s)；

（4）利用校正产品严格成像模型的正变换式（7.11），计算在给定高程 h 处像素坐标 (l, s) 对应的大地经度、纬度 (λ, φ)。

同理，可以得到系统几何纠正产品的反变换算法。具体计算过程如下：

（1）给定大地坐标 (λ, φ, h)，利用校正产品严格成像模型的反变换式（7.12），计算传感器校正产品的像素坐标 (l, s)；

（2）利用校正产品严格成像模型的正变换式（7.11），将传感器校正产品的像素坐标 (l, s) 变换至椭球面 $(h=0)$，得到地面点坐标 (λ, φ)；

（3）根据地图投影公式（式（7.13）），将地面点坐标 $(\lambda, \varphi, h=0)$ 变换至地图投影平面，得到地图投影坐标 (E, N)；

（4）根据式（7.15），将地图投影坐标 (E, N) 变换为几何纠正产品上的像素坐标 (x, y)。

2. RPC 模型参数解算

利用上述几何纠正产品成像几何模型，按照 3.3.1 小节与地形无关的解算方案，计算几何纠正产品的 RPC 模型参数。

3. 几何纠正产品制作

利用上述几何纠正产品成像几何模型，按照间接法微分纠正的原理，建立几何纠正产品影像像素与传感器校正产品影像像素之间的几何对应关系，然后进行灰度重采样，生成几何纠正产品。

7.3.3　几何精纠正产品制作

几何精纠正产品与系统几何纠正产品的制作过程类似，不同之处是在传感器校正产品上引入仿射变换，利用控制点消除了部分姿轨参数误差。

1. 精纠正产品几何模型

在传感器校正产品影像上定义仿射变换：

$$l = e_0 + e_1 \cdot \overline{l} + e_2 \cdot \overline{s}$$
$$s = f_0 + f_1 \cdot \overline{l} + f_2 \cdot \overline{s}$$
(7.16)

式中，e_0、e_1、e_2、f_0、f_1、f_2 表示仿射变换系数；(l, s) 表示传感器校正产品影像上量测的控制点影像坐标；$(\overline{l}, \overline{s})$ 表示传感器校正产品影像上利用成像几何模型计算的控制点影像坐标。

几何精纠正产品正变换算法如图 7.5 所示。

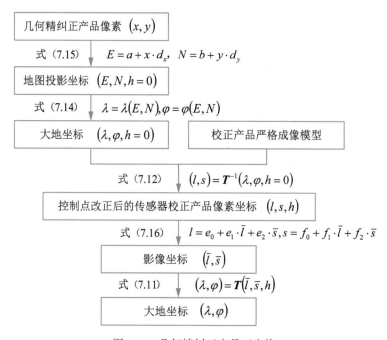

图 7.5 几何精纠正产品正变换

2. RPC 模型参数解算

利用上述几何精纠正产品成像几何模型，按照 3.3.1 小节与地形无关的解算方案，计算几何纠正产品的 RPC 模型参数。

3. 几何精纠正产品制作

利用上述几何精纠正产品成像几何模型，按照间接法微分纠正的原理，建立几何精纠正产品影像像素与传感器校正产品影像像素之间的几何对应关系，然后进行灰度重采样，生成几何精纠正产品。

7.3.4 正射纠正产品制作

正射纠正是利用数字微分纠正的概念，将中心投影的影像转换为正射投影的影像的过程，该过程是按照影像微分纠正单元逐一进行的。正射纠正需已知原始影像的内外方位元素或 RPC 模型参数，以及影像覆盖区域的 DEM(/DSM)。正射纠正产品改正了影像像点位移，因此该产品不再提供 RPC 参数文件。

如图 7.6 所示为正射纠正原理图。首先根据相机几何模型将原始影像投影到 DSM 上，然后将带纹理的 DSM 正射投影至地图平面，最后得到正射纠正产品。

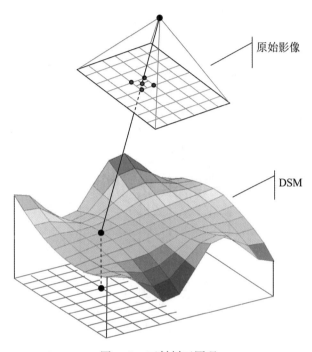

原始影像

DSM

图 7.6 正射纠正原理

原始影像与纠正影像对应像素之间的映射关系如式(7.17)、式(7.18)所示。这些映射关系既可以是严格成像模型，也可以是 RPC 通用传感器模型。

$$\begin{cases} X = \varphi_X(x, y) \\ Y = \varphi_Y(x, y) \end{cases} \tag{7.17}$$

$$\begin{cases} x = f_x(X, Y) \\ y = f_y(X, Y) \end{cases} \tag{7.18}$$

式中，(x, y)，(X, Y) 分别表示原始影像和纠正影像上的像元位置。

纠正过程中，利用式(7.17)从原始影像出发，由原始影像坐标(x, y)计算纠正影像坐标(X, Y)，该方法称为正解法，即直接法微分纠正；利用式(7.18)从纠正影像出发，由纠正影像(X, Y)反求原始影像坐标(x, y)，该方法称为反解法，即间接法微分纠正，是摄影测量几何纠正常用的方法。

间接法微分纠正制作正射纠正产品的基本过程如下。

（1）计算地面点坐标。

对于纠正影像上任意像元，根据纠正影像的比例尺计算对应的地面点平面坐标 (X, Y)；如图 7.7 所示，利用 DEM 或 DSM 按照式（7.19）内插地面点高程 Z。

$$z = (1 - \Delta x) \cdot (1 - \Delta y) \cdot z_{00} + \Delta x \cdot (1 - \Delta y) \cdot z_{01} + (1 - \Delta x) \cdot \Delta y \cdot z_{10} + \Delta x \cdot \Delta y \cdot z_{11}$$

$$(7.19)$$

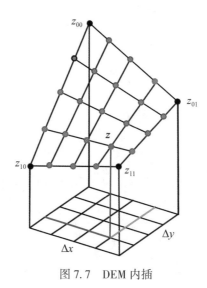

图 7.7　DEM 内插

（2）计算像点坐标。

利用式（7.18），计算地面点 (X, Y, Z) 对应的原始影像像点坐标 (x, y)。

（3）灰度内插。

如图 7.8 所示，根据步骤（2）计算的原始影像像点坐标 (x, y) 进行灰度内插。

（4）灰度赋值。

将步骤（3）内插的灰度赋值给纠正影像像元。在实际工程应用中，还可以采用小面元作纠正单元，以提高几何纠正的效率。

7.3.5　核线影像产品制作

核线是摄影测量与计算机视觉中的重要概念，核线影像的使用极大地提高了影像匹配的速度和可靠性。框幅式中心投影的影像上核线具有直线性，且具有全局立体核线对的概念。对于线阵推扫式光学卫星相机，每条扫描线在中心投影成像时刻的外方位元素随时间变化而变化。线阵推扫场景的核线在原始场景内是非线性的，在全局场景中核线对的概念不存在。因此，线阵推扫式影像的核线几何、核线排列算法较框幅式影像复杂。通过核线

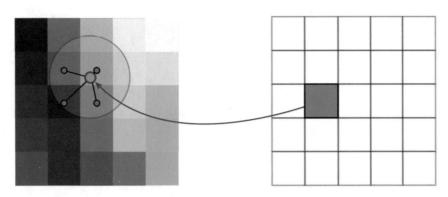

图 7.8　灰度内插

重采样将核线变换为沿场景行的直线，消除立体场景中上下视差，建立左、右视差与高程的线性关系。

按照 4.3 节的核线重采样算法可以完成核线影像产品制作。

◎ 思考题

1. 高分辨率光学卫星数据产品分级有何意义？
2. 高分辨率光学卫星数据产品分级形式有哪些？
3. 解释光学卫星严格成像模型正变换的概念。
4. 简述模型正变换的原理及主要计算过程。
5. 解释光学卫星严格成像模型反变换的概念。
6. 简述模型反变换的原理及主要计算过程。
7. 简述传感器校正产品的定义及制作的主要过程。
8. 简述系统几何纠正产品的定义及制作的主要过程。
9. 简述几何精纠正产品的定义及制作的主要过程。
10. 简述正射纠正产品的定义及制作的主要过程。
11. 简述核线影像产品的定义及制作的主要过程。

参 考 文 献

Ackermann F, Bodechtel J, Lanzl F, et al. 1991. MOMS-02 a multispectral stereo scanner for the second german spacelab mission D2[C]//IGARSS'91 Remote Sensing: Global Monitoring for Earth Management, 3: 1727-1730.

Archinal B A, Rosiek M R, Redding B L. 2005. Unified lunar control network 2005 and topographic model[J]. Lunar and Planetary Science XXXVI, Part 1.

Ayoub F, Leprince S, Binet R, et al. 2008. Influence of camera distortions on satellite image registration and change detection applications[C]//Geoscience and Remote Sensing Symposium, IEEE International-IGARSS 2008: 1072-1075.

Baltsavias E P. 1991. Miltiphoto geometrically constrained matching[C]//Mitteilungen-Institut fur Geodasie und Photogrammetrie an der Eidgenossischen Technischen Hochschule Zurich (Issue 49). ETH.

Bang K I, Jeong S, Kim K O, et al. 2003. Automatic DEM generation using IKONOS Stereo Imagery: RPC Parameters Modification and DEM Generation[C]//International Geoscience and Remote Sensing Symposium (IGARSS), 7.

Banz C, Hesselbarth S, Flatt H, et al. 2010. Real-time stereo vision system using semi-global matching disparity estimation: Architecture and FPGA-implementation[C]//2010 International Conference on Embedded Computer Systems: Architectures, Modeling and Simulation: 93-101.

Barker M K, Mazarico E, Neumann G A, et al. 2016. A new lunar digital elevation model from the Lunar Orbiter Laser Altimeter and SELENE Terrain Camera[J]. Icarus, 273: 346-355. https://doi.org/10.1016/j.icarus.2015.07.039.

Barnard S T, Thompson W B. 1980. Disparity analysis of images[J]. IEEE Transactions on Pattern Analysis and Machine Intelligence, 4, 333-340.

Birchfield S, Tomasi C. 1998. A pixel dissimilarity measure that is insensitive to image sampling[J]. IEEE Transactions on Pattern Analysis and Machine Intelligence, 20(4): 401-406.

Birchfield S, Tomasi C. 1999. Depth discontinuities by pixel-to-pixel stereo[J]. International Journal of Computer Vision, 35(3): 269-293.

Bouillon A, Bernard M, Gigord P, et al. 2006. SPOT 5 HRS geometric performances: Using block adjustment as a key issue to improve quality of DEM generation[J]. ISPRS Journal of Photogrammetry and Remote Sensing, 60(3): 134-146.

Bouillon A, Breton E, de Lussy F, et al. 2003. SPOT5 HRG and HRS first in-flight geometric quality results[C]//Sensors, Systems, and Next-Generation Satellites VI, 4881. https://doi. org/10. 1117/12. 462637.

Breton E, Bouillon A, Gachet R, et al. 2002. Pre-flight and in-flight geometric calibration of SPOT5 HRG and HRS images[J]. International Archives of Photogrammetry Remote Sensing and Spatial Information Sciences, 34(1): 20-25.

Brown M Z, Burschka D, Hager G D. 2003. Advances in computational stereo [J]. IEEE Transactions on Pattern Analysis and Machine Intelligence, 25(8): 993-1008. https://doi. org/10. 1109/TPAMI. 2003. 1217603.

Bulayev Y. 2012. TDI Imaging: An efficient AOI and AXI Tool[C]//Hamamatsu Corporation Bridgewater, New Jersey As Originally Published in the IPC APEX EXPO Proceedings.

Chrastek R, Jan J. 1998. Mutual information as a matching criterion for stereo pairs of images[J]. Analysis of Biomedical Signals and Images, 14(101-103): 22.

d'Angelo P, Reinartz P. 2012. DSM based orientation of large stereo satellite image blocks[J]. Int. Arch. Photogramm. Remote Sens. Spatial Inf. Sci, 39(B1): 209-214.

Delvit J M, Greslou D, Amberg V, et al. 2012. Attitude assessment using Pleiades-HR capabilities[J]. Int. Arch. Photogramm. Remote Sens. Spat. Inf. Sci, 39: 525-530.

Demetz O, Hafner D, Weickert J. 2013. The complete rank transform: A tool for accurate and morphologically invariant matching of structures[C]//BMVC 2013-Electronic Proceedings of the British Machine Vision Conference 2013. https://doi. org/10. 5244/C. 27. 50.

Dial G, Bowen H, Gerlach F, et al. 2003. IKONOS satellite, imagery, and products[J]. Remote Sensing of Environment, 88(1-2): 23-36.

Dial G, Grodecki J. 2002. IKONOS accuracy without ground control[C]//ISPRS Commission I Mid-Term Symposium, 10-15.

Dial G, Grodecki J. 2005. RPC Replacement camera models[C]//American Society for Photogrammetry and Remote Sensing-Annual Conference 2005- Geospatial Goes Global: From Your Neighborhood to the Whole Planet, 1.

Ebner H, Kornus W, Ohlhof T. 1994. A simulation study on point determination for the MOMS-

02/D2 space project using an extended functional model[J]. Geo-Informations-Systeme, 7 (1): 458-464.

Ebner H, Ohlhof T. 1994. Utilization of ground control points for image orientation without point identification in image space[J]. ISPRS Commission III Symposium: Spatial Information from Digital Photogrammetry and Computer Vision, 2357: 206-211.

Ebner H, Strunz G, Colomina I. 1991. Block triangulation with aerial and space imagery using DTM as control information [C]//Technical Papers ACSM-ASPRS Annual Convention, Baltimore, 1991. Vol. 5: Photogrammetry and Primary Data Acquisition.

Ebner M. 1998. On the Evolution of Interest Operators using Genetic Programming[C]//Late Breaking Papers at EuroGP'98: The First European Workshop on Genetic Programming.

Edwards C S, Christensen P R, Hill J. 2011. Mosaicking of global planetary image datasets: 2. Modeling of wind streak thicknesses observed in Thermal Emission Imaging System (THEMIS) daytime and nighttime infrared data[J]. Journal of Geophysical Research: Planets, 116(E10).

Edwards C S, Nowicki K J, Christensen P R, et al. 2011. Mosaicking of global planetary image datasets: 1. Techniques and data processing for Thermal Emission Imaging System (THEMIS) multi-spectral data[J]. Journal of Geophysical Research: Planets, 116(E10).

Egnal G. 2000. Mutual information as a stereo correspondence measure[C]//Technical Reports, Departement of Computer & Information Science, University of Pennsylvania, MS-CIS-00-20.

Peighaniasl E, Abbasi M D, Ghafary B, et al. 2010. Electro-optical design of imaging payload for a remote sensing satellite[J]. Journal of Space Science and Technology (Jsst), 2(5): 1-14.

Farr T G, Rosen P A, Caro E, et al. 2007. The shuttle radar topography mission[J]. Reviews of Geophysics, 45(2). https://doi. org/10. 1029/2005RG000183.

Fok H S, Shum C K, Yi Y, et al. 2011. Accuracy assessment of lunar topography models[J]. Earth, Planets and Space, 63(1). https://doi. org/10. 5047/eps. 2010. 08. 005.

Förstner W, Gülch E. 1987. A fast operator for detection and precise location of distinct points, corners and centres of circular features[C]//ISPRS Intercommission Workshop.

Fraser C S, Hanley H B. 2003. Bias compensation in rational functions for IKONOS satellite imagery[J]. Photogrammetric Engineering & Remote Sensing, 69(1), 53-57.

Fritsch D, Stallmann D. 2000. Rigorous photogrammetric processing of high resolution satellite imagery [C]//International Archives of the Photogrammetry, Remote Sensing and Spatial Information Sciences- ISPRS Archives, 33(April 2001).

Glove J C. 2004. Manual of photogrammetry fifth edition [C]//American Society for Photogrammetry and Remote Sensing.

Gonzalez-Huitron V, Ponomaryov V, Ramos-Diaz E, et al. (2018). Parallel framework for dense disparity map estimation using Hamming distance[J]. Signal, Image and Video Processing, 12(2). https: //doi. org/10. 1007/s11760-017-1150-3.

Grodecki J. 2001. IKONOS stereo feature extraction-RPC approach [C]//ASPRS Annual Conference St. Louis.

Grodecki J, Dial G. 2001. IKONOS geometric accuracy[C]//Joint Workshop of ISPRS Working Groups I/2, I/5 and IV/7 on High Resolution Mapping from Space, 4: 19-21.

Grodecki J, Dial G. 2003. Block adjustment of high-resolution satellite images described by Rational Polynomials[J]. Photogrammetric Engineering and Remote Sensing, 69(1): 59-68. https: //doi. org/10. 14358/PERS. 69. 1. 59.

Gwinner K, Scholten F, Spiegel M, et al. 2009. Derivation and validation of high-resolution digital terrain models from Mars Express HRSC data[J]. Photogrammetric Engineering & Remote Sensing, 75(9): 1127-1142.

Haala N, Stallmann D, Stätter C. 1998. On the use of multispectral and stereo data from airborne scanning systems for DTM generation and landuse classification[J]. International Archives of Photogrammetry and Remote Sensing, 32: 203-209.

Habib A F, Morgan M F, Jeong S, et al. 2005. Epipolar geometry of line cameras moving with constant velocity and attitude[J]. ETRI Journal, 27(2): 172-180.

Habib A F, Morgan M, Jeong S, et al. 2005. Analysis of epipolar geometry in linear array scanner scenes[J]. The Photogrammetric Record, 20(109): 27-47.

Habib A, Sung W S, Kim K, et al. 2007. Comprehensive analysis of sensor modeling alternatives for high resolution imaging satellites[J]. Photogrammetric Engineering and Remote Sensing, 73(11). https: //doi. org/10. 14358/PERS. 73. 11. 1241.

Hanley H B, Fraser C S. 2004. Sensor orientation for high-resolution satellite imagery: Further insights into bias-compensated RPCs[J]. Congress of International Society for Photogrammetry and Remote Sensing (ISPRS), Commission I, Working Group I/2: 12-23.

Harris C, Stephens M. 1988. A combined edge and corner detector[C]//The 4th Alvey Vision Conference.

Hartley R I, Saxena T. 1997. The Cubic Rational Polynomial Camera Model[C]//Image Understanding Workshop.

Heipke C, Oberst J, Albertz J, et al. 2007. Evaluating planetary digital terrain models-The HRSC DTM test[J]. Planetary and Space Science, 55(14). https: //doi. org/10. 1016/j. pss.

2007. 07. 006.

Helmering R J. 1973. Selenodetic control derived from Apollo metric photography[J]. The Moon, 8(4): 450-460.

Hirschmüller H. 2005. Accurate and efficient stereo processing by semi-global matching and mutual information[C]//2005 IEEE Computer Society Conference on Computer Vision and Pattern Recognition, CVPR 2005, II. https://doi. org/10. 1109/CVPR. 2005. 56.

Hirschmüller H. 2006. Stereo vision in structured environments by consistent semi-global matching[C]//The IEEE Computer Society Conference on Computer Vision and Pattern Recognition, 2. https://doi. org/10. 1109/CVPR. 2006. 294.

Hirschmüller H. 2008. Stereo processing by semi-global matching and mutual information[J]. IEEE Transactions on Pattern Analysis and Machine Intelligence, 30 (2): 328-341. https://doi. org/10. 1109/TPAMI. 2007. 1166.

Hirschmüller H, Buder M, Ernst I. 2012. Memory efficient semi-global matching[J]. ISPRS Annals of the Photogrammetry, Remote Sensing and Spatial Information Sciences, 1: 371-376. https://doi. org/10. 5194/isprsannals-I-3-371-2012.

Hochman G, Yitzhaky Y, Kopeika N S, et al. 2004. Restoration of images captured by a staggered time delay and integration camera in the presence of mechanical vibrations[J]. Applied optics, 43(22): 4345-4354.

Hofmann O. 1988. A digital three line stereo scanner system[C]//ISPRS International Archives of Photogrammetry and Remote Sensing, Kyoto, Commission II: 206, 213.

Hofmann O, Nave P, Ebner H. 1984. DPS—A digital photogrammetric system for producing digital elevation models and orthophotos by means of linear array scanner imagery [J]. Photogrammetric Engineering & Remote Sensing, 50(8).

Humenberger M, Zinner C, Weber M, et al. 2010. A fast stereo matching algorithm suitable for embedded real-time systems[J]. Computer Vision and Image Understanding, 114 (11). https://doi. org/10. 1016/j. cviu. 2010. 03. 012.

Hu Y, Tao V, Croitoru A. 2004. Understanding the rational function model: methods and applications[J]. International Archives of Photogrammetry and Remote Sensing, 35 (B4). https://doi. org/0099-1112/01/6712-1347.

Jacobsen K. 2006. Calibration of imaging satellite sensors[J]. Int. Arch. Photogramm. Remote Sensing, 36, 1.

Jacobsen K. 2007. Orientation of high resolution optical space images[C]//ASPRS 2007 Annual Conference, Tampa.

Jannati M, Valadan Zoej M J, Mokhtarzade M. 2017. Epipolar resampling of cross-track pushbroom satellite imagery using the rigorous sensor model[J]. Sensors, 17(1): 129.

Jaumann R, Neukum G, Behnke T, et al. 2007. The high-resolution stereo camera (HRSC) experiment on Mars Express: Instrument aspects and experiment conduct from interplanetary cruise through the nominal mission[J]. Planetary and Space Science, 55(7-8). https://doi. org/10. 1016/j. pss. 2006. 12. 003.

Kim J I, Kim T. 2016. Comparison of computer vision and photogrammetric approaches for epipolar resampling of image sequence[J]. Sensors, 16(3), 412.

Kim J, Kolmogorov V, Zabih R. 2003. Energy Minimization and Mutual Information[C]//The Ninth IEEE International Conference on Computer Vision.

Kim J, Kolmogorov V, Zabih R. 2003. Visual correspondence using energy minimization and mutual information [C]//The IEEE International Conference on Computer Vision, 2. https://doi. org/10. 1109/iccv. 2003. 1238463.

Kim T. 2000. A study on the epipolarity of linear pushbroom images[J]. In Photogrammetric Engineering and Remote Sensing, 66(8).

Kirk R L, Howington-Kraus E, Rosiek M R, et al. 2009. Ultrahigh resolution topographic mapping of Mars with MRO HiRISE stereo images: Meter-scale slopes of candidate Phoenix landing sites[J]. Journal of Geophysical Research: Planets, 114(3). https://doi. org/10. 1029/2007JE003000.

Klaus A, Sormann M, Karner K. 2006. Segment-based stereo matching using belief propagation and a self-adapting dissimilarity measure [C]//International Conference on Pattern Recognition, 3. https://doi. org/10. 1109/ICPR. 2006. 1033.

Kolmogorov V, Zabih R. 2001. Computing visual correspondence with occlusions using graph cuts[C]//The IEEE International Conference on Computer Vision, 2. https://doi. org/10. 1109/iccv. 2001. 937668.

Konecny G, Schiewe J. 1996. Mapping from digital satellite image data with special reference to MOMS-02[J]. ISPRS Journal of Photogrammetry and Remote Sensing, 51(4): 173-181.

Kornus W, Alamús R, Ruiz A, et al. 2006. DEM generation from SPOT-5 3-fold along track stereoscopic imagery using autocalibration[J]. ISPRS Journal of Photogrammetry and Remote Sensing, 60(3): 147-159.

Li D, Wang M, Jiang J. 2021. China's high-resolution optical remote sensing satellites and their mapping applications[J]. Geo-Spatial Information Science, 24(1): 85-94. https://doi. org/10. 1080/10095020. 2020. 1838957.

Light D L. 1970. Extraterrestrial photogrammetry at topocom[J]. Photogramm Eng., 36(3).

Lin S Y, Muller J P, Mills J P, et al. 2010. An assessment of surface matching for the automated co-registration of MOLA, HRSC and HiRISE DTMs [J]. Earth and Planetary Science Letters, 294(3-4). https://doi.org/10.1016/j.epsl.2009.12.040.

Li Z, Wu B, Liu W C, et al. 2022. Photogrammetric Processing of Tianwen-1 HiRIC Imagery for Precision Topographic Mapping on Mars[J]. IEEE Transactions on Geoscience and Remote Sensing, 60. https://doi.org/10.1109/TGRS.2022.3194081.

Lukač N, Žalik B. 2014. GPU-based rectification of high-resolution remote sensing stereo images[C]//High-Performance Computing in Remote Sensing IV, 9247. https://doi.org/10.1117/12.2066988.

Mastin G A. 1985. Adaptive filters for digital image noise smoothing: an evaluation[J]. Computer Vision, Graphics, & Image Processing, 31(1). https://doi.org/10.1016/S0734-189X(85)80078-5.

McEwen A S, Eliason E M, Bergstrom J W, et al. 2007. Mars reconnaissance orbiter's high resolution imaging science experiment (HiRISE) [J]. Journal of Geophysical Research: Planets, 112(5). https://doi.org/10.1029/2005JE002605.

Meng Q Y, Wang D, Wang X D, et al. 2021. High Resolution Imaging Camera (HiRIC) on China's First Mars Exploration Tianwen-1 Mission[J]. Space Science Reviews, 217(3).

Morain S A, Budge A M. 2004. Post-launch calibration of satellite sensors[C]//The International Workshop on Radiometric and Geometric Calibration, December 2003, Mississippi, USA. (Vol. 2). CRC Press.

Moravec H. 1980. Obstacle avoidance and navigation in the real world by a seeing robot rover[D]. In tech. report CMU-RI-TR-80-03, Robotics Institute, Carnegie Mellon University \ \ & doctoral dissertation, Stanford University.

Morgan M, Kim K, Jeong S, et al. 2004. Parallel projection modelling for linear array scanner scenes [C]//XXth ISPRS Congress, Istanbul, Turkey, PS WG III/1: Sensor Pose Estimation: 52-57.

Morgan M, Kim K O, Jeon S, et al. 2006. Epipolar resampling of space-borne linear array scanner scenes using parallel projection[J]. Photogrammetric Engineering and Remote Sensing, 72(11): 1255-1263. https://doi.org/10.14358/PERS.72.11.1255.

Neumann G A, Rowlands D D, Lemoine F G, et al. 2001. Crossover analysis of Mars Orbiter Laser Altimeter data[J]. Journal of Geophysical Research: Planets, 106(E10). https://doi.org/10.1029/2000JE001381.

Oh J H, Shin S W, Kim K O. 2006. Direct epipolar image generation from IKONOS stereo imagery based on RPC and parallel projection model[J]. Korean Journal of Remote Sensing, 22(5): 451-456.

Oh J, Lee W H, Toth C K, et al. 2010. A piecewise approach to epipolar resampling of pushbroom satellite images based on RPC[J]. Photogrammetric Engineering and Remote Sensing, 76(12). https://doi.org/10.14358/PERS.76.12.1353.

Okamoto A, Fraser C, Hattorl S, et al. 1998. An alternative approach to the triangulation of SPOT imagery[J]. International Archives of Photogrammetry and Remote Sensing, 32: 457-462.

Ono T. 1988. Epipolar resampling of high resolution satellite imagery[C]//International Archives of Photogrammetry and Remote Sensing.

Pajares G, de la Cruz J M, López-Orozco J A. 2000. Relaxation labeling in stereo image matching[J]. Pattern Recognition, 33(1): 53-68.

Pena D, Sutherland A. 2015. Non-parametric image transforms for sparse disparity maps[C]// 2015 14th IAPR International Conference on Machine Vision Applications (MVA): 291-294.

Planche G, Massol C, Maggiori L. 2004. HRS camera: a development and in-orbit success[C]// 5th International Conference on Space Optics, 554: 157-164.

Poli D. 2005. Modelling of spaceborne linear array sensors (Issue 85) [C]//. ETH Zurich.

Poli D. 2007. A rigorous model for spaceborne linear array sensors[J]. Photogrammetric Engineering and Remote Sensing, 73(2). https://doi.org/10.14358/PERS.73.2.187.

Reinartz P, Müller R, Lehner M, et al. 2006. Accuracy analysis for DSM and orthoimages derived from SPOT HRS stereo data using direct georeferencing[J]. ISPRS Journal of Photogrammetry and Remote Sensing, 60(3): 160-169. https://doi.org/10.1016/j.isprsjprs.2005.12.003.

Rothermel M, Wenzel K, Fritsch D, et al. 2012. SURE: Photogrammetric surface reconstruction from imagery[C]//LC3D Workshop, Berlin, 8(2).

Saint-Marc P, Chen J S, Medioni G. 1991. Adaptive smoothing: A general tool for early vision [J]. IEEE Transactions on Pattern Analysis & Machine Intelligence, 13(6): 514-529.

Scharstein D, Szeliski R. 1996. Stereo matching with non-linear diffusion[C]//The IEEE Computer Society Conference on Computer Vision and Pattern Recognition. https://doi.org/10.1109/cvpr.1996.517095.

Scharstein D, Szeliski R. 2002. A taxonomy and evaluation of dense two-frame stereo correspondence algorithms[J]. International Journal of Computer Vision, 47(1-3): 7-24.

https://doi.org/10.1023/A:1014573219977.

Seidelmann P K, Archinal B A, A'hearn M F, et al. 2007. Report of the IAU/IAG Working Group on cartographic coordinates and rotational elements: 2006 [J]. Celestial Mechanics and Dynamical Astronomy, 98(3): 155-180.

Seitz S M, Diebel J, Scharstein D, Szeliski R. 2001. A comparison and evaluation of multi-view stereo reconstruction algorithms [C]//IEEE Computer Society Conference on Computer Vision and Pattern Recognition.

Shan J, Yoon J S, Lee D S, et al. 2005. Photogrammetric analysis of the mars global surveyor mapping data[J]. Photogrammetric Engineering and Remote Sensing, 71(1). https://doi.org/10.14358/PERS.71.1.97.

Smith D E, Zuber M T, Frey H V, et al. 2001. Mars Orbiter Laser Altimeter: Experiment summary after the first year of global mapping of Mars[J]. Journal of Geophysical Research: Planets, 106(E10). https://doi.org/10.1029/2000JE001364.

Smith D E, Zuber M T, Jackson G B, et al. 2010. The lunar orbiter laser altimeter investigation on the lunar reconnaissance orbiter mission [J]. Space Science Reviews, 150 (1-4). https://doi.org/10.1007/s11214-009-9512-y.

Somer Y. 2004. SPOT 123-4-5 Geometry Handbook[R].

Spiegel M. 2007. Improvement of interior and exterior orientation of the three line camera HRSC with a simultaneous adjustment[J]. International Archives of Photogrammetry and Remote Sensing, 36(3/W49B): 161-166.

Strunz G. 1993. Bildorientierung und Objektrekonstruktion mit Punkten, Linien und Flächen[J]. Deutsche Geodätische Kommission, C (408).

Sutton S S, Boyd A K, Kirk R L, et al. 2017. Correcting spacecraft jitter in hirise images[J]. International Archives of the Photogrammetry, Remote Sensing and Spatial Information Sciences -ISPRS Archives, 42(3W1). https://doi.org/10.5194/isprs-archives-XLII-3-W1-141-2017.

Tang X, Hu F, Wang M, et al. 2014. Inner FoV stitching of spaceborne TDI CCD images based on sensor geometry and projection plane in object space [J]. Remote Sensing, 6 (7). https://doi.org/10.3390/rs6076386.

Tao C V, Hu Y, Jiang W. 2004. Photogrammetric exploitation of IKONOS imagery for mapping applications[J]. International Journal of Remote Sensing, 25 (14). https://doi.org/10.1080/01431160310001618392.

Tao C V, Hu Y. 2001. A comprehensive study of the rational function model for photogrammetric processing[J]. Photogrammetric Engineering and Remote Sensing, 67(12).

Teshima Y, Iwasaki A. 2008. Correction of attitude fluctuation of terra spacecraft using ASTER/SWIR imagery with parallax observation[J]. IEEE Transactions on Geoscience and Remote Sensing, 46(1): 222-227. https://doi.org/10. 1109/TGRS. 2007. 907424.

Tong X, Liu S, Weng Q. 2010. Bias-corrected rational polynomial coefficients for high accuracy geo-positioning of QuickBird stereo imagery [J]. ISPRS Journal of Photogrammetry and Remote Sensing, 65 (2): 218-226. https://doi.org/10. 1016/j. isprsjprs. 2009. 12. 004.

Topan H, Taskanat T, Cam A. 2013. Georeferencing accuracy assessment of Pléiades 1A images using rational function model[C]//International Archives of the Photogrammetry, Remote Sensing and Spatial Information Sciences, 7, W2.

Valadan Zoej M J, Sadeghian S. 2003. Rigorous and non-rigorous photogrammetric processing of IKONOS Geo image[C]//Joint Workshop of ISPRS Working Groups I/2, I/5, IC WG II/IV, and EARSeL Special Interest Group: 3D Remote Sensing, 6.

Viola P, Wells W M. 1997. Alignment by Maximization of Mutual Information[J]. International Journal of Computer Vision, 24(2). https://doi.org/10. 1023/A: 1007958904918.

Wang M, Fan C, Pan J, et al. 2017. Image jitter detection and compensation using a high-frequency angular displacement method for Yaogan-26 remote sensing satellite[J]. ISPRS Journal of Photogrammetry and Remote Sensing, 130. https://doi.org/10. 1016/j. isprsjprs. 2017. 05. 004.

Wang M, Hu F, Li J. 2011. Epipolar resampling of linear pushbroom satellite imagery by a new epipolarity model[J]. ISPRS Journal of Photogrammetry and Remote Sensing, 66 (3). https://doi.org/10. 1016/j. isprsjprs. 2011. 01. 002.

Wang X, Wang F, Xian Y, et al. 2021. A general framework of remote sensing epipolar image generation[J]. Remote Sensing, 13(22). https://doi.org/10. 3390/rs13224539.

Wen Q, He J, Guan S, et al. 2017. The TripleSat constellation: a new geospatial data service model [J]. Geo-Spatial Information Science, 20 (2). https://doi.org/10. 1080/10095020. 2017. 1329266.

Wenzel K, Abdel-Wahab M, Cefalu A, et al. 2011. A multi-camera system for efficient point cloud recording in close range applications[C]//LC3D Workshop.

Wenzel K, Rothermel M, Haala N, et al. 2013. SURE- The ifp Software for Dense Image Matching[C]//Photogrammetric Week 2013.

Woo D M, Pham T D. 2018. Epipolar resampling of pushbroom satellite images using piecewise linear implementation of pseudo epipolar line［J］. International Journal of Grid and Distributed Computing, 11(5). https：//doi. org/10. 14257/ijgdc. 2018. 11. 5. 04.

Yoon J S, Shan J. 2005. Combined adjustment of MOC stereo imagery and MOLA altimetry data［J］. Photogrammetric Engineering and Remote Sensing, 71(10). https：//doi. org/10. 14358/PERS. 71. 10. 1179.

Yoon K J, Kweon I S. 2006. Adaptive support-weight approach for correspondence search［J］. IEEE Transactions on Pattern Analysis and Machine Intelligence, 28(4). https：//doi. org/ 10. 1109/TPAMI. 2006. 70.

Zabih R, Woodfill J. 1994. Non-parametric local transforms for computing visual correspondence［C］//European Conference on Computer Vision：151-158.

Zhang L. 2005. Automatic digital surface model (DSM) generation from linear array images［C］// ETH Zurich.

Zheng M, Zhang Y. 2016. DEM-aided bundle adjustment with multisource satellite imagery：ZY-3 and GF-1 in large areas［J］. IEEE Geoscience and Remote Sensing Letters, 13 (6). https：//doi. org/10. 1109/LGRS. 2016. 2551739.

Zitnick C L, Kang S B, Uyttendaele M, et al. 2004. High-quality video view interpolation using a layered representation［J］. ACM Transactions on Graphics, 23(3). https：//doi. org/10. 1145/1015706. 1015766.

邸凯昌, 刘斌, 辛鑫, 等. 2019. 月球轨道器影像摄影测量制图进展及应用［J］. 测绘学报, 48(12)：1562-1574.

刘军, 王冬红, 毛国苗. 2004. 基于 RPC 模型的 IKONOS 卫星影像高精度立体定位［J］. 测绘通报, 9：1-3.

刘韬. 2016. 国外光学测绘卫星发展研究［J］. 国际太空, 445(1)：67-74.

邱庞合, 陶宇亮, 王春辉, 等. 2023. 星载激光测高技术在测绘中的应用和发展［J］. 航天返回与遥感, 44(1)：102-111.

单杰, 田祥希, 李爽, 等. 2022. 星载激光测高技术进展［J］. 测绘学报, 51(6)：964-982.

唐新明, 谢俊峰, 张过. 2012. 测绘卫星技术总体发展和现状［J］. 航天返回与遥感, 33(3)：17-24.

唐新明, 刘昌儒, 张恒, 等. 2021. 高分七号卫星立体影像与激光测高数据联合区域网平差［J］. 武汉大学学报 (信息科学版), 46(10)：1423-1430.

巩丹超, 刘成均. 2019. 基于反解有理函数模型的光学卫星影像高精度定位［J］. 测绘科学与工程, 39(5)：19-27.

张力, 孙钰珊, 杜全叶, 等. 2019. 多源光学卫星影像匹配及精准几何信息提取［J］. 测绘科学，44（6）：96-104.

张力，张祖勋，张剑清. 1999. Wallis 滤波在影像匹配中的应用［J］. 武汉大学学报信息科学版，24（1）：24-27.

张永生，巩丹超，刘军. 2014. 高分辨率遥感卫星应用［M］. 北京：科学出版社.

张祖勋，陶鹏杰. 2017. 谈大数据时代的"云控制"摄影测量［J］. 测绘学报，46（10）：1238-1247.

张过. 2016. 线阵推扫式光学卫星几何高精度处理［M］. 北京：科学出版社.

张过，秦绪文，等. 2013. 高分辨率光学卫星标准产品分级体系研究［M］. 北京：测绘出版社.

张过，蒋永华，李立涛，等. 2019. 高分辨率光学/SAR 卫星几何辐射定标研究进展［J］. 测绘学报，48（12）：1604-1623.

徐青，耿迅. 2022. 地外天体形貌测绘研究现状与展望［J］. 深空探测学报（中英文），9（3）：300-310.

李德仁，赵双明，陆宇红，等. 2007. 机载三线阵传感器影像区域网联合平差［J］. 测绘学报，36（3）：245-250.

杨博，王密，皮英冬. 2017. 仅用虚拟控制点的超大区域无控制区域网平差［J］. 测绘学报，67（4）：874-881.

杨桦，郭悦，伏瑞敏. 2003. TDI CCD 的视场拼接［J］. 光学技术，29（2）：226-228.

王之卓. 2007. 摄影测量原理［M］. 武汉：武汉大学出版社.

王任享. 2006. 三线阵 CCD 影像卫星摄影测量原理［M］. 北京：测绘出版社.

王任享，王建荣. 2022. 我国卫星摄影测量发展及其进步［J］. 测绘学报，51（6）：804-810.

王密，田原，程宇峰. 2017. 高分辨率光学遥感卫星在轨几何定标现状与展望［J］. 武汉大学学报(信息科学版)，42（11）：1580-1588.

程春泉，张继贤，黄国满，等. 2017. 考虑定向参数精度信息的 TerraSAR-X 和 SPOT-5 HRS 影像 RFM 联合定位［J］. 测绘学报，46（2）：179-187.

胡莘，王仁礼，王建荣. 2018. 航天线阵影像摄影测量定位理论与方法［M］. 北京：测绘出版社.

赵双明，冉晓雅，付建红，等. 2014. CE-1 立体相机与激光高度计数据联合平差［J］. 测绘学报，43（12）：1224-1229.

赵双明，李德仁. 2006. ADS40 机载数字传感器平差数学模型及其试验［J］. 测绘学报，35（4）：342-346.